全栈开发方法与技术

微课视频版

张引 赵玉丽 张斌 张长胜　著

清华大学出版社

北京

内 容 简 介

本书介绍适用于复杂的、需要与服务器通信的全栈应用开发的关键技术,内容涵盖协作开发方法、对象创建技术、数据管理技术、应用测试技术、用户界面开发方法、客户端架构、用户体验提升技术、远程数据访问、服务器端开发方法和微服务架构方法等方面。学习本书的读者需要具备一定的计算机专业课基础,至少掌握一门编程语言并能独立完成简单的开发任务。通过本书的学习,读者可以培养多技能栈整合运用能力,为解决复杂工程问题提供完整的支撑。本书适合作为高等院校计算机、软件等专业学生的教材,也可作为开发者的参考用书。

图书在版编目(CIP)数据

全栈开发方法与技术:微课视频版/张引等著. —北京:清华大学出版社,2024.4
ISBN 978-7-302-65916-7

Ⅰ.①全… Ⅱ.①张… Ⅲ.①网页制作工具－程序设计 Ⅳ.①TP393.092.2

中国国家版本馆 CIP 数据核字(2024)第 064197 号

责任编辑:薛　杨　常建丽
封面设计:刘　键
责任校对:胡伟民
责任印制:宋　林

出版发行:清华大学出版社
　　　　　网　　　址:https://www.tup.com.cn,https://www.wqxuetang.com
　　　　　地　　　址:北京清华大学学研大厦 A 座　　　　　邮　　编:100084
　　　　　社 总 机:010-83470000　　　　　　　　　　　邮　　购:010-62786544
　　　　　投稿与读者服务:010-62776969,c-service@tup.tsinghua.edu.cn
　　　　　质量反馈:010-62772015,zhiliang@tup.tsinghua.edu.cn
　　　　　课件下载:https://www.tup.com.cn,010-83470236
印 装 者:三河市龙大印装有限公司
经　　销:全国新华书店
开　　本:185mm×260mm　　　　印　　张:17　　　　字　　数:425 千字
版　　次:2024 年 4 月第 1 版　　　　　　　　　　　印　　次:2024 年 4 月第 1 次印刷
定　　价:69.00 元

产品编号:103656-01

前　言
FOREWORD

很多大学生在学习过程中可能发现,虽然他们已经学习了编程语言、算法与数据结构、操作系统、数据库等专业课程,但仍然不知道如何构建一个有实际意义的应用程序。造成这种情况的原因之一是,一个有意义、有价值的应用程序不仅仅是一个普通的程序,而是需要使用很多不同的技术栈才能构建,包括协作开发方法、对象创建技术、数据管理技术、应用测试技术、用户界面开发方法、客户端架构、用户体验提升技术、远程数据访问、服务器端开发方法,以及微服务架构等。使用这些复杂的技术栈才能构建的应用也被称为全栈应用。

本书的目的是填补传统专业课和全栈应用开发之间的知识差距,帮助读者深入了解全栈开发的概念、原则和思想,从而培养读者全栈应用开发的能力。

市面上有很多介绍全栈开发技术的书籍,但这些书籍更适合软件行业的从业者解决实际问题。与这些书籍不同的是,本书注重构建通用的全栈开发知识体系,旨在培养读者通用的全栈开发能力。因此,本书更适合本科高等院校软件工程专业开设全栈开发课程使用。

通过本书的学习,读者将了解全栈开发涉及的关键技术,并厘清这些技术之间的关系。本书从全栈开发的概念、原则和思想出发,系统介绍全栈开发技术的各个方面。第 2 章介绍协作开发方法,包括命名规范、排版规范以及源代码管理技术。第 3 章介绍对象创建技术,包括工厂方法模式、抽象工厂模式,以及依赖注入模式和依赖注入容器的底层实现。第 4 章介绍数据管理技术,包括结构化数据和非结构化数据的存储和访问方法,以及选择合适的数据存储技术的考虑因素。第 5 章介绍应用测试技术,包括单元测试技术、Mock 技术和测试的覆盖率等概念。第 6 章介绍用户界面开发方法,包括布局方法、控件的使用和扩展,以及批量生成控件和数据绑定的实现。第 7 章和第 8 章介绍客户端架构,重点介绍 MVVM ＋ IService 架构和依赖注入模式的使用。第 9 章进一步介绍用户体验提升技术,包括多线程技术、缓存、访问文件、嵌入式资源和获取设备信息等。第 10 章介绍远程数据访问技术,包括 JSON Web 服务、WebSocket、SignalR 和 gRPC。第 11 章介绍 JSON Web 服务端开发方法,包括 MVC 设计模式、IService 层和 Entity Framework Core 的使用。第 12 章介绍微服务架构方法。

通过本书的学习,读者将形成通用的全栈开发知识体系,深入了解全栈开发技术的理论、思想和实践,从而形成普适性的全栈开发能力。

本书提供了视频讲解和书中涉及的所有源代码。同时,本书还为授课教师提供了课件等教学资源,方便作为教材使用。

　　由于作者能力有限,书中难免存在疏漏和不足之处,欢迎读者批评指正。

作　者

2024 年 3 月

源代码下载

第*1*章

绪　论

1.1　程序、软件与应用

　　程序、软件与应用是软件工程专业的从业者经常接触到的 3 个概念。这 3 个概念彼此之间紧密关联,同时又存在着一些区别。

　　程序指一段可以被计算机执行的指令。程序未必具有实际的意义。例如,学生为完成课后作业而编写的很多程序都没有实际的意义。有些程序则能满足用户比较简单的需求,因此具有一定的实际意义。例如,开发者可能会出于处理数据的需求而编写一个简单的程序,将文件夹中所有 PDF 文件的正文提取出来,并保存为同名的 TXT 文件。

　　当程序能够满足更加复杂的需求并因此具有更大的实际意义时,人们便会将之称为软件。软件由一个或一组程序构成,其能够帮助用户完成更为复杂的工作。最为常见的软件可能是各种各样的操作系统,例如 Windows、Linux、macOS 等桌面操作系统,以及 Android、iOS 等移动操作系统。当然,用户安装在操作系统里的各种各样的程序如 Microsoft Office、Visual Studio、QQ 等也都是软件。

　　应用是应用软件的简称,通常指帮助用户完成特定功能的软件。从这个角度讲,用户在计算机上安装的绝大多数软件都属于应用软件,如办公应用、媒体播放应用等。在智能手机上,应用的概念会显得更加明确。这是由于绝大多数手机用户只从手机内的应用市场中安装软件。此时,手机上安装的所有软件都是应用,而应用也为智能手机扩展出了特定的功能,如购物、打车等。

1.2　全栈应用开发

　　种类繁多的应用有的简单,有的复杂。简单的应用如计算器将数据保存在内存中,不需要向硬盘写入任何数据。稍微复杂一点的应用如记事本可能需要将数据写入并保存在硬盘中的数据库文件中。更复杂的应用如购物软件则需要与服务器通信,而服务器则需要将数据保存在服务器的数据库中。

　　本书主要关注较为复杂的,需要与服务器通信的应用的开发问题。这类应用的开发通常涉及两个端的开发工作,即客户端开发与服务器端开发。同时,每个端的开发又涉及各自的对外接口、业务逻辑,以及数据访问开发工作,如图 1-1 所示。

客户端开发			服务器端开发		
用户界面	客户端 业务逻辑	客户端 数据访问	服务接口	服务器端 业务逻辑	服务器端 数据访问

图 1-1　复杂应用的开发工作

然而,实际的开发工作远非图 1-1 所示那样简单。由于复杂应用往往涉及多名开发者,因此开发者必须具备协作开发能力,从而确保开发团队能够顺利协作,共同完成复杂的开发任务。为了确保软件的可维护性、可扩展性,以及可重用性,开发者需要妥善地解决对象的创建问题,并采用良好的软件架构。为了保证软件的质量,开发者需要对应用的各个部分开展测试,从而确保软件按照预期的方式运行。同时,即便是图 1-1 所示的开发工作,也涉及一系列具体的技术。这些技术可以总结为如图 1-2 所示的技术体系。

<table>
<tr><td colspan="3">客户端开发</td><td colspan="3">服务器端开发</td></tr>
<tr><td rowspan="2">用户界面
• 布局
• 控件</td><td rowspan="3">客户端
业务逻辑</td><td>客户端远程
数据访问</td><td>服务接口</td><td rowspan="3">服务器端
业务逻辑</td><td rowspan="3">服务器端
数据访问
• 数据库
• ORM/ODM</td></tr>
<tr><td colspan="2">• JSON Web 服务
• 实时通信
• gRPC</td></tr>
<tr><td>用户体验改善
• 多线程
• 缓存
• 平台功能</td><td>客户端本地
数据访问
• 数据库
• ORM/ODM</td><td>/</td></tr>
<tr><td colspan="3">客户端架构方法
• MVVM+IService 架构
• 数据绑定
• 值转换
• 批量控件生成
• 跨界面数据同步</td><td colspan="3">服务器端架构方法
• MVC+IService 架构
• 微服务架构
• 容器化
• 容器编排
• 云原生开发</td></tr>
<tr><td colspan="6">应用测试
• 单元测试
• Mock 技术
• 测试规划
• 测试覆盖率</td></tr>
<tr><td colspan="6">对象创建与依赖注入
• 对象创建模式
• 依赖注入模式</td></tr>
<tr><td colspan="6">协作开发:协作开发规范与源代码管理
• 命名规范
• 排版规范
• 注释规范
• 组织规范
• 代码管理
• 分支开发</td></tr>
</table>

图 1-2　复杂应用开发技术体系

图 1-2 所示的技术体系由一系列的技术栈构成。许多复杂的应用都必须依赖这一系列技术栈才能够构建。因此,这些应用也被称为全栈应用(Full-Stack Applications)。

本书主要探讨全栈应用的开发方法与技术,涉及协作开发方法、对象创建技术、数据管理技术、应用测试技术、用户界面开发方法、客户端架构、用户体验提升技术、远程数据访问、服务器端开发方法、微服务架构方法等。

1. 协作开发方法

开发复杂应用程序需要多名开发者协作完成,为了有效协作,开发者需要掌握开发规范和源代码管理技术。开发规范包括命名规范、代码排版规范、注释规范和项目组织规范,可以帮助开发者编写风格一致的代码,提升开发效率。源代码管理技术可以解决多名开发者共同编写代码时产生的冲突解决、修改撤销和互相干扰等问题,常用的工具包括 Git 和 SVN。

2. 对象创建技术

面向对象编程以类和对象为核心,描述现实世界中的实体的数据和行为。为了避免降低代码的可维护性和对象之间的耦合关系,开发者创造了多种对象创建模式,如工厂模式、抽象工厂模式等。依赖注入模式是一种高级的对象创建模式,将对象的依赖从对象本身中解耦出来,使对象的创建和使用更加灵活。依赖注入模式的核心是"依赖注入容器",用于创建和管理对象,提升代码的可扩展性和可维护性。本书将深入探讨依赖注入模式的使用和依赖注入容器的底层实现。

3. 数据管理技术

数据管理是应用程序的重要组成部分,涉及结构化数据和非结构化数据。结构化数据由表格、行和列组成,通常使用关系数据库存储,如 MySQL、MariaDB、SQL Server 和 SQLite。非结构化数据没有特定的格式或结构,如文档、图片、音视频等,使用文档数据库或非关系数据库存储,如 MongoDB、Redis、MinIO 和 Neo4j。选择合适的数据存储技术需要考虑多种因素,如存储位置、数据类型、对象映射支持、身份验证与安全性、性能和数据一致性。开发者需要丰富的经验并针对具体问题场景做出决策。

4. 应用测试技术

测试是保证应用程序质量的重要手段之一,其中单元测试是最基本的测试,通常由编排、执行、断言 3 个步骤组成。单元测试用于确保单元代码的正确性,并为更复杂的测试提供基础。在单元测试中,开发者需要处理未实现的代码,Mock 技术可以帮助开发者解决依赖关系,使测试更简单、可靠。本书介绍了 Mock 技术的设置、验证调用和静态 Mock 实现,并深入探讨其原理。同时,本书还介绍如何规划单元测试,包括"马上测试、减少依赖、考虑周全、还原现场"四项基本原则,以确保测试的全面性和可靠性。此外,本书还介绍了测试覆盖率的概念,并探讨如何处理不可测试的代码。

5. 用户界面开发方法

用户界面是应用程序的重要组成部分,需要从最基础的概念"像素"开始学习。本书将逐步介绍用户界面的布局、控件的使用方法、批量生成控件,以及扩展控件的功能。不同的布局方法包括绝对布局、相对布局、网格布局、线性布局和响应式布局等。控件是应用程序中最常见的组件,包括按钮、文本框、复选框等。每个控件都有一组属性、事件和函数,开发者需要了解这些用法,才能正确使用和操作控件。批量生成控件使用模板生成多个相似的控件,并在运行时将其绑定到不同的数据上。开发者需要确定用户与哪条数据进行交互,以便正确处理用户的输入和输出。如果控件的功能不满足要求,开发者还可以扩展其功能,从而实现更丰富的交互。

6. 客户端架构

软件架构是组织代码的重要依据。本书将介绍现代客户端软件开发的主流和标准架构：MVVM＋IService。MVVM 模式将用户界面和业务逻辑分离,使代码更加清晰易懂。为了进一步提高软件质量和可维护性,MVVM＋IService 架构引入了 IService 层,对业务逻辑进行抽象和封装。通过引入 IService 层,MVVM＋IService 架构更好地分离了业务逻辑和用户界面,从而使得软件更加易于维护和扩展。MVVM＋IService 架构非常易于测试,利用 Mock 等单元测试技术,开发者可以对 ViewModel 和 IService 层进行详细的单元测试,从而有效地发现和解决代码中的问题,提高软件的质量和可靠性。

7. 用户体验提升技术

本书介绍提升用户体验的开发方法,包括多线程技术、缓存、访问文件、嵌入式资源、获取设备和传感器信息等。多线程技术可以提高应用程序的响应速度,缓存技术可以提高数据的访问速度,访问文件和使用嵌入式资源可以提供更丰富的功能,获取设备和传感器信息可以进一步丰富用户的体验。这些开发方法可以有效提升应用程序的质量和用户体验。

8. 远程数据访问

本书介绍几种远程数据访问方法,包括 JSON Web 服务、WebSocket、SignalR 和 gRPC。JSON Web 服务允许客户端应用程序通过 HTTP 请求与远程服务器进行通信,并获取 JSON 格式的数据。WebSocket 和 SignalR 是两种实时通信的技术,可以在客户端和服务器之间进行实时通信。gRPC 是一种高性能、通用的远程过程调用框架,支持多种编程语言和平台。通过这些远程数据访问方法,应用程序可以实现与远程服务器之间的高效通信,提供更好的用户体验。

9. 服务器端开发方法

本书介绍服务器端开发中常用的 MVC 设计模式,它将应用程序分为模型、视图和控制器 3 部分,提高了代码的可维护性和可重用性。MVC＋IService 架构进一步将业务逻辑封装为 IService,实现了业务逻辑与具体实现的分离,提高了代码的可重用性和可维护性。Entity Framework Core 是一种常用的服务器端数据访问技术,将数据库操作抽象为对象操作,简化了对数据库的访问。最后,本书还介绍如何将服务器端的数据访问封装为 IService,实现数据访问与业务逻辑的分离,提高代码的可重用性和可维护性。

10. 微服务架构方法

前述技术主要用于构建单体应用。单体应用易于开发和部署,但难以扩展和维护。微服务架构则将应用程序拆分成多个小型服务,每个服务都拥有自己的进程和数据存储,通过网络进行通信,具有可扩展性高和可维护性好等优点。为了实现微服务架构,开发者通常使用容器化方法。容器化是一种将应用程序打包到容器中的方法,容器是一个轻量级的虚拟环境,包含应用程序的所有依赖项和配置,可以在任何地方运行。在面向容器化的开发中,开发者可以使用 Docker 等工具创建和管理容器,从而实现应用程序的打包和部署。本书将结合一个实例介绍如何采用容器化的开发方法实现微服务架构。

1.3　环境安装

全栈应用开发需要使用一系列工具。本节介绍本书使用的两种主要工具的安装方法。

1.3.1 Visual Studio

Visual Studio 是微软公司开发的一款强大的集成开发环境,其为软件开发的整个过程提供了完整支持,可以有效帮助开发者完成编码、编译、调试、测试、版本控制、协作开发、部署等多种任务。Visual Studio 支持 C++、C♯、Node.js、Python、F♯ 等多种开发语言,支持客户端开发、服务器端开发、插件开发等多种开发模式,支持微服务架构、云原生架构等多种开发架构,还提供 AI 编程助手等辅助工具,为多种复杂开发提供了一站式的解决方案。

要安装 Visual Studio,可访问 www.visualstudio.com,在页面上找到"下载 Visual Studio",选择下载 Community 版本(社区版)。Visual Studio 的 Community 版本是微软公司为学生、开源社区,以及个人开发人员提供的全功能免费开发工具,具有与专业版本几乎相同的功能。为支持本书后续的学习,安装 Visual Studio Community 时,需要安装如下工作负荷。

(1) ASP.NET 和 Web 开发:使用 ASP.NET Core、ASP.NET、HTML/JavaScript 和包括 Docker 支持的容器生成 Web 应用程序。

(2) .NET Multi-platform App UI 开发:使用 C♯ 和.NET MAUI 从单个基本代码库生成 Android、iOS、Windows 和 macOS 应用。

需要注意的是,安装.NET Multi-platform App UI 开发时,需要在可选组件中选中 Xamarin 复选框,如图 1-3 所示。

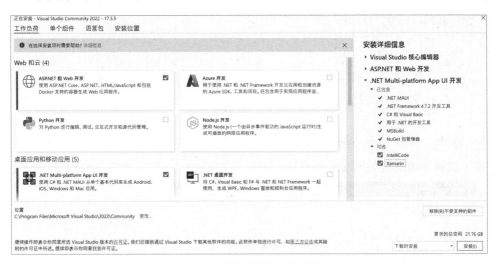

图 1-3 需要安装的工作负荷

Visual Studio 的安装需要比较长的时间,并且需要保持联网。为了确保安装顺利完成,需要确保网络连接良好。

1.3.2 Docker

Docker 是一个虚拟化平台。Docker 将程序的运行环境与主机的操作系统环境隔离开,有效避免了开发者在应用的开发、部署,以及运行阶段所遇到的各类由操作系统与运行时依赖所导致的兼容性问题。

要在 Windows 操作系统中安装 Docker,首先需要安装"适用于 Linux 的 Windows 子系统"(Windows Subsystem for Linux,WSL)。为此,需要在管理员模式下打开 Windows 的 PowerShell 或命令提示符,并输入如下命令:

```
wsl --install
```

Windows 会自动完成 WSL 的后续安装工作。

要安装 Docker,需要访问 www.docker.com,在页面上单击 Download Docker Desktop, 下载并安装即可。

Docker 在运行过程中需要从服务器拉取镜像(image)。为了提升拉取速度,需要设置 镜像加速器。在阿里云 www.aliyun.com 中搜索"容器镜像服务",注册并开通个人版之后, 在"镜像工具"中可以找到"镜像加速器"。复制其中的加速器地址,打开 Docker Desktop,在 设置中选择 Docker Engine,并配置加速器地址如下。

```json
{
  "builder": {
    "gc": {
      "defaultKeepStorage": "20GB",
      "enabled": true
    }
  },
  "experimental": false,
  "features": {
    "buildkit": true
  },
  "registry-mirrors": [
    "https://********.mirror.aliyuncs.com"
  ]
}
```

镜像加速器的配置如图 1-4 所示。

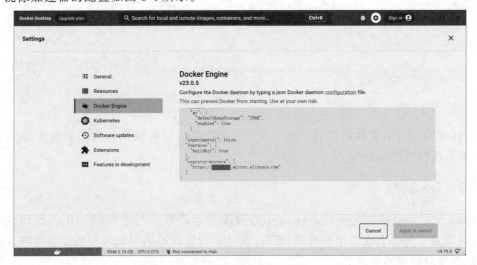

图 1-4　镜像加速器的配置

1.4 练习

1. 列举你使用过的程序、软件和应用。它们中的哪些属于全栈应用?

2. "全栈开发"是一个非常宽泛的概念。除本书介绍的技术栈外,还有很多种全栈开发技术栈。请搜索并列举还有哪些全栈开发的技术栈。

3. "适用于 Linux 的 Windows 子系统"(WSL)让 Windows 具备了运行 Linux 的能力。完成 WSL 的安装后,Windows 中就自动部署了最新版本的 Ubuntu。请尝试在 Windows 的"开始"菜单中找到 Ubuntu 的入口,并运行如下命令:

```
cat /etc/os-release
```

第 2 章

协作开发方法

视频 ch2/1

复杂的应用总是由多名开发者协作完成。协作开发涉及两个重要的方面：用于规范开发者行为的开发规范，以及用于在多名开发者之间同步源代码的源代码管理技术。其中，开发规范通过规范命名、排版、注释以及项目组织等方面确保开发者编写出风格一致的代码，从而方便开发者互相理解并提升开发效率。源代码管理技术则帮助开发者将自己编写的源代码分发给团队内的其他人，并解决由于多名开发者共同编写同一套代码而产生的冲突解决、修改撤销以及互相干扰的问题。本章将分别针对开发规范与源代码管理展开介绍。

2.1 开发规范

开发规范是协作开发时开发者需要遵循的共同规范。遵循同一套规范就像说同一门语言一样，能够让开发者更容易地理解彼此，从而提升开发效率。一套开发规范通常包括命名规范、排版规范、注释规范以及项目组织规范。下面分别介绍这些规范的内容。

2.1.1 命名规范

视频 ch2/2

命名规范是为事物命名时需要遵循的规范。命名规范最直接的目的是方便阅读代码的开发者根据事物的命名推断事物的功能。命名规范适用于代码中任何需要命名的事物，包括但不限于：

(1) 解决方案（Solution）和项目（Project）；

(2) 路径（Path）、文件夹（Folder）、文件（File）；

(3) 包（Package）和命名空间（Namespace）；

(4) 类（Class）、结构体（Struct）、枚举（Enum）；

(5) 常量（Const）、变量（Variable）、属性（Property）、函数（Function）/方法（Method）；

(6) 资源（Resource）和键（Key）等。

以下面的 C# 代码为例，加注下画线的部分就是命名规范适用的部分。其中，AbstractGraphBuilder 与 GraphBuilder 都是开发者自定义的类型，TV、TE、TG 则是泛型变量。

```
// C#,GraphBuilder.cs
namespace SharpGraphT.Graph.Builder;

public class GraphBuilder<TV, TE, TG>
```

```
    :AbstractGraphBuilder<TV, TE, TG,
        GraphBuilder<TV, TE, TG>>
    where TG : IGraph<TV, TE>where TE : class, new() {
    public GraphBuilder(TG baseGraph) : base(baseGraph) { }

    protected override GraphBuilder<TV, TE, TG>Self =>this;
}
```

从上面的例子可以看到,命名规范几乎适用于任何由开发者自行编写的代码。这种广泛的适用性决定了命名规范的重要性。如果不能很好地遵循命名规范,则阅读代码的开发者将不能很容易地推断绝大多数代码的功能,导致代码难以理解。作为一个例子,下列代码的功能与上述代码完全相同,但完全没有遵循命名规范。可以看到,这样的代码是令人非常难以理解的。

```
// C#
namespace AAA. BBB. CCC;

public class DDD<EEE, FFF, GGG>
    :HHH<EEE, FFF, GGG,
        DDD<EEE, FFF, GGG>>
    where GGG : III<EEE, FFF>where FFF : class, new() {
    public DDD(GGG JJJ) : base(JJJ) { }

    protected override DDD<EEE, FFF, GGG>KKK =>this;
}
```

命名规范是人为制定的。不同的编程语言、开发平台、公司、团队、项目甚至开发者,都可能遵循不同的命名规范。但在通常情况下,同一项目中使用同一语言的开发者需要遵循同一套命名规范。与此同时,绝大多数开发者并不善于在同一语言的不同命名规范之间来回切换。因此,对于同一门语言来讲,不同的开发者往往遵循相同或相似的命名规范。

"命名规范"这一概念并没有严格的定义。不过,一套命名规范通常包括如下方面的内容:分词规范、用词规范以及与事物类型相关的规范。Krzysztof Cwalina 和 Brad Abrams 在 *Framework design guidelines* 一书中探讨了一套系统的命名规范[1]。接下来介绍的内容以该套规范为基础,并依据作者的经验在一些方面进行了缩减、修改和延伸。

2.1.1.1　分词规范

视频 ch2/3

分词规范用于区分命名中不同的单词。常见的分词规范有以下几种。

(1) Pascal 大小写规范(PascalCasing):将每个单词的首字母大写,如 AbstractGraphBuilder。

(2) 驼峰大小写规范(camelCasing):除首个单词外,将每个单词的首字母大写,如 abstractGraphBuilder。

(3) 下画线规范(underscores):使用下画线区分不同的单词,如 abstract_graph_builder 或 ABSTRACT_GRAPH_BUILDER。

不同的编程语言可能遵循不同的分词规范。C♯ 和 Java 语言鼓励使用 Pascal 大小写规范和驼峰大小写规范，并且不建议使用下画线规范。很多脚本语言如 JavaScript 和 Ruby 则鼓励使用下画线规范，但同时也使用 Pascal 大小写规范。

由于 Pascal 大小写规范和驼峰大小写规范均使用大小写字母区分不同的单词，因此也统称为大小写规范。使用大小写规范时，需要注意对缩写词（如 IO、XML、和 HTML）的处理。以 C♯ 语言为例——对于由两个字母组成的缩写词，C♯ 语言建议保留其原有的大小写形式，如 FastIOReader。对于包含更多字母的缩写词，C♯ 语言建议将其处理为普通的单词，即只有首字母大写，如 FastXmlReader、FastHtmlReader。在另一些语言中则没有关于缩写词大小写的约定，因此可能同时存在 FastXmlReader 与 FastXMLReader 两种命名方法。

使用分词规范时，还需要注意如何正确区分组合词和组合词组。组合词是由两个或两个以上单词组成的一个完整单词。常见的组合词包括 Callback（Call Back）、Email（E-Mail）、Database（Data Base）、Gridline（Gird Line）等。由于组合词是一个完整的单词，因此不应被分词。组合词组则是由两个或两个以上单词组成的词组，如 File Name（Filename）、User Name（Username）、White Space（Whitespace）等。在分词时，组合词组需要被分解为多个单词。要区分组合词和组合词组，需要借助权威的词典判断。如果不能确定一个组合词存在，则应将其确定为组合词组。

2.1.1.2　用词规范

视频 ch2/4

用词规范描述了如何在命名时选择合适的词汇。用词规范涉及的一些广泛采用的规则如下。

（1）确保命名容易阅读和理解。要想给出容易阅读和理解的命名并非易事，尤其对于非英语惯用者来讲。这不仅需要大量的练习，还需要一定的语言基础。不过，值得庆幸的是，采用一些简单的规则往往就能获得比较容易阅读和理解的命名。"名词连击"（Noun Combo）就是这样一种规则。

名词连击指的是使用连续的名词命名，例如 FontSize，而不是采用严格服从英语语法的命名方法，例如 SizeOfFont。名词连击几乎是最为广泛使用的命名规则。常见的采用名词连击命名的类型包括 HttpClient、FileReader、HttpContextAccessor、HttpClientFactory 等。在命名函数时，则可以采用"动词＋名词连击"的方法，如 GetHttpClient、RegisterHttpContextAccessor 等。

确保命名容易阅读和理解的另一条规则是控制命名的长度。随着长度的增加，命名会变得难以理解。在意义明确的前提下，更短的命名更容易理解。因此，在确保意义明确的前提下，FontSize 比 ForegroundFontSizeInPixel 更为简短，也因此更容易阅读和理解。不过，命名也并非越简短越好。这就涉及第二条广泛采用的命名规则。

（2）优先考虑可读性而非简洁性。前文提到，在确保意义明确的前提下，简洁的命名往往比复杂的命名更容易阅读和理解。这条结论成立的前提是"在确保意义明确的前提下"。如果过度追求命名的简洁性，则可能导致意义不再明确，从而降低可读性。

提升简洁性的一种方法是使用缩写，如将 HyperText Transfer Protocol 缩写为 HTTP。由于 HTTP 是一个广为人知的缩写，因此 HttpClient 是比 HyperTextTransferProtocolClient 更简洁且容易理解的命名。但如果使用不为人知的缩写，如将 line 缩写为 ln，或是将 string 缩写为 s，则可能给人带来困惑。举例来讲，相比于 println 和 puts，WriteLine 更具可读性。

提升简洁性的另一种方法是使用简短的词,例如 fridge 就比 refrigerator 更加简短,也因此更易读。不过,简洁的词往往具有更广泛的意义,因此容易导致意义不明确。这就引出了第三条广泛采用的命名规则。

(3) 优先使用意义明确的词。自然语言的歧义性导致很多词都有多个意义,而简洁的词往往具有更多的意义。例如,在处理屏幕滚动时,ScrollTo 和 MoveTo 都可以表示将屏幕滚动到某一位置。不过,Move 还有移动的意思,因此 MoveTo 还可能表示将鼠标指针或是某个控件移动到某一位置。这种歧义性导致开发者难以根据命名判断 MoveTo 函数的功能,因此降低了程序的可读性。

词的意义在不同的上下文中还可能发生变化。例如,在不同的平台下,long 可能表示32 位、64 位甚至 128 位的整型变量,导致其意义并不明确。相比之下,Int32、Int64 和Int128 则具有更明确的意义。因此,ToInt32、ToInt64 和 ToInt128 是比 ToLong 更明确的命名。

在极特殊的情况下,词的意义甚至变量的类型可能都不太重要。此时应该使用通用的词如 Value,而不要简单地重复变量的类型。例如,在 C♯ 中可以使用可空整型"int?"。可空整型的值可能是空(null),也可能是一个整型。如果需要设计一个函数从可空整型中读取值,则这个函数应该命名为 GetValue,而非 GetInt 或 GetInt32。

2.1.1.3 与事物类型相关的规范

视频 ch2/5

不仅变量、方法和类需要命名,程序集/组件、命名空间/包、接口、成员、参数、资源等众多事物也需要命名。这些事物通常共享类似的命名规范,但同时又各具特色。接下来分别介绍与这些事物相关的命名规范。为了方便表述,下文默认使用 Pascal 大小写规范,但这并不是必需的。根据实际开发的需要,也可以使用驼峰大小写规范、下画线规范或任何一种规范。

(1) 程序集/组件命名规范。

软件一般以程序集/组件为单位进行部署。使用.NET 开发的程序集一般是 DLL 或EXE 文件。使用 JVM 语言(如 Java、Kotlin 等)开发的程序集则通常是 JAR 文件。程序集的命名应该反映程序集的大体功能。例如,.NET 的系统程序集 System.Data.dll 就包含了与数据有关的 API。对于小型项目,程序集可以使用项目名命名。例如,SQLite 数据库的程序集就命名为 sqlite.dll。对于复杂一些的项目,程序集可以使用"项目名.模块名"的形式命名。例如,IdentityServer4 身份验证框架的存储模块程序集就命名为 IdentityServer4.Storage.dll。

(2) 命名空间/包命名规范。

多数开发语言和开发平台都支持使用命名空间/包组织 API。C♯ 语言使用 namespace关键字定义命名空间,Java 语言使用 package 关键字定义包,Python 语言则直接使用文件夹结构作为包结构。与程序集/组件的命名类似,空间/包的命名也应该反映命名空间/包的大体功能。例如,.NET 的命名空间 System.Data 就包含了与数据有关的 API,其命名与程序集相同。IdentityServer4.Stores 则包含了与存储有关的 API,其位于 IdentityServer4.Storage.dll 程序集中。

命名空间/包可以以项目名开头,例如 IdentityServer4.Stores。不过,由于不同的开发者可能会为不同的项目取相同的项目名,为了避免冲突,应该让命名空间以公司/开发者名开头。例如,IdentityServer4 的后续版本 IdentityServer[①] 的开发公司是 Duende。按照规范,IdentityServer 的命名空间应该是 Duende.IdentityServer。不过,Duende 公司并没有遵守这一规范,因此 IdentityServer 的命名空间依然是 IdentityServer。事实上,很多公司都没有遵守这一规范,而是直接使用项目名作为命名空间的开头。

命名空间/包中一般不包括容易发生变动的部分,包括版本号、负责的开发者、公司部门等。因此,类似于 OneProject.**V2** 或是 OneCompany.**DevDivison** 的这类命名空间是非常罕见的。如果需要为项目的新版本开辟独立的命名空间,可以考虑使用"项目名+版本号"的命名方法,例如 OneProject2。

(3) 类型命名规范。

类型命名规范适用于类、结构体、枚举、接口等类型的命名。类型通常抽象自现实生活中的实体,因此经常采用名词或名词短语命名,例如 HttpClient、HorizontalAlignment 等。这里的一个特例是接口。接口用于定义类型的行为特征。因此,从意义上来讲,接口更像描述了类型的某种特点,因此也可以使用形容词命名,如 ICloneable、IDisposable 等。

关于接口的命名,一些平台还会给出额外的命名规范。.NET 建议所有的接口都使用字母 I 开头,如 ICloneable。JVM 语言如 Java 则建议接口不使用字母 I 开头,如 Cloneable。这种区别带来了一个有趣的问题:如何为接口的唯一实现类命名。在实际开发中,很多接口都只有唯一的一个实现类。.NET 建议将唯一实现类命名为接口名去掉首字母 I,例如将 IHttpContextAccessor 接口的唯一实现类命名为 HttpContextAccessor。Java 则建议在唯一实现类后面加上"Impl",例如将 HttpContextAccessor 接口的唯一实现类命名为 HttpContextAccessorImpl。值得庆幸的是,在实际开发过程中,这种差别更多地停留在形式上,并不会对开发过程造成太大的影响。

(4) 成员命名规范。

类型的成员通常包括函数和变量,一些开发平台还支持属性和事件。接下来分别探讨不同类型成员的命名规范。

成员函数描述了类型所能执行的动作,因此通常使用动词或动词词组命名,如 Clone、CopyTo 等。对于用于返回属性值或状态的成员函数,可以将其命名为 Get 动词词组,如 GetLength、GetIsInitialized 等。如果开发平台支持使用属性,则应该使用属性返回属性值或状态,避免使用成员函数。

成员变量的命名规范类似类型的命名规范,即采用名词或名词短语命名。不过,多数平台都建议为具有不同可见性的成员变量采用不同的命名规范。以.NET 为例,公开的成员变量应该采用 Pascal 大小写规范,而私有成员变量则应该采用驼峰大小写规范。很多.NET 项目还在私有成员变量前添加下画线"_",如_httpContextAccessor。Java 则建议为所有的成员使用驼峰大小写规范,无论是公开还是私有,无论是成员函数还是成员变量。

对成员命名规范的一种有趣的应用出现在 Python 语言中。使用 Python 语言定义类时,所有成员都是公开的,即 Python 无法定义私有成员函数或变量。这导致开发者可以随意修改成员变量的值,从而可能导致无法预料的错误。为了解决这一问题,Python 开发者之间形成了一种基于成员命名规范的"君子协定":以下画线开头的成员是私有成员,不可

---

① 是的,IdentityServer4 的下一个版本不是 IdentityServer5,而是 IdentityServer。

以从类的外部被调用。在绝大多数时候，Python 开发者都会遵守这一君子协定，不过开发者也可以根据实际情况决定要不要违反这一协定[①]。

（5）参数命名规范。

参数命名规范与成员变量的命名规范类似，不过参数一般不以下画线"_"作为开头，而是直接以字母开头。在某些特定的情况下，参数名可能与关键字重复。以下面的 C# 代码为例：

```
// C#, 班级类
public class Class {
    public int Id { get; set; }
    public string Name { get; set; }
}

//学生类
public class Student {
    public int Id { get; set; }
    public string Name { get; set; }
    public Class Class { get; set; }

    public void ChangeClass(Class @class) {
        Class = @class;
    }
}
```

在上述代码中，ChangeClass 函数的参数应该命名为 class，但 class 与定义类的关键字 class 重复了。由于 C# 支持以@开头命名参数，因此可以将参数命名为@class。

解决参数名与关键字重复的另一种方法是刻意采用发音相似的拼写错误，例如使用 clazz 代替上述@class 变量。不过，寻找合适的拼写错误并非易事，因此使用@或其他的特殊符号开头命名与关键字重复的参数通常是更加方便的方法。

（6）资源命名规范。

资源泛指软件项目中除代码之外的其他事物，包括图片、皮肤/主题文件、预先准备好且打包在软件项目中的数据文件等。资源的命名规范与类型的命名规范类似，一般要求资源的命名能够充分反映资源的功能，例如 Background.png 代表背景图片，Avatars.zip 代表软件内置的头像图片等。

2.1.2　排版规范

就像排版混乱的文章难以阅读一样，排版混乱的代码同样是难以阅读的。排版规范用于规范代码的排版，从而提升代码的可读性。一套排版规范通常包括如下内容：缩进与对齐规范、括号使用规范、空行与换行规范、空格使用规范。相比于命名规范的差异，不同语言排版规范之间的差异往往更大。即便对于同一门语言，不同团队也会采用非常不同的排版

视频 ch2/6

----

① 在 C# 或 Java 等支持私有成员的语言中，也可以利用反射机制修改私有成员变量的值。因此，这些语言中的私有成员变量也可以被视为一种"君子协定"。

规范。这里仅以 C♯ 语言为例,介绍作者常用的一种排版规范。

2.1.2.1　缩进与对齐规范

视频 ch2/7

缩进与对齐规范通过对齐不同嵌套层级的代码提升代码的可读性。基本的缩进与对齐规范包括:

(1) 使用空格而不是制表符(Tab)实现缩进;

(2) 每一级缩进包括 4 个空格;

(3) 括号内的内容总是增加一级缩进;

(4) 每行最多包含 80 个字符(包括空格)。

下面的代码就是使用上述缩进与对齐规范进行排版的。这里使用连字符"-"代替空格来突出缩进与对齐。

```
// C#
private void OnConnectionBlocked(object? sender,
----ConnectionBlockedEventArgs e) {
----if (_isDisposed) {
--------return;
----}

----_logger.LogWarning(
--------"A RabbitMQ connection is shutdown.");
----TryConnect();
}
```

2.1.2.2.　括号使用规范

视频 ch2/8

括号是几乎所有编程语言的重要组成部分。这里提到的括号包括花括号"{}"、方括号"[]"、圆括号"()",以及尖括号"<>"。基本的括号使用规范包括:

(1) 花括号前后总是添加一个空格;

(2) 关键字与括号之间总是添加一个空格;

(3) 方括号、圆括号,以及尖括号前后不要添加空格,除非前面是关键字;

(4) 左括号不要单独占据一行,而要放在上一行的行尾;

(5) 当括号内包含换行时,右花括号单独占据一行;

(6) 当括号内包含换行时,右方括号、右圆括号,以及右尖括号不要单独占据一行,而是放在最后一行的行尾。

下面的代码就是使用上述括号使用规范进行排版的。这里使用连字符"-"代替空格来突出空格的使用。

```
// C#
public void Dispose()-{
    if-(_isDisposed)-{
        return;
    }

    _isDisposed =true;
```

```
try-{
    _connection.Dispose();
}-catch-(Exception e)-{
    _logger.LogCritical(e.ToString());
}
}
```

2.1.2.3　空行与换行规范

视频 ch2/9

代码中的空行能从视觉上将代码分割成若干段落,这些段落类似于文章中的"自然段"。正如良好的自然段结构能够帮助读者更好地阅读并理解文章,良好的代码段落结构也能帮助开发者更好地阅读并理解代码。基本的空行与换行使用规范包括:

(1) 在类型及成员定义之间添加一个空行;

(2) 以关键字开头,在以花括号结尾的代码段(如 if…else,try…catch 等)后添加一个空行;

(3) 不要连续使用空行,即不要出现连续的两个或两个以上的空行;

(4) 使用空行将逻辑关联紧密的代码组织成段落;一个段落不要包括太多行代码(例如将最长的段落控制在 7 行代码左右)。

下面的代码就是使用上述空行与换行规范进行排版的。这里使用连续的等号"="代替空行来突出空行的使用。

```
//C#
private void SetSubmittedStatus() {
    if (_statusId !=TaskStatus.Created.Id) {
        ThrowStatusChangeException(TaskStatus.Submitted);
    }
==========================================================
    _statusId =TaskStatus.Submitted.Id;
    _submittedTime =DateTime.Now;
    AppendMessage($"任务已启动。");
==========================================================
    var taskStatusChangedToSubmittedDomainEvent =
        new TaskStatusChangedToSubmittedDomainEvent(this,
            _configJson);
    AddDomainEvent(
        taskStatusChangedToSubmittedDomainEvent);
}
```

上述代码的第一个段落进行了前置条件判断,第二个段落设置成员变量的值,第三个段落则用于触发领域事件。上述业务逻辑彼此相对独立,而空行的使用让代码的阅读者更容易发现各个业务逻辑的边界,从而提升了代码的可读性。

2.1.2.4　空格使用规范

视频 ch2/10

空格为代码提供了视觉上的停顿,不仅可以防止代码过于密集,还可以为代码的阅读添加节奏感。基本的空格使用规范包括:

(1) 关键字(如 if、try 等)前后总是添加一个空格;

（2）一元操作符、运算符(如！、＋＋等)前后不要添加空格；

（3）二元及以上操作符、运算符(如＝、＝＞、、？：等)前后总是添加一个空格；

（4）如果其他规范中规定的空格使用方法与上述规范相抵触，则以其他规范为准。

下面的代码就是使用上述空格使用规范进行排版的。这里使用连字符"-"代替空格来突出空格的使用。

```csharp
// C#
private void AppendMessage(IEnumerable<string>messages) {
    if-(string.IsNullOrEmpty(_messageJson)) {
        _messageJson-=-"[]";
    }

    var jsonArray =JsonArray.Parse(_messageJson).AsArray();
    foreach-(var message in messages) {
        jsonArray.Add(message);
    }

    _messageJson-=-jsonArray.ToJsonString();
}
```

2.1.3 注释规范

视频 ch2/11

注释是对代码的解释。常见的注释包括行块注释与文档注释两种类型。这两种注释有不同的作用，因此它们也有各自的规范。

视频 ch2/12

2.1.3.1 行块注释规范

行块注释是最为常见的一种注释，其通常用于提供额外的信息，以便阅读代码的开发者更好地理解代码。基本的行块注释规范包括：

（1）注释符后面总是添加一个空格；

（2）在注释中解释为什么或者如何编写代码，而不是单纯地将代码翻译成自然语言；

（3）每行最多包含 80 个字符(包括空格)。

上述规范中非常重要的一点是避免在注释中简单地将代码翻译成自然语言，而要侧重解释为何采用特定的方法编写代码。遵照规范编写的代码通常是非常容易理解的。如果一段符合规范的代码很难理解，则通常代码的背后隐藏着难以理解的逻辑或理由。此时简单地将代码翻译成中文并不能帮助阅读代码的开发者理解代码的逻辑或理由。只有在注释中妥善地解释那些隐藏在代码背后的逻辑和理由，才能让阅读代码的开发者理解代码。

下面的注释就是采用上述规范进行编写的。可以看到，这段注释侧重解释为何将 _orderDate 成员设置为私有，而不是简单地将 _orderDate 注释为"订单日期"。

```csharp
// C#
public class Order
    : Entity, IAggregateRoot
{
    // 领域驱动设计模式注释：
    // 自 EF Core 1.1 版开始支持使用私有成员
```

```
// 私有成员更符合领域驱动设计的思想
private DateTime _orderDate;
```

2.1.3.2　文档注释规范

视频 ch2/13

文档注释用于自动生成代码文档。文档注释通常以类和函数为单位进行编写,并且一个类或函数通常只能有一份文档注释。由于文档注释用于自动生成代码文档,因此所有适用于文档的规范也都适用于文档注释。基本的文档注释规范包括:

(1) 详细描述类和函数的功能,提供尽可能多的细节;

(2) 解释采用某种特定设计的具体原因;

(3) 详细说明参数(包括泛型参数)的用法和限制;

(4) 解释可能抛出的异常及异常抛出的条件;

(5) 解释返回值及不同返回值出现的场景;

(6) 必要时提供具体的例子,以解释如何使用类或函数。

下面的注释就是采用上述规范编写的。由于原始注释内容极其丰富,为了不过多地占用版面,这里使用省略号省略了大部分内容:

```java
/ **Java
 * 图结构的根接口。一个图论意义上的图对象<code>G(V, E)</code>……
 *
 * <p>
 * 本项目遵循 example.com/to/GraphTheory.html 的设计准则……
 * </p>
 *
 * <p>
 * 本项目适用于图节点代表任意对象,同时边代表对象间关系的情况……
 * </p>
 *
 * <p>
 * 通过使用泛型,图可以使用特定类型的节点<code>V</code>……
 * </p>
 *
 * <p>
 * 要获得节点与边的设计指导,请参考……
 * </p>
 *
 * @param <V>节点类型
 * @param <E>边类型
 *
 * @author Barak Naveh
 */
public interface Graph<V, E>
{
```

2.1.4　项目组织规范

视频 ch2/14

一个项目通常包括多个甚至大量的文件。规范地组织项目文件不仅有助于开发者理解

17

项目的结构,从而更好地理解项目的功能和逻辑;还能让开发者更快地找到所需的文件,提升开发效率。基本的项目组织规范包括:

（1）依据项目使用的框架组织项目文件,将同类型的文件组织在同一个文件夹下,将不同类型的文件组织在不同的文件夹下;

（2）如果某类型的文件只有一份,则不必遵守上述规范;

（3）如果一个解决方案包含多个项目,则参照上述规范组织项目。

图 2-1 所示的项目采用 MVVM (Model-View-ViewModel) ＋IService 架构。依据该架构,文件可以分为 Model、View、ViewModel、Service 这 4 种类型,并分别组织在对应的文件夹中。

图 2-2 所示的解决方案则采用微服务架构。依据该架构,项目可以分为 API 网关、基础架构、服务、Web 应用这 4 种类型,并分别组织在对应的文件夹中。

图 2-1 MVVM 架构项目的文件组织结构　　图 2-2 微服务架构项目的项目组织结构

2.2 源代码管理

源代码管理用于在不同开发者以及设备之间同步源代码,并提供解决冲突、撤销修改、分支开发等功能。本节首先介绍主要的源代码管理工具,并介绍如何使用源代码管理工具实现同步修改、解决冲突与撤销修改。在这些知识的基础之上,2.2.2 节将集中介绍分支开发方法。

2.2.1 源代码管理工具

2.2.1.1 Git

Git 是目前使用最为广泛的源代码管理工具。2005 年,Linux 开发社区为了解决 Linux 内核协作开发过程中的一系列问题而发明了 Git。Git 包括 4 个重要的区域:工作区、暂存区、本地仓库,以及远程仓库。开发者首先在工作区中编辑代码。此时,代码文件处于已修改(modified)状态。在编辑结束之后,开发者执行暂存(stage)操作,从而将代码文件标记为已暂存(staged)状态。标记为已暂存的文件将在提交时被提交到本地仓库。接下来,开发者将文件提交(commit)到本地仓库,使文件进入已提交(committed)状态。最后,开发者将本地仓库中的修改推送(push)到远程仓库,使其他开发者能够通过远程仓库获得自己编辑的代码。开发者还可以将远程仓库中的修改提取(fetch)到本地仓库,或直接拉取(pull)到工作区。上述过程如图 2-3 所示。值得注意的是,在绝大多数时候,集成开发环境都会代替开发者执行暂存操作。因此,开发者通常只需要执行提交、推送,以及拉取操作。

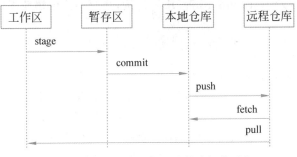

图 2-3　Git 的工作区与文件状态切换过程

Git 的远程仓库并不是必需的。这意味着开发者在绝大多数时候只需要本地仓库就能工作。本地仓库最为重要的优势是快速。通常,将修改提交到本地仓库所需要的时间与保存文件所需要的时间差不多。这种快速性有助于减轻提交工作给开发者带来的负担,从而提升开发效率。

开发者只有在需要将本地的修改分享给其他的开发者或设备时,才需要连接远程仓库。这也意味着即便连接了远程仓库,开发者也不需要始终保持与远程仓库的连接,而是可以脱机使用本地仓库,并在开发者觉得必要时(如一天几次或几天一次)再联机并执行与远程仓库的推送和拉取操作。这种脱机的工作模式给开发者带来了诸多便利。同时,由于存在多个可以独立工作的本地仓库,Git 也成为一种分布式的源代码管理方法。

2.2.1.2　Subversion

Subversion 通常简称为 SVN,是 CollabNet 公司于 2000 年起开发的一款源代码管理软件。与 Git 那种存在多个本地仓库的分布式源代码管理方法不同,Subversion 是一种集中式的源代码管理方法。Subversion 只有一个源代码管理服务器。开发者每次提交修改时,都需要将修改直接提交到源代码管理服务器。同时,开发者也只能从 Subversion 服务器获取修改。从 Subversion 服务器获取修改的过程被称为"更新"(update)。Subversion 的工作过程如图 2-4 所示。

图 2-4　Subversion 的工作过程

与 Git 相比,Subversion 的主要优势在于简单。在最简单的情况下,Subversion 只包括提交与更新两个操作,学习成本较低。同时,Subversion 服务器的搭建也比较简单,存在大量便捷地搭建 Subversion 服务器的方案。与 Subversion 相比,Git 的最基本操作则包括暂存、提交、推送、提取、拉取 5种,学习成本相对较高。同时,Git 服务器的搭建比较复杂,对服务器的要求也比较高。

Subversion 相比 Git 的主要劣势在于集中式的工作方法。集中式的工作方法决定了开发者在每次提交修改时都需要保持与 Subversion 服务器的连接,这给开发者和服务器的网络环境都提出了较高的要求。同时,由于提交操作一定需要访问远程服务器,而访问远程服务器的速度远远低于访问本地仓库的速度,因此 Subversion 的每次提交操作都需要消耗相对较长的时间。这打断了开发者的开发工作,一定程度上降低了开发的效率。

除了 Git 与 Subversion,还存在多种源代码管理方法,如 CVS、Mercurial、Visual Studio Team Services 等。它们的工作模式与 Git 和 Subversion 类似,这里就不再赘述了。接下来将以 Git、C♯语言,以及 JetBrains Rider IDE 为例,介绍如何创建仓库,并实现同步修改、解决冲突、撤销修改等操作。

视频 ch2/18

2.2.1.3 创建仓库

要创建 Git 仓库,首先需要搭建一个 Git 服务器,或选择一个 Git 仓库服务提供商。这里以 Gitee 为例,介绍如何创建 Git 仓库。注册并登录到 Gitee 之后,在"我的工作台"左下角找到"仓库"栏目,单击右侧的"+"号创建仓库,如图 2-5 所示。

图 2-5 "我的工作台"的"仓库"栏目

在"新建仓库"界面输入仓库名称。仓库名称的命名规范可以参考类型的命名规范。输入仓库名称之后,Gitee 会自动生成仓库路径。还可以根据实际需要修改仓库的路径,如图 2-6 所示。

图 2-6 "新建仓库"界面

在 Gitee 上创建的仓库是远程仓库。在创建远程仓库之后,还需要创建本地仓库。很多 IDE 都支持在创建项目的同时创建本地 Git 仓库。这里使用 JetBrains Rider 创建一个 .NET Core Console Application(控制台应用),并在创建项目时选中"Create Git repository"复选框(创建 Git 仓库),如图 2-7 所示。

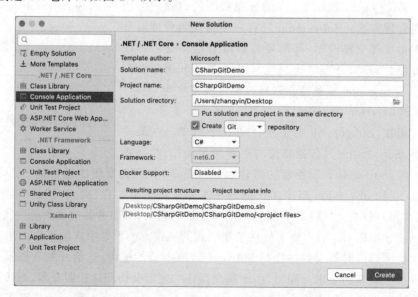
图 2-7 使用 JetBrains Rider 创建项目及 Git 本地仓库

创建好本地仓库之后,首先需要修改.gitignore 文件。.gitignore 文件用于将不想提交到 Git 仓库中的文件排除在源代码管理之外。由于.gitignore 文件并不是.NET Core 控制台应用项目的一部分,因此其默认并不会显示在文件列表中,如图 2-8 所示。

要显示.gitignore 文件,需要将"Solution"(解决方案)切换为"File System"(文件系统),此时双击.gitignore 文件就可以编辑其内容了,如图 2-9 所示。

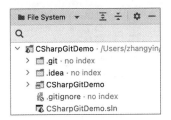

图 2-8　.gitignore 文件不会显示在文件列表中　　图 2-9　切换显示模式以查看.gitignore 文件

JetBrains Rider 为.NET Core 控制台应用生成的默认.gitignore 文件的内容如下:

```
#.gitignore
bin/
obj/
/packages/
riderModule.iml
/_ReSharper.Caches/
```

这段代码排除了.NET Core 控制台应用在编译时会生成的 bin 及 obj 文件夹、一些自动生成的缓存文件夹,以及 JetBrains Rider 的个性化配置文件 riderModule.iml。除了这些文件与文件夹,通常还需要进一步排除 JetBrains Rider 的配置文件夹.idea,因此需要在.gitignore 后追加一行内容,具体如下:

```
#.gitignore
bin/
obj/
/packages/
riderModule.iml
/_ReSharper.Caches/
.idea/
```

这样就可以将.idea 文件夹也排除在源代码管理之外了。编辑好.gitignore 文件后,还需要从"File System"重新切换回"Solution",如图 2-8 所示。

编辑好.gitignore 文件之后,就可以开始首次提交了。单击工具栏上的"Commit"(提交)按钮可以进入提交界面。JetBrains Rider 会自动选择需要提交的文件,开发者则需要在下方输入提交信息。单击提交信息下方的"Commit"按钮可以完成本次提交,如图 2-10 所示。

完成首次提交之后,提交的内容被提交到本地仓库。接下来单击工具栏上的"Push"(推送)按钮,进入推送界面后单击"Define remote"(定义远程)超链接按钮,打开"Define Remote"界面。在 URL 一栏中输入在创建 Gitee 仓库之后得到的仓库地址,该地址以.git

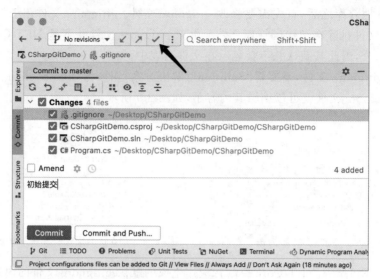

图 2-10　创建首次提交

结尾。单击"OK"按钮,再单击右下角的"Push"按钮,就可以将本地仓库中的内容推送到
Gitee 上的远程仓库,如图 2-11 所示。此时使用浏览器打开 Gitee 上的仓库,就能看到提交
和推送的内容了。

图 2-11　定义远程并推送到远程仓库

至此就完成了本地仓库和远程仓库的创建。

2.2.1.4　同步修改

视频 ch2/19

同步修改主要包括两个步骤:①提交并推送修改;②提取及拉取修改。提交并推送修
改的过程在第 2.2.1.3 节已经介绍过,这里不再赘述。提取修改只能将修改提取到本地仓
库,并不能在工作区中看到修改的内容。要在工作区中看到修改的内容,可以直接进行拉取
操作。本节主要介绍拉取操作。

第 2.2.1.3 节已经创建了一个项目作为 Git 的工作区。要想在同一台计算机上实现拉
取操作,还需要从远程仓库再克隆出一个工作区,从而实现在两个工作区之间同步修改。在
JetBrains Rider 的欢迎界面上单击"Get from VCS"(从版本控制系统获取)按钮,在打开的
界面中选择 Git,并输入 Gitee 远程仓库的地址,选择一个不同于创建项目时使用的目录,再

单击右下角的 Clone（克隆）按钮，就能克隆出一个新的工作区，如图 2-12 所示。

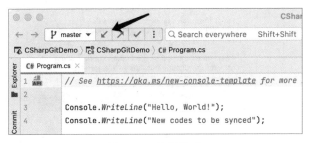

图 2-12　克隆新的工作区

接下来分别在两个 JetBrains Rider 窗口中打开原始创建的项目以及刚刚克隆出的项目。在原始项目的 Program.cs 后追加一行内容，并按照第 2.2.1.3 节介绍过的方法完成提交和推送操作。

```
// C#
Console.WriteLine("Hello, World!");
Console.WriteLine("New codes to be synced");
```

在刚刚克隆出的项目的工具栏中单击"Pull"（拉取）按钮，就可以在项目中看到追加的内容了，如图 2-13 所示。

图 2-13　拉取修改

2.2.1.5　解决冲突

冲突通常指本地仓库和远程仓库对同一代码文件的同一行代码的修改存在不一致的情况。如果一个软件项目只有一位开发者参与，并且开发者只在一台设备上维护一个仓库，则不会发生冲突。这是由于只有一个本地仓库会向远程仓库推送修改，远程仓库中不可能存在本地仓库中没有的修改。但在绝大多数时候，一个软件项目会涉及多名开发者，一名开发者还会使用多台设备维护一个远程仓库的多个本地克隆。此时就非常容易出现多个人同时修改同一代码文件的同一行代码的情况，从而导致冲突。

解决冲突是所有源代码管理工具必须提供的基本功能。这里使用第 2.2.1.4 节形成的原始仓库和克隆仓库介绍如何产生冲突，以及如何解决冲突。按照以下步骤可以产生冲突：

（1）在原始仓库中，将

视频 ch2/20

```
// C#
Console.WriteLine("Hello, World!");
```

修改为:

```
// C#
Console.WriteLine("Hello, World from Origin!");
```

(2) 在原始仓库中提交并推送修改,提交信息为"Origin"。

(3) 在克隆仓库中,不要执行提取或拉取操作,直接将:

```
// C#
Console.WriteLine("Hello, World!");
```

修改为:

```
// C#
Console.WriteLine("Hello, World from Clone!");
```

(4) 在克隆仓库中提交并推送修改,提交信息为"Clone"。

此时 JetBrains Rider 会给出如图 2-14 所示的提示信息,表示远程仓库中存在本地仓库中没有的修改。单击"Merge"(合并)按钮,可以合并远程仓库和本地仓库中的修改。

图 2-14 推送被拒绝提示信息

单击 Merge 按钮之后,JetBrains Rider 在尝试将本地仓库与远程仓库合并时会发现冲突,并给出如图 2-15 所示的冲突提示界面。此时可以选择接受本地仓库中的修改(Accept Yours)、接受远程仓库中的修改(Accept Theirs)或是手动合并(Merge)。选择接受本地仓库中的修改会放弃远程仓库中的修改。类似地,选择接受远程仓库中的修改会放弃本地仓库中的修改。

如果无法决定接受本地仓库还是远程仓库中的修改,则可以选择手动合并。单击 Merge 按钮之后,会打开合并界面,如图 2-16 所示。

合并界面会将发生冲突的行标记为红色。合并界面的左侧为本地仓库中的修改,右侧为远程仓库中的修改,中间则为合并的结果。可以单击">>"接受本地仓库中的修改,单击"<<"接受远程仓库中的修改,或单击"X"拒绝本地或远程仓库中的修改。值得注意的是,开发者可以同时选择接受本地仓库中的修改和远程仓库中的修改,分别单击">>"和"<<"就可以。完成合并后还需要单击"Apply"(应用)按钮接受合并结果,并单击推送按

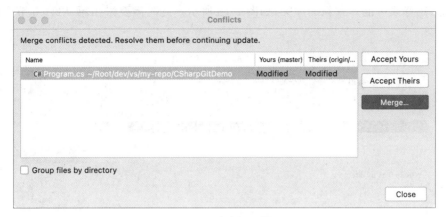

图 2-15 冲突提示界面

图 2-16 合并界面

钮将修改和合并结果推送到远程仓库。

2.2.1.6 撤销修改

源代码管理系统中保存了历史上发生的所有修改。利用这些历史记录可以轻松实现撤销修改功能。以 JetBrains Rider 为例,在 Program.cs 文件上右击,展开 Git 菜单项,单击"Show History"(显示历史)菜单项,就能查看 Program.cs 文件的历史修改,如图 2-17 所示。

视频 ch2/21

图 2-17 Program.cs 文件的历史修改

图 2-17 左侧的列表中列出了 Program.cs 文件所有的历史修改。单击任意一次修改,可以在右侧查看到修改的具体内容,其中发生修改的部分会高亮显示。在需要撤销的修改上右击,从弹出的快捷菜单选择"Revert Commit"(撤销提交)就能撤销本次更改。需要注

意的是，撤销修改可能导致新的冲突，如图 2-18 所示。此时需要采用第 2.2.1.5 节介绍的方法解决冲突。

图 2-18　撤销修改导致新的冲突

视频 ch2/22

2.2.2　分支开发

　　采用第 2.2.1 节介绍的方法提交的修改会被软件开发团队内的所有人获取到。很多时候这种结果都是符合预期的：开发者希望团队内的所有人都能获得自己编写的代码，从而调用对应的功能。但有些时候，开发者既需要向源代码管理工具提交修改，从而实现历史版本管理和跨设备代码同步等功能，又不希望团队内的其他人看到自己的修改，因为这些修改还无法正常工作并因此可能给其他人带来麻烦。此时开发者需要一个相对独立的源代码管理环境，使开发者一方面能够充分运用源代码管理工具的功能，另一方面又不会对其他人的工作造成干扰。同时，在开发者完成当前的开发工作之后，还需要能方便地将修改分享给其他开发者。为了满足这种"现在只把修改同步给自己的设备，未来需要把修改同步给所有人"的需求，分支开发应运而生了。本节介绍基本的分支开发方法，并介绍几种主要的分支模型。

2.2.2.1　基本分支开发方法

　　实现分支开发的第一步是创建分支。分支总是从现有分支创建。Git 默认提供一个 master 分支。以 JetBrains Rider 为例，单击 master 分支并单击"New Branch"（新分支）菜单

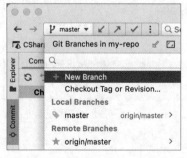

图 2-19　在 JetBrains Rider 中创建分支

项可以创建分支。这里将新分支命名为 MyBranch。新创建的分支是本地分支，只在本地仓库中可见。在本地分支上执行推送操作，可以将本地分支推送到远程仓库。

　　在分支中的修改只对当前分支有效。在 MyBranch 分支中创建类 MyClass 并提交。此时 MyClass.cs 文件只存在于 MyBranch 分支中。如果切换到 master 分支，会发现 master 分支中并不存在 MyClass.cs 文件。要切换到 master 分支，需要单击 MyBranch 分支，展开 master 菜单项，并单击"Checkout"（签出）菜

单项，如图 2-20 所示。

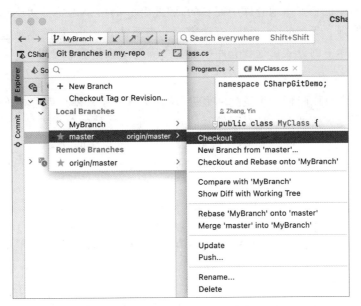

图 2-20　切换回 master 分支

　　由于分支中的修改不会影响其他分支，因此开发者可以在分支中任意修改代码，而不必担心影响到其他分支。开发者还可以在分支上执行提交、推送、拉取等操作，从而实现同步修改功能。

　　完成开发工作之后，开发者可以将分支中的修改合并到其他分支。这里使用"源分支"指代包含开发者提交的修改的分支，使用"目标分支"指代开发者希望合并到的其他分支。要合并分支，首先需要切换到目标分支，再在分支菜单中展开源分支菜单项，单击"Merge '[源分支]' into '[目标分支]'"（将[源分支]合并到[目标分支]），如图 2-21 所示。

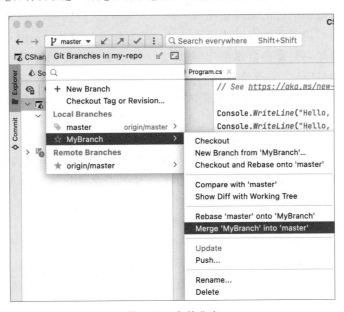

图 2-21　合并分支

分支合并操作也是在本地仓库中完成的,因此合并的结果需要推送到远程仓库才能被其他开发者获取到。无用的分支可以直接删除。需要注意的是,删除本地仓库中的分支并不会影响远程仓库中的分支。远程仓库中的分支需要单独删除才可以。

视频 ch2/23

2.2.2.2 分支模型

有效利用分支可以降低冲突发生的概率,从而提升开发效率。为了有效利用分支,开发者提出了一系列分支模型。一种对不熟练的开发者非常友好的分支模型是"主分支-开发分支-子开发分支"模型。顾名思义,这种模型主要包括 3 种类型的分支。

(1) 主分支:用于标记发行版,与软件的发行版本直接对应。一个项目只有一个主分支。

(2) 开发分支:用于创建子开发分支,以及从子开发分支合并修改。只有在需要标记发行版时才向主分支合并修改。一个项目通常只有一个开发分支。

(3) 子开发分支:从开发分支创建,用于开展具体的开发工作。一个项目通常包括多个子开发分支。

对不熟练的开发者来说,子开发分支通常与开发者一一对应,即一个开发者持有唯一的一个子开发分支。这有助于不熟练的开发者将注意力集中到唯一的工作上,并避免由于反复创建和切换分支而导致的各种错误。当开发者积累了更多的开发经验之后,就可以在多个子分支上进行开发。此时子分支不再对应某一位开发者,而是对应软件的具体特性。上述模型也因此演进为"主分支-开发分支-特性分支"模型。

(1) 主分支:用于标记发行版,与软件的发行版本直接对应。一个项目只有一个主分支。

(2) 开发分支:用于创建特性分支,以及从特性分支合并修改。只有在需要标记发行版时才向主分支合并修改。一个项目通常只有一个开发分支。

(3) 特性分支:从开发分支创建,用于开展具体特性的开发工作。

这里的特性可以指软件的某种功能,如"显示天气信息";可以指软件的某个模块,如"引入依赖注入框架";可以指某种特定的错误修复,如"解决网络中断时的闪退问题";还可以指某种代码层面的修改,如"重构数据库访问层"。特性分支与软件的特性通常存在一一对应关系,即一个特性只在一个分支中开发,同时一个分支只开发一个特性。开发复杂的特性时,可以首先为该特性创建一个特性分支,再从该特性分支创建子特性分支进行开发。子特性分支开发完成后合并到特性分支,特性分支再最终合并到开发分支。

"主分支-开发分支-特性分支"模型适用于绝大多数比较简单的软件的开发。对于需要持续发行新版本的复杂软件,由于开发团队一方面需要解决当前版本软件的问题,另一方面还需要进行下一版本软件的开发,因此还需要进一步引入发行分支,从而形成"主分支-发行分支-开发分支-特性分支"模型。

(1) 主分支:用于标记发行版。一个项目只有一个主分支。

(2) 发行分支:与软件的发行版本直接对应。只有在发行新版本时才从开发分支合并修改,平时只用于修复发行版本存在的问题,不用于引入新特性。

(3) 开发分支:用于创建特性分支,以及从特性分支合并修改。只有在需要发行新版本时才向发行分支合并修改。一个项目通常只有一个开发分支。

(4) 特性分支:从开发分支创建,用于开展具体特性的开发工作。

在"主分支-发行分支-开发分支-特性分支"模型中,主分支更类似于一个备份分支,只有在发行分支发行了新版本之后才向主分支合并。发行分支的数量通常与开发团队需要同时维护的发行版本的数量一致。对于绝大多数软件来讲,一旦新版本(如 2.0 版)发布了,老版本(如 1.x 版)就不再维护了。此时可以只维护一个发行分支。但有些时候,一些软件在不断发行新版本的同时,还要维护一些长期支持版。例如,某款软件每 3 个月发行一个新版本,但每隔 1 年就提供一个维护周期为 2 年的长期支持版。此时就需要为每一个尚在维护的长期支持版维护一个发行分支,并为每 3 个月发行的普通发行版再维护一个发行分支。

受限于篇幅,本书只介绍 Git 最基本的使用方法。要详细了解 Git,读者可以参阅参考文献[2]。

2.3　练习

1. 请找出一段此前编写的代码,按照书中建议的命名规范与排版规范进行对比,列出都违反了哪些命名规范与排版规范,并对代码进行重新命名与排版。

2. 请使用一个具体的例子阐述什么叫作"将代码翻译成中文",什么叫作"解释为什么要这样写代码"。

3. 请建立一个 Git 仓库,人为制造一些冲突,并尝试解决这些冲突。

4. 请建立一个 Git 仓库,创建一些分支,并尝试一下分支合并操作。

第 **3** 章

对象创建技术

视频 ch3/1

  面向对象编程是以类和对象为核心的编程技术。在面向对象编程中,开发者使用类建模现实世界中的实体的数据和行为,再创建类的实例(即对象)作为实体的实例。在这一过程中,"创建对象"是将作为实体模型的对象变为实体实例的过程,是面向对象编程所必经的核心过程之一。创建对象最简单的方法是直接调用类的构造函数。这种方法虽然简单、直接,但却会导致一系列问题。为了解决这一问题,开发者创造了多种多样的对象创建技术。本章首先探讨直接创建对象的问题,并探讨几种常见的对象创建模式。在这些讨论的基础之上,本章介绍对象创建的终极模式:依赖注入模式,涉及依赖注入模式的基本思想以及使用方法。本章最后介绍作为依赖注入模式的核心的"依赖注入容器"的原理与实现方法,涉及反射技术,如何使用反射技术描述类和函数,以及如何使用反射技术实现依赖注入容器。

3.1   直接创建对象的问题

  创建对象最常见的方法是直接调用类的构造函数。在 C♯、Java 等语言中,这表现为"new 对象"。访问大多数开发平台的基本 API 的主要方法就是直接创建对象。以 C♯语言为例,下面的代码就是直接创建基本 API 对象的例子。这段代码创建了一个 HttpClient 类型的对象,并使用该对象访问 JSON Web 服务。HttpClient 类来自 C♯语言的基本API——基本类库(Base Class Library, BCL),而访问基本类库主要依靠直接创建对象。

```csharp
// C#
var httpClient = new HttpClient();
var response =
    await httpClient.GetAsync(
        "https://v2.jinrishici.com/token");
var json = await response.Content.ReadAsStringAsync();
```

  由于基本 API 比较简单并且与具体的业务逻辑没有关系,因此直接创建来自基本 API 的对象通常不会导致太多问题。与此相对地,由开发者自行编写的业务类型通常比较复杂并且与业务逻辑紧密关联。此时直接创建对象就会变得非常麻烦。下面的代码就是直接创建业务对象的例子。这段代码创建了一个 BasketController 类型的对象。该对象的创建需要依赖 IBasketRepository、IBasketIdentityService、IEventBus、ILogger＜BasketController＞4 种类型的实例。为了节省版面,这里采用最为简化的方法创建上述 4 种类型的实例。在原始代码中,创建上述实例的过程远比此处呈现的过程复杂。

```
// C#
var _basketRepositoryMock = new Mock<IBasketRepository>();
var _identityServiceMock = new
    Mock<IBasketIdentityService>();
var _serviceBusMock = new Mock<IEventBus>();
var _loggerMock = new Mock<ILogger<BasketController>>();

var basketController = new
    BasketController(_loggerMock.Object,
        _basketRepositoryMock.Object,
        _identityServiceMock.Object,
        _serviceBusMock.Object);
```

这种复杂性正是直接创建对象所面临的主要问题。在实际项目中,业务对象的创建往往要依赖一系列其他的业务对象,而这些业务对象还往往进一步依赖更多的业务对象。这意味着开发者必须了解如何创建每个被依赖的业务对象,才能最终创建出自己所需的业务对象。这种要求就好比要求计算机用户知道如何制造 CPU 一样,给开发者造成极大的负担。为了减轻这种负担,开发者发明了一系列方法。接下来的各节将分别介绍这些方法。

3.2　基本对象创建模式

在反复的开发实践中,开发者总结出几种行之有效的创建对象的方法,并提炼出一系列的设计模式,包括静态工厂方法模式、工厂方法模式、抽象工厂模式、建造者模式,以及原型模式。本节将分别介绍这些模式的原理以及具体的使用方法。

3.2.1　静态工厂方法模式

视频 ch3/2

静态工厂方法模式是一种非常简单的对象创建模式。简言之,静态工厂方法模式就是使用静态函数创建对象。C♯语言中用于代表一个时间段的类 TimeSpan 就支持使用静态工厂方法创建。

```
// C#
var timeSpan = TimeSpan.FromMinutes(1);
```

上述代码创建了一个长度为 1 分钟的时间段。

静态工厂方法模式相比直接创建对象最重要的优势在于工厂函数有函数名,因此开发者更容易理解自己究竟在以何种方式创建对象。以下面的代码为例:

```
// C#
var timeSpan1 = TimeSpan.FromHours(1);
var timeSpan2 = TimeSpan.FromMinutes(1);
var timeSpan3 = TimeSpan.FromSeconds(1);
```

上述代码分别代表创建长度为 1 小时、1 分钟,以及 1 秒钟的时间段。如果采用直接创建对象的方法,则需要写成如下的形式:

```
// C#
var timeSpan1 = new TimeSpan(1, 0, 0);
var timeSpan2 = new TimeSpan(0, 1, 0);
var timeSpan3 = new TimeSpan(0, 0, 1);
```

可以看到,相比于直接创建对象,使用工厂函数创建对象更加直观。

静态工厂方法模式通常只适用于创建某种固定类型的实例。当类型不能提前确定时,则需要使用更加复杂的对象创建模式。

视频 ch3/3

3.2.2 工厂方法模式

工厂方法模式适用于类型及类型的创建方法不能提前确定,但能确定类型的接口的场景。假设需要创建接口 IService 的实例,由于目前尚不确定 IService 接口具体有哪些实现类,因此这里只能定义用于创建 IService 接口实例的 IServiceFactory 接口,如图 3-1 所示。

图 3-1 工厂方法模式

此时只要获得 IServiceFactory 类型的实例,就能确保获得 IService 类型的实例。如下为 Kotlin 语言实现:

```
// Kotlin
var service = serviceFactory.CreateInstance()
```

接下来讨论 IService 接口及 IServiceFactory 接口的具体实现。假设 IService 接口存在简单实现 SimpleService 与复杂实现 ComplexService 两种实现,则 IServiceFactory 也对应存在 SimpleServiceFactory 与 ComplexServiceFactory 两种实现,如图 3-2 所示。

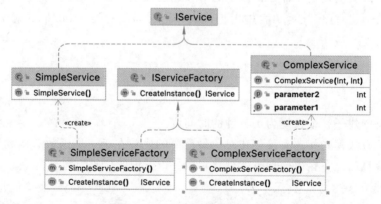

图 3-2 工厂方法模式的实现

SimpleService 与 ComplexService 的区别在于,SimpleService 很容易创建,其构造函数不包含任何参数:

```
// Kotlin
```

```
class SimpleService : IService
```

ComplexService 的构造函数则比较复杂，需要提供两个参数：

```
// Kotlin
class ComplexService(val parameter1: Int, val parameter2: Int)
    : IService
```

这种区别导致 SimpleService 与 ComplexService 的创建过程各不相同。在创建 SimpleService 时可以直接创建：

```
// Kotlin
class SimpleServiceFactory : IServiceFactory {
    override fun CreateInstance(): IService =SimpleService();
}
```

在创建 ComplexService 时，则首先需要准备参数，再创建：

```
// Kotlin
class ComplexServiceFactory : IServiceFactory {
    override fun CreateInstance(): IService {
        // Reading parameters from config files
        val parameter1 =0
        val parameter2 =0

        return ComplexService(parameter1, parameter2)
    }
}
```

不过，无论创建 Service 的方法如何变化，通过 ServiceFactory 创建 Service 的过程始终都是一样的，只需要调用 CreateInstance 函数：

```
// Kotlin
val simpleServiceFactory =SimpleServiceFactory()
val simpleService =simpleServiceFactory.CreateInstance()

val complexServiceFactory =ComplexServiceFactory()
val complexService =complexServiceFactory.CreateInstance()
```

可以看到，工厂方法模式屏蔽了创建 Service 的细节，使对象的创建过程变得简单、直接。

工厂方法模式的成立需要几个重要的前提。首先，IServiceFactory 对象的创建要比 IService 对象的创建简单。工厂方法模式的目的是屏蔽复杂的 IService 对象创建过程。如果创建 IServiceFactory 对象比创建 IService 对象还复杂，就不如直接创建 IService 对象。其次，IService 对象实现的接口必须是已知的。如果不能确定 IService 对象实现的接口，也就无法确定 CreateInstance 函数的返回类型。最后，IServiceFactory 只能用于创建 IService 对象，不能创建其他类型的对象。

3.2.3　抽象工厂模式

抽象工厂模式也适用于类型及类型的创建方法不能提前确定,但能确定类型的接口的

图 3-3　抽象工厂模式

场景。抽象工厂模式与工厂方法模式的区别在于,工厂方法模式用于创建某一特定类型的实例,而抽象工厂模式用于创建某一系列类型的实例。考虑一个编解码系统,涉及编码器 IEncoder 及解码器 IDecoder。由于每套编解码方案都涉及一对编码器和解码器,因此可以使用一个 ICodingFactory 对象同时生成 IEncoder 对象与 IDecoder 对象,如图 3-3 所示。

现在考虑 H.264 和 H.265 两套编解码方案,分别对应 H264Encoder 与 H264Decoder 和 H265Encoder 与 H265Decoder 两组编码器与解码器。它们分别使用 H264CodingFactory 和 H265CodingFactory 创建,如图 3-4 所示。

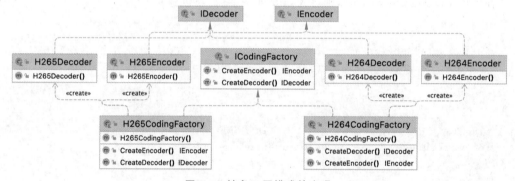

图 3-4　抽象工厂模式的实现

在图 3-4 的实现中,每套编码方案的工厂只创建属于该编码方案的编码器与解码器。以 H264CodingFactory 为例,其实现如下:

```
// Kotlin
class H264CodingFactory : ICodingFactory {
    override fun CreateEncoder(): IEncoder =H264Encoder()

    override fun CreateDecoder(): IDecoder =H264Decoder()
}
```

抽象工厂模式成立的前提与工厂方法模式成立的前提类似,都要求工厂对象的创建过程相对比较简单,且被工厂创建的对象的接口是已知的。相比于只能创建一种对象的工厂方法模式,抽象工厂模式能创建一组紧密关联的对象,使其更适用于复杂的业务场景。

3.2.4　建造者模式

建造者模式适用于创建过程特别复杂,并且需要开发者大量参与的对象的创建。一个简单的建造者模式的实现如图 3-5 所示。图中,IServiceBuilder 接口的实现类 ServiceBuilder 用于创建 IService 接口实现类 Service 的实例。创建 Service 实例的过程需要开发者提供一

系列信息，表现为需要调用 SetSomeValues、SetSomeOtherValues、AddSomeObjects、AddSomeOtherObjects 等函数。最终开发者调用 Build 函数获得 IService 类型的实例。

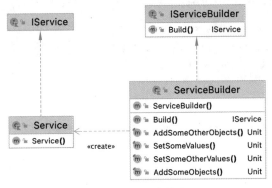

图 3-5 建造者模式

图 3-5 看起来并不十分直观。相比于表现为类图，建造者模式更适合用代码呈现。著名的 Web 开发框架 ASP.NET Core 就使用建造者模式配置。开始配置时，首先需要获得 Web 应用的建造者：

```
// C#
var builder =WebApplication.CreateBuilder(args);
```

如果需要捕获启动过程中的错误，只需要调用 CaptureStartupErrors 函数：

```
// C#
builder.WebHost.CaptureStartupErrors(false);
```

如果需要使用第三方依赖注入容器，只需要调用 UseServiceProviderFactory 函数：

```
// C#
builder.Host.UseServiceProviderFactory(
    new AutofacServiceProviderFactory());
```

如果需要启用健康监测功能，只需要调用 AddHealthChecks 函数：

```
// C#
builder.Services.AddHealthChecks();
```

采用这种方法，开发者可以按需配置自己的 Web 应用。完成配置后，开发者就可以获得 Web 应用对象并启动 Web 应用：

```
// C#
var app =builder.Build();
app.Run();
```

下面是一个完整地使用建造者模式配置 ASP.NET Core Web 应用的例子：

```
// C#
// 获得建造者
var builder =WebApplication.CreateBuilder(args);

// 捕获启动错误并监听 80 端口
builder.WebHost.CaptureStartupErrors(false)
    .ConfigureKestrel(options =>{
    options.Listen(IPAddress.Any, 80,
        listenOptions =>{
            listenOptions.Protocols =
                HttpProtocols.Http1AndHttp2;
        });
});

// 启用 Serilog 日志工具
builder.Host.UseSerilog();

// 启用 HttpClient 工具
builder.Services.AddHttpClientUtility();

// 注册依赖注入
builder.Services.AddTransient<
    IIdentityService, IdentityService>();

// 配置跨域资源共享
builder.Services.AddCors(options =>{
    options.AddPolicy("CorsPolicy",
        builder =>builder.SetIsOriginAllowed((host) =>true)
            .AllowAnyMethod().AllowAnyHeader()
            .AllowCredentials());
});

// 获得并启动应用
var app =builder.Build();
app.Run();
```

上述代码只是一个高度简化的例子。在实际项目中,ASP.NET Core Web 应用通常需要几百行代码来配置。如此复杂的配置只需要建造者模式就可以解决,足以体现建造者模式的强大与方便。

建造者模式类似于一个支持个性化配置的工厂。开发者可以调用建造者对象的函数来个性化地配置需要创建的对象,再调用 Build 函数获得最终的对象。然而,个性化越强的东西往往意味着越复杂,也意味着开发者必须充分了解建造者对象都支持哪些个性化配置功能。但即便如此,使用建造者对象的复杂度也显著地低于由开发者直接创建对象。这是由于如果使用建造者对象比直接创建对象还麻烦,那么在软件设计阶段也就不会引入建造者模式了。

3.2.5　原型模式

　　原型模式是一种独特的创建复杂对象的方法。前面学习的设计模式的核心思想是将复杂对象的创建过程封装起来,从而简化对象的创建过程。而原型模式却走了一条完全不同的路线。原型模式主要解决复杂对象的重复创建问题,其核心思想是:将创建好的复杂对象缓存起来,未来需要再次创建同类型的对象时,直接复制缓存的对象。当创建复杂对象的成本比较高昂,同时被创建对象不怎么发生变化时比较适用于原型模式。原型模式的一个简单实现如图 3-6 所示。

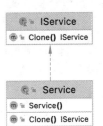

图 3-6　原型模式的一个简单实现

　　与前面介绍的设计模式相比,原型模式并不是一个常见的设计模式。用于构建和消费 REST API 的 OData 框架[3]在依赖注入模块中使用了原型模式。OData 框架支持在使用建造者模式配置 Web 应用时提供服务的原型对象。获取服务的实例时,OData 框架会直接从原型对象复制出一个新的服务对象:

```C#
// C#
builder.AddServicePrototype(
    new ODataMessageReaderSettings { ... });
builder.AddServicePrototype(
    new ODataMessageWriterSettings { ... });
builder.AddServicePrototype(
    new ODataSimplifiedOptions { ... });
```

　　OData 框架目前只支持将上述 3 种服务注册为原型,这也再次印证了原型模式相对而言的罕见性。需要指出的是,每次调用原型模式的 Build 函数时,都会获得一个全新的对象,因此对这个对象的修改并不会影响到原型。

　　本书只介绍了几种最基本的设计模式。如果希望了解关于设计模式的更多内容,读者可以参阅参考文献[4]。

3.3　依赖注入

　　前面介绍的设计模式可以极大地简化复杂对象的创建过程。不过,这些设计模式存在着一个共同的问题,即开发者还是需要自己调用工厂对象、建造者对象或是原型对象来创建对象。这意味着开发者还是需要了解使用哪个工厂、建造者或者原型才能创建复杂对象,即开发者仍旧需要在一定程度上了解如何创建复杂对象,并不能实现让开发者彻底忽略复杂对象的创建过程。而本节介绍的依赖注入模式则可以实现让开发者彻底忽略复杂对象的创建过程。

3.3.1　依赖注入模式

　　依赖注入模式[5]描述了一种“按需分配”的对象使用场景:如果一个对象需要使用某些类型的实例,则该对象就能直接获得它所需的实例。以下面的代码为例,Business 类型的实例需要使用 IService 类型的实例,则 Business 类型的实例可以在构造函数中直接要求获得 IService 类型的实例,而不必关心如何创建 IService 类型的实例:

```
public class Business {
    private readonly IService _service;

    public Business(IService service) {
        _service = service ??
            throw new ArgumentNullException(nameof(service));
    }
}
```

上述代码的一个特点在于,如果不提供一个 IService 类型的实例,就无法创建 Business 类型的实例。这等于 Business 类型获得了一种"强制获得 IService 类型实例"的保障,从而实现了一个有趣的效果:不提供 IService 类型的实例,就无法获得 Business 类型的实例;如果获得了 Business 类型的实例,则该实例一定已经获得了 IService 类型的实例。这种强制保障确保了 Business 类型一定能够获得它所需要的服务实例。

那么,谁来为 Business 类提供 IService 类型的实例呢? 答案是"依赖注入容器"。依赖注入容器是实现依赖注入模式的关键。依赖注入容器会扫描并发现 Business 类的构造函数,从而识别出调用构造函数需要提供 IService 类型的实例。此后,依赖注入容器会设法创建 IService 类型的实例,并使用该实例调用 Business 类的构造函数,从而创建 Business 类型的实例。Business 类型、IService 类型及依赖注入容器三者之间的关系如图 3-7 所示。

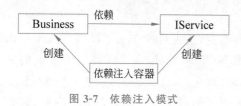

图 3-7 依赖注入模式

图 3-7 呈现的就是依赖注入模式。依赖注入模式的核心是依赖注入容器,其用于发现创建一个类型的实例需要提供哪些其他类型的实例。有了依赖注入容器,开发者在设计和开发类型时如果需要依赖某一类型的实例,则只需要通过构造函数获取该类型的实例,完全不需要关心如何创建该实例。依赖注入容器则会接管类型的全部创建工作。这极大地减少了开发者的工作量。

3.3.2 使用依赖注入

视频 ch3/8

要使用依赖注入,首先需要准备好被依赖的接口及其实现。这里继续第 3.3.1 节的例子,Business 类依赖的 IService 接口及其实现如下所示。

```
// C#
public interface IService { }

public class Service : IService { }

public class Business {
    private readonly IService _service;

    public Business(IService service) {
```

```
        _service = service ??
            throw new ArgumentNullException(nameof(service));
    }
}
```

正如第 3.3.1 节提到的,依赖注入的核心是依赖注入容器。所有的主流开发平台都提供了多种依赖注入容器供开发者选择。以 C♯ 语言为例,微软公司提供了官方的依赖注入容器 Microsoft.Extensions.DependencyInjection,.NET 社区则开发了更为强大的依赖注入容器 Autofac,以及 Simple Injector、Lamer 等其他依赖注入容器。这里以微软官方的依赖注入容器为例,介绍依赖注入容器的使用方法。要使用微软官方的依赖注入容器,首先需要安装 nuget 包"Microsoft.Extensions.DependencyInjection"。接下来创建依赖注入容器对象,并确保该对象全局可用。这里将依赖注入容器对象设置为静态只读变量。

```
// C#
public class Program {
    public static IServiceProvider Container =
        ConfigServices();

    public static IServiceProvider ConfigServices() {
        var services = new ServiceCollection();
        return services.BuildServiceProvider();
    }
}
```

要使用依赖注入容器,首先需要将类型注册到依赖注入容器。这里首先注册 IService 类型,并将其实现类注册为 Service 类。

```
// C#
public static IServiceProvider ConfigServices() {
    var services = new ServiceCollection();
    services.AddTransient<IService, Service>();
    return services.BuildServiceProvider();
}
```

上述代码通过泛型参数＜IService，Service＞告诉依赖注入容器 IService 类型的实现类是 Service 类。这样一来,一旦有类型的构造函数需要 IService 类型的实例,依赖注入容器就会自动创建 Service 类型的实例并传递给构造函数。AddTransient 函数中的"Transient"表示每次从依赖注入容器中获得的 IService 类型的实例都是一个 Service 类的全新实例。微软官方的依赖注入容器还提供 AddSingleton＜,＞函数用于注册类型及实现类。这里的"Singleton"表示依赖注入容器返回的对象是单例的,即无论从依赖注入容器获得多少次实例,得到的都是同一个实例。

在将 IService 接口及 Service 类注册到依赖注入容器之后,还需要将使用 IService 接口的 Business 类注册到依赖注入容器。

```
// C#
public static IServiceProvider ConfigServices() {
```

```
    var services =new ServiceCollection();
    services.AddTransient<IService, Service>();
    services.AddTransient<Business>();
    return services.BuildServiceProvider();
}
```

完成类型的注册后,就可以从依赖注入容器直接获得 Business 类型的实例:

```
// C#
public static void Main() {
    var business =Program.Container.GetService<Business>();
}
```

此时依赖注入容器就会自动扫描 Business 类的构造函数,并发现其依赖于 IService 接口。由于 IService 接口的实现类被注册为 Service 类,因此依赖注入容器会创建 Service 类的实例,将其传递给 Business 类的构造函数,最终获得 Business 类的实例。

不同依赖注入容器的使用方法高度类似。下面的代码使用 Autofac 完成与上述代码完全相同的功能。可以看到,Autofac 除需要在 ProgramModule 中完成类型的注册,以及注册函数的调用方法不同外,整体流程与微软官方的依赖注入容器大体相似。

```
public class Program {
    public static IContainer Container =
        ConfigServices();

    public static IContainer ConfigServices() {
        var builder =new ContainerBuilder();
        builder.RegisterModule(new ProgramModule());
        return builder.Build();
    }

    public static void Main() {
        var business =Program.Container.Resolve<Business>();
    }
}

public class ProgramModule : Module {
    protected override void Load(ContainerBuilder builder) {
        builder.RegisterType<Service>().As<IService>();
        builder.RegisterType<Business>();
    }
}
```

3.4 依赖注入容器的实现原理

依赖注入容器是依赖注入模式的核心。依赖注入容器完全接管了对象的创建过程,使开发者在编写类和获得类的实例时,无须关心如何获得调用构造函数所必须提供的对象参数。然而,依赖注入容器并不具有魔法,其必然通过某种机制识别类的构造函数都具有哪些参数,并且需要对应的机制获得这些参数。本节介绍依赖注入容器的实现原理,主要涉及依赖注入容器用于识别类的构造函数参数,以及获得参数时所依赖的核心技术:反射技术[6]。本节详细介绍如何使用反射技术描述类和函数,以及如何通过反射技术调用构造函数获得类的实例。最后,本节会结合微软官方依赖注入工具的源代码,介绍依赖注入容器的具体实现方法。

3.4.1　反射技术简述

视频 ch3/9

面向对象技术是一种使用类型和实例建模和描述现实世界的技术。下面的代码翻译自微服务架构电子商务网站 eShopOnContainers 项目,其采用领域驱动设计方法建模了订单、地址及订单项 3 种现实世界中的实体及它们之间的关系,如图 3-8 所示。

```kotlin
//Kotlin
class Order {
    var Id: Int =0
    private var _orderDate: Timestamp =Timestamp(0);
    var Address: Address =Address()
    private var _buyperId: Int =0
    val BuyerId: Int
        get() = _buyperId
    private var _description: String =""
    private val _orderItems: List<OrderItem>=listOf()
    val OrderItems: List<OrderItem>
        get() = _orderItems
}
class Address {
    var Street: String =""
    var City: String =""
    var State: String =""
    var Country: String =""
    var ZipCode: String =""
}
class OrderItem {
    private var _productName: String =""
    private var _pictureUrl: String =""
    private var _unitPrice: String =""
    private var _discount: String =""
    private var _units: Int =0
}
```

上面的代码采用面向对象技术详细描述了订单的信息,以及订单涉及的地址和订单项,使开发者可以通过编程访问和操控这些信息。反射技术也是一种面向对象技术,其也采用面向对象的方法建模和描述现实世界中的实体。只不过,反射技术建模和描述的实体是程序中的类型和实例。换句话说,反射技术使用类型和实例建模和描述类型和实例,使开发者可以通过编程访问和操控类型和实例。

可是,开发者不是一直用类型和实例编程吗?所谓的"通过编程访问和操控类型和实

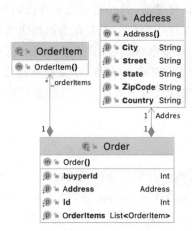

图 3-8　订单、地址、订单项实体及它们之间的关系

例",与"使用类型和实例编程"有什么区别?

　　这个问题可以很容易地使用一个比喻来回答。开发者使用类型和实例编写软件,就像建筑工程师使用机械建造建筑。在绝大多数情况下,编写好的软件的功能是固定的,就像建造好的建筑是固定的。但有些特殊的建筑并不是固定的,它们必须能够根据实际情况变换自己的形态。开合桥就是这样一种建筑。如图 3-9 所示,开合桥关闭时是一座桥梁,允许车辆和行人通过,打开时则成为一座断桥,允许船舶通过。这种非固定式的建筑是建筑与机械的结合体:它的建筑部分提供了固定的功能,它的机械部分允许它在不同的功能之间切换。

图 3-9　开合桥

　　与非固定式的建筑类似,有些软件的功能也不是固定的,它们也需要根据实际情况改变自己的功能。就像非固定式的建筑依赖机械改变自身的结构一样,非固定式的软件也需要一种技术改变自身的功能。由于软件是由类型和实例构成的,因此这种技术必须能够访问和操控软件的类型和实例,从而能够根据实际情况改变软件的功能。而这种技术就是反射。

　　此时再回到前面提出的问题。"使用类型和实例编程"就像使用机械建造建筑,是编写软件的过程。"通过编程访问和操控类型和实例"则像嵌入建筑中的机械,是改变已有软件的功能的过程。从抽象的程度讲,"通过编程访问和操控类型和实例"比"使用类型和实例编程"更加抽象,其实现了一种"使用程序控制程序"的效果。

尽管解释起来非常抽象,反射技术在现实生活中的应用却非常普遍。很多浏览器都使用反射技术加载插件。很多游戏也使用反射技术加载第三方模组。在需要加载插件和第三方模组的场合使用反射技术的理由是很显然的:插件和第三方模组的功能并不是固定的,也就意味着安装了插件和第三方模组的软件的功能不是固定的,因此必须采用对应的技术改变软件的功能,而这种技术正是反射。

3.4.2 使用反射描述类型

视频 ch3/10

反射是使用类型和对象建模和描述类型和对象的技术。就像电子商务网站使用 Order 类建模订单这一实体概念一样,反射也需要一个类来建模软件中的"类"这一实体概念。以 C♯ 语言为例,Type 类就用来建模 C♯ 语言中的类。下面的代码获得 Type 类的实例 orderType,它代表了 Order 类:

```
// C#
public class Order { }

var orderType = typeof(Order);
```

上面的代码使用 typeof 关键字从 Order 类获得 Type 类的实例。这正是"使用类型和对象建模和描述类型和对象"的一个具体的例子,即使用 Type 类型的 orderType 对象建模和描述 Order 类型。

C♯ 中所有的类都可以表示为 Type 类的实例。有趣的是,Type 类也是一个类,因此也可以表示为 Type 类的实例:

```
// C#
var typeType = typeof(Type);
```

除使用 typeof 关键字从类获得 Type 类的实例外,还可以从类的实例获得 Type 类的实例。下面的代码调用 Order 类的实例 order 的 GetType 函数,从而获得 order 实例的类型信息(即 Type 类的实例):

```
// C#
var order = new Order();
var orderTypeFromInstance = order.GetType();
```

对于同一个类型来说,使用 typeof 关键字获得的类型信息和使用 GetType 函数从该类型的实例获得的类型信息是相同的,因此:

```
// C#
typeof(Order) == order.GetType() // true
```

这种特性使开发者能够利用反射判断一个实例具体属于哪个类型。在下面的代码中,IService 接口有两个实现类,分别是 SimpleService 与 ComplexService。ServiceFactory 会产生 IService 接口的实例。假定开发者看不到 ServiceFactory 的源代码,即开发者并不知道 SerficeFactory 会创建 ComplexService 类型的实例,此时开发者依然可以使用反射判断

ServiceFactory 返回的究竟是 SimpleService 还是 ComplexService 的实例。

```csharp
// C#
public interface IService { }

public class SimpleService : IService { }

public class ComplexService : IService { }

public class ServiceFactory {
    public static IService Produce() =>new ComplexService();
}

var service =ServiceFactory.Produce();
if (service.GetType() ==typeof(SimpleService)) {
    // ...
}
```

在实际项目中,开发者经常使用类似上面代码中的方法判断实例的类型。下面的代码来自一个与股票交易有关的金融软件。这段代码中的 kwargsObject 来自用户提供的数据,开发者则判断 kwargsObject 对象名为 instruments 的属性节点是否为 JsonArray 类的实例,并采取不同的处理方式。

```csharp
// C#
if (kwargsObject.GetPropertyNode("instruments") is JsonArray
    instrumentsArray) {
    handler.Instrument.InstrumentType =
        InstrumentType.Stocks;
    handler.Instrument.InstrumentStockCodes =
        instrumentsArray
            .Select(p =>p.GetValue<string>()).ToList();
} else {
    handler.Instrument.InstrumentType =InstrumentType.Index;
    handler.Instrument.InstrumentIndex =
    Enum.Parse<InstrumentIndex>(
        kwargsObject.GetPropertyValue<string>(
            "instruments"), true);
}
```

这里的 is 关键字是一个语法糖。下列代码的作用:

```csharp
// C#
if (kwargsObject.GetPropertyNode("instruments") is JsonArray
    instrumentsArray) {
```

与下列代码的作用相同:

```csharp
// C#
if (kwargsObject.GetPropertyNode("instruments").GetType() ==
    typeof(JsonArray)) {
```

```
    var instrumentsArray =
        (JsonArray)kwargsObject.GetPropertyNode(
            "instruments")
```

这样,软件就会根据用户提供的不同数据而产生不同的行为。

获得类型信息的一个有趣应用是根据类型信息创建类的实例。传统的创建实例的方法是直接创建对象:

```
//C#
var orderInstance =new Order();
```

但利用类型信息也可以创建实例:

```
// C#
var orderTypeInfo =typeof(Order);
var anotherOrderInstance =
    (Order) Activator.CreateInstance(orderTypeInfo);
```

使用类型信息创建类的实例要比直接创建对象更消耗资源,但这种方法催生了一个更加有趣的应用:根据类的名字创建类的实例。开发者可以通过类的名字获得类的信息:

```
// C#
namespace Reflection;

public class Order { }

//在 Main 函数中
var orderTypeInfoFromName =
    Assembly.GetExecutingAssembly().GetType(
        "Reflection.Order");
```

这里的"Reflection.Order"是 Order 类的完整名称,包括了类名和命名空间名。利用 Order 类的完整名称,开发者就可以获得 Order 类的类型信息,从而创建实例:

```
    var orderInstanceFromName =
        (Order)Activator.CreateInstance(orderTypeInfoFromName);
```

包括浏览器和游戏在内的很多软件就利用上述机制加载第三方插件和模组。这些软件会读取第三方插件和模组的配置文件,寻找需要创建的类的名称,再创建类的实例,从而运行插件和模组。

上述机制存在的一个问题是,Activator 的 CreateInstance 函数要求作为参数的类型必须有一个无参数的默认构造函数,即不需要提供任何参数,就可以创建类的实例。这个要求在绝大多数场合下都能被满足,但却不适用于依赖注入。这是由于依赖注入正是通过构造函数参数获得创建类实例所必需的其他实例的。要解决这一问题,开发者还需要一些其他的技术和工具。

视频 ch3/11

3.4.3　使用反射描述继承

反射不仅可以描述类型,还能描述类型之间的继承关系。考虑如下 3 个类型:

```
// C#
namespace Reflection;

public interface IService { }

public class SimpleService : IService { }

public class ComplexService : IService { }
```

首先获得 IService 接口及 SimpleService 类的类型信息:

```
//C#
var iServiceType =
    Assembly.GetExecutingAssembly().GetType(
        "Reflection.IService");
//也可为 var iServiceType =typeof(IService);

var simpleServiceType =Assembly.GetExecutingAssembly()
    .GetType("Reflection.SimpleService");
//也可为 var simpleServiceType =typeof(SimpleService);
```

利用 iServiceType 和 simpleServiceType 可以判断二者之间的继承关系。由于子类型的实例可以赋值给父类型的变量,因此可以调用 IsAssignableTo 函数判断 SimpleService 类型的实例是否可以赋值给 IService 类型的变量,从而判断 SimpleService 是否继承自 IService:

```
// C#
Console.WriteLine(simpleServiceType.IsAssignableTo(
    iServiceType));
//输出为 True
```

simpleServiceType 的 BaseType 属性给出了 SimpleService 类型的基类。不过,BaseType 返回的结果有一点出乎意料:

```
// C#
Console.WriteLine(simpleServiceType.BaseType);
//输出 System.Object
```

这是由于 BaseType 只会返回基类,不会返回接口。由于 SimpleService 并未继承自任何类,因此其默认继承自 Object 类。要返回类型继承的接口,则需要调用 GetInterfaces 函数:

```
// C#
foreach (var @interface in
```

```
        simpleServiceType.GetInterfaces()) {
    Console.WriteLine(@interface);
}
//输出 Reflection.IService
```

作为一个简单的总结,判断 A 类型是否继承自 B 类型的方法包括:

（1）使用 IsAssignableTo 函数判断 A 类型的实例是否可以赋值给 B 类型的变量;

（2）使用 BaseType 属性判断 A 类型的基类是否为 B 类型,只适用于 A 类型直接继承自 B 类型,并且 B 类型是类的情况;

（3）使用 GetInterfaces 函数获得 A 类型继承的所有接口,判断其中是否有 B 类型,只适用于 B 类型是接口的情况。

那么,如何确定 IService 都有哪些子类型呢? C♯并没有提供一种直接的方法来获取类型的子类型。要解决这个问题,首先需要获得程序集中的所有类型:

```
// C#
var types =Assembly.GetExecutingAssembly().GetTypes();
```

接下来从 types 中找到继承自 IService 的类型。

```
// C#
var subTypesOfIService =
    types.Where(p =>p.IsAssignableTo(iServiceType));
```

这里采用 IsAssignableTo 函数判断类型是否继承自 IService。采用 IsAssignableTo 函数判断的问题是,IService 类型的实例也可以被赋值给 IService 类型的变量,因此 IService 自身也会出现在判断结果中。除使用 IsAssignableTo 函数,还可以采用上面提到的其他方法进行判断,这里就不再赘述了。上面两行代码可以整合成一行代码:

```
// C#
var subTypesOfIService =
    Assembly.GetExecutingAssembly().GetTypes()
        .Where(p =>p.IsAssignableTo(iServiceType));
```

将 subTypesOfIService 输出可以得到如下内容:

```
// C#
foreach (var subType in subTypesOfIService) {
    Console.WriteLine(subType);
}
/*输出
 * Reflection.IService
 * Reflection.SimpleService
 * Reflection.ComplexService
 */
```

3.4.4　使用反射描述函数

函数是类的重要组成部分,因此反射的一个重要功能就是描述类的函数。以 C# 语言为例,考虑一个常见的函数结构:

[可见性修饰符] [修饰符] [返回值类型] [函数名]<[泛型参数]>([参数]) [泛型参数约束]

其中:

(1) 可见性修饰符可以为 public、protected、private 等修饰符;

(2) 可见性修饰符与返回值类型之间可以添加 static、async 等修饰符;

(3) 泛型参数约束用于约束泛型参数的取值范围。

下面的代码是一个比较完整的函数例子:

```
// C#
//可见性修饰符、修饰符与返回值类型
public static TBaseModel
    //函数名
    DeserializeModel<
        //泛型参数
        TKey, TBaseModelDeserializer, TBaseModel>(
        //参数
        JsonObject jsonObject,
        Func<JsonObject, TKey>keyGetter,
        IImmutableDictionary<TKey, Type>
            deserializerDictionary)
    //泛型参数约束
    where TBaseModelDeserializer
        : ModelDeserializerBase<TBaseModel>
    where TBaseModel : ModelBase {
        // ...
```

使用反射可以获得函数的可见性修饰符、修饰符、返回值类型、函数名、泛型参数、参数以及泛型参数约束等信息。为了呈现方便,这里使用反射获得一个形式更为简单的函数的信息:

```
// C#
public class SomeObject {
    public string SomeFunction(int i) =>string.Empty;
}
```

要想获得 SomeFunction 函数的信息,首先需要获得 SomeObject 类型的信息:

```
// C#
var someObjectType =typeof(SomeObject);
```

接下来调用 GetMethod 函数获得 SomeFunction 函数的信息。

```
// C#
```

```
var someFunctionInformation =
    someObjectType.GetMethod(
        nameof(SomeObject.SomeFunction));
```

　　GetMethod 函数接受字符串形式的函数名作为参数。要获得 SomeFunction 函数的信息，需要向 GetMethod 函数传递"SomeFunction"参数。这里的 nameof 关键字会将函数转化为同名的字符串：

```
// C#
nameof(SomeObject.SomeFunction) == "SomeFunction" // true
```

　　因此，上面的代码就相当于：

```
// C#
var someFunctionInformation =
    someObjectType.GetMethod("SomeFunction");
```

　　someFunctionInformation 是 MethodInfo 类型的实例。通过该实例可以获得函数的各种信息。下面的代码通过 someFunctionInformation 获得函数的可见性修饰符、返回值类型、函数名、参数数量、参数类型以及参数名等信息：

```
// C#
Console.WriteLine(someFunctionInformation.IsPublic);
//输出 True

Console.WriteLine(someFunctionInformation.ReturnType);
//输出 System.String

Console.WriteLine(someFunctionInformation.Name);
//输出 SomeFunction

Console.WriteLine(
    someFunctionInformation.GetParameters().Length);
//输出 1

Console.WriteLine(
    someFunctionInformation.GetParameters()[0]
        .ParameterType);
//输出 System.Int32

Console.WriteLine(
    someFunctionInformation.GetParameters()[0].Name);
//输出 i
```

　　获得函数的信息后，可以利用函数的信息调用函数。这里的 SomeFunction 函数是一个成员函数，而成员函数只能通过类的实例调用，为此首先需要创建一个 SomeObject 类型的对象：

```
// C#
var someObject = new SomeObject();
```

接下来调用函数信息实例的 Invoke 函数,并将 someObject 传递给 Invoke 函数。Invoke 函数会执行 someObject 的 SomeFunction 函数。由于 SomeFunction 函数还需要一个整型参数,因此这里还需要将 SomeFunction 函数需要的参数传递给 Invoke 函数,并由 Invoke 函数传递给 SomeFunction 函数。通过 Invoke 函数传递函数参数的方法是将参数放在一个 object 类型的数组中:

```
// C#
var ret =
    (string)someFunctionInformation.Invoke(
        someObject, new object?[] { 500 });
```

上面的代码等价于:

```
// C#
var ret = someObject.SomeFunction(500);
```

由于 SomeFunction 函数总是返回空字符串,因此这里使用 string.IsNullOrEmpty 函数判断 ret 的值是否为空字符串:

```
// C#
Console.WriteLine(string.IsNullOrEmpty(ret));
//输出 True
```

视频 ch3/13

3.4.5　使用反射调用构造函数

第 3.4.2 节介绍的使用 Activator 创建对象的方法只适用于构造函数不需要参数的类,不适用于构造函数需要参数的情形。由于构造函数也是函数,因此可以采用反射的方法调用构造函数并获得类的实例。考虑如下的类:

```
//C#
public class ComplexClass {
    public ComplexClass(int i, IService service) { }
}

public interface IService { }

public class SimpleService : IService { }
```

ComplexClass 类的构造函数接受 int 和 IService 类型的参数。要创建 Complex 类的实例,必须以如下形式调用构造函数:

```
//C#
var instance = new ComplexClass(1, new SimpleService());
```

要通过反射调用 ComplexClass 类的构造函数,首先需要获得 ComplexClass 类的类型信息,再通过类型信息获得构造函数的信息,最终调用构造函数。这里首先获得 ComplexClass 类的类型信息:

```
// C#
var complexClassType =typeof(ComplexClass);
```

接下来调用 GetConstructors 函数获得 ComplexClass 类的所有构造函数的信息:

```
// C#
var constructors =complexClassType.GetConstructors();
```

constructurs 是 ComplexClass 所有构造函数的信息组成的数组。由于 ComplexClass 类只有一个构造函数,因此这里可以直接获得 constructors 数组中保存的第一个构造函数信息:

```
// C#
var firstConstructor =constructors.First();
```

调用 GetParameters 函数可以获得构造函数的参数信息:

```
//C#
var constructorParameters =
    firstConstructor.GetParameters();
```

constructorParameters 是参数信息的数组。数组中元素的数量与构造函数接受的参数数量一致。数组的每一个元素则描述了构造函数接受的每一个参数的信息:

```
//C#
Console.WriteLine(constructorParameters.Length);
//输出 2

Console.WriteLine(constructorParameters[0].ParameterType);
//输出 System.Int32

Console.WriteLine(constructorParameters[1].ParameterType);
//输出 Reflection.IService
```

通过上面的代码和输出结果可以看到,ComplexClass 的构造函数接受两个参数,类型分别是 System.Int32 及 Reflection.IService,这与 ComplexClass 类的构造函数一致:

```
//C#
public ComplexClass(int i, IService service) { }
```

接下来只调用该构造函数并传递对应的参数,就可以获得 ComplexClass 类型的实例了。与第 3.4.4 节介绍的调用成员函数的方法不同,构造函数可以直接调用:

```
// C#
```

```
var complexClassInstance =
    (ComplexClass) firstConstructor.Invoke(
        new object[] { 1, new SimpleService() });
```

这样就实现了使用反射调用构造函数。

视频 ch3/14

3.4.6　依赖注入容器的实现

第 3.4.5 节的知识构成了依赖注入的主要实现原理。这里以微软官方依赖注入容器 Microsoft.Extensions.DependencyInjection 的源代码为例,介绍依赖注入容器的具体实现。微软官方依赖注入容器的源代码位于 GitHub 的 dotnet/runtime 仓库中。这里介绍 6.0.2 版本的实现,相关代码位于 src/libraries/Microsoft. Extensions. DependencyInjection 文件夹。

微软官方依赖注入容器的实现比较复杂,总代码量接近 30000 行,这里只介绍最核心的根据构造函数信息创建对象的部分。在 ActivatorUtilities.cs 文件的第 41 行,依赖注入容器获得了要创建类型的构造函数信息:

```
// C#
foreach (ConstructorInfo? constructor in instanceType
.GetConstructors())
{ // ...
```

经过一系列条件判断之后,依赖注入容器在第 76 行调用 CreateInstance 函数创建实例:

```
// C#
return bestMatcher.CreateInstance(provider);
```

CreateInstance 函数的实现位于第 374 行,其中第 376 至 397 行用于为构造函数准备参数:

```
// C#
for (int index =0; index != _parameters.Length; index++)
{
    // ...
    _parameterValues[index] =value;
    // ...
}
```

为构造函数准备参数是一个递归的过程。这是由于构造函数需要的参数也需要由依赖注入容器创建,而创建参数实例的过程还需要再次确定参数类型的构造函数需要依赖哪些参数。准备好参数之后,依赖注入容器最终在第 411 行调用构造函数:

```
// C#
return _constructor.Invoke(
    BindingFlags.DoNotWrapExceptions,
```

```
        binder: null,
        parameters: _parameterValues,
    culture: null);
```

尽管不同依赖注入容器的具体实现方法存在较大的不同,但大多数依赖注入容器的核心实现都是相似的。C♯语言中常用的一种轻量化的依赖注入容器 SimpleIoc 位于 GitHub 的 lbugnion/mvvmlight 仓库,其依赖注入容器的实现 SimpleIoc.cs 文件只有 1152 行源代码。其在第 703 行获得构造函数信息:

```
// C#
var constructorInfos = resolveTo.GetConstructors();
```

在第 802 至 807 行为调用构造函数准备参数:

```
// C#
var parameters = new object[parameterInfos.Length];

foreach (var parameterInfo in parameterInfos)
{
    parameters[parameterInfo.Position] =
        GetService(parameterInfo.ParameterType);
}
```

并最终在第 809 行调用构造函数:

```
// C#
return (TClass)constructor.Invoke(parameters);
```

可以看到,尽管 SimpleIoc 与微软官方依赖注入容器的具体实现有较大的区别,但其核心技术却高度一致。

作为总结,依赖注入容器的实现需要经历如下 3 个步骤:

(1) 通过反射获取类的构造函数信息,确定调用构造函数需要提供哪些参数;

(2) 通过反射递归获得调用构造函数所需要提供的参数对象;

(3) 通过反射调用构造函数并传递参数。

3.5　练习

1. 建造者模式是一种不易理解的设计模式。同时,很多开发框架都在使用建造者模式创建复杂对象。请找出建造者模式在不同开发框架中的 3 个应用实例,解释一下这些框架使用建造者模式完成什么样的任务。

2. 原型模式与一种被称为深拷贝(deep copy)的技术紧密地关联。请查找一下什么是深拷贝,如何实现深拷贝,并尝试使用深拷贝方法对原型模式开展一次简单的实现。

3. 许多开发框架都使用依赖注入模式创建对象。请给出依赖注入模式在 3 种不同开发框架下的使用实例,并对比一下它们之间的异同。

4. 许多语言都支持反射。请学习一下 Java 和 Python 语言分别如何使用反射调用给定实例的函数。请阐述一下二者的异同。

5. 请查找一个不熟悉的语言的依赖注入容器,尝试确定该容器如何实现依赖注入。

第**4**章

数据管理技术

对数据的管理是绝大多数应用不可或缺的部分。不同的应用需要管理不同类型的数据，而不同类型的数据又有着不同的管理方法。本章首先探讨如何为数据分类，并基于数据的分类探讨常见类型数据的存储技术，包括关系数据、文档数据、键值数据、对象数据、列数据、图数据以及其他若干种数据的存储技术。本章接下来探讨如何选择合适的数据存储技术，以及如何针对应用需求优化数据存储。本章最后探讨数据的对象映射工具，从而直接建立起面向对象编程与数据管理之间的联系。

视频 ch4/1

4.1 数据的分类

几乎所有软件的核心目的都是管理与处理数据，管理数据的能力也因此成为开发者所必备的能力。在软件开发过程中，开发者需要处理各种各样的数据，而不同的数据需要采用不同的技术进行管理。特别地，在全栈应用开发过程中，即便是同一种类型的数据，当开发者处于技术栈的不同层时，也需要采用完全不同的技术进行管理。

以最为常见的关系型数据的管理为例，当开发者开发全栈应用的服务端时，通常需要使用实体关系映射工具管理位于独立运行的关系数据库中的数据。而在开发全栈应用的客户端时，如果关系型数据保存在客户端，则需要使用实体关系映射工具管理嵌入式数据库中的数据。如果关系型数据保存在服务端，则需要使用 Web 服务通过服务端管理数据。需要说明的是，由于涉及数据安全问题，因此通常不使用客户端直接管理位于独立运行的关系数据库中的数据。

数据与数据管理技术的多样性使全栈应用开发中的数据管理成为一个复杂的问题。为了更好地解释全栈应用开发中的数据管理技术，这里首先对全栈应用开发中涉及的数据与数据管理技术进行分类，以便针对不同类型的数据分别探讨对应的数据管理技术。

数据的多样性决定了在对数据分类时可以采用多种不同的视角。一个最基本的分类视角是根据数据保存的位置对数据进行分类。站在软件的角度，所谓的"位置"通常有以下两个。

（1）本地：通常指软件本身，包括软件自带的文件与资源，同时也包括软件可以直接访问的文件夹等由操作系统提供的基础资源；

（2）远程：通常指除本地之外的所有位置，包括由当前计算机上的其他软件提供的服务，以及由其他计算机提供的服务。

依据数据保存的位置，数据可以分类如下。

(1) 保存在本地的数据：即由软件自行保存的数据，包括软件自行创建的文件与文件夹，以及由软件自行管理的数据库等；

(2) 保存在远程的数据：由其他软件代为保存的数据，包括保存在独立数据库中的数据，以及需要通过 Web 服务才能访问的数据等。

另一种常用的对数据进行分类的视角，是根据数据的类型对数据进行分类，包括如下。

(1) 关系型数据：通常指可以使用表(Table)以及表之间的连接描述的数据；关系型数据的表结构一般是高度固定的；

(2) 文档型数据：通常指以文档的形式描述的数据；文档的特点是有一定的结构，但结构并不像关系型数据中的表结构那样固定，导致不同的文档之间总是存在或多或少的差异；

(3) 键值数据：以键值对的形式存在的数据；使用 C♯ 中的 Dictionary 及 Java 中的 HashMap 保存的数据就是典型的键值数据；

(4) 对象数据：通常指以二进制形式存在的相对大型的块数据；二进制的文件就可以视为对象数据；

(5) 图数据：以离散数学中"图"的概念描述的数据；图数据通常由大量的节点和边组成。

接下来探讨数据管理技术的分类方法。面向对象编程是开发者最常用的编程方法。如果数据管理技术支持将数据直接映射为对象，将可以为开发者管理数据提供极大的便利。按照数据管理技术是否提供对象映射支持，可以将数据管理技术分为以下两种。

(1) 提供对象映射支持的数据管理技术：这类数据管理技术直接提供对象映射功能，开发者可以直接将数据映射为对象；

(2) 不提供对象映射支持的数据管理技术：这类数据管理技术没有提供对象映射功能；开发者如果希望将数据映射为对象，则需要自行编写映射机制。

开发者在开发数据管理应用时所必须考虑的另一个问题，是用户是否拥有访问数据的权限。绝大多数数据管理技术将数据保存在某种逻辑单元中。在关系型数据库中，这种逻辑单元通常指表。在文档型数据库中，这种逻辑单元通常指集合(collection)。在键值数据库和对象数据库中，这种逻辑单元通常指桶(bucket)。然而，数据管理应用的用户通常没有权限访问逻辑单元中所有的数据。例如，在电子商务网站中，尽管所有用户的订单都保存在一张数据表中，但用户却只能访问自己的订单，不能访问其他用户的订单。这就要求数据管理技术支持用户级别的权限管理。按照数据管理技术是否支持用户级别的权限管理，可以将数据管理技术分为以下两种。

(1) 支持用户级别权限管理的数据管理技术：这类数据管理技术直接提供用户级别的权限管理功能，使用户只能访问有权限访问的数据；

(2) 不支持用户级别权限管理的数据管理技术：这类数据管理技术不提供用户级别的权限管理；开发者必须自行编写用户级别的权限管理机制来限制用户对数据的访问。

上述对数据与数据管理技术的分类，基本涵盖了数据管理类全栈应用开发时需要考虑的主要问题。这里简要总结如下。

1) 数据的分类

(1) 按照数据保存的位置，分为本地数据与远程数据；

(2) 按照数据的类型，分为关系型数据、文档型数据、键值数据、对象数据以及图数据；

2）数据管理技术的分类

（1）按照是否提供对象映射，分为提供对象映射支持，以及不提供对象映射支持的数据管理技术；

（2）按照是否支持用户级别的权限管理，分为支持用户级别权限管理，以及不支持用户级别权限管理的数据管理技术。

需要指出的是，上述分类只是对数据和数据管理技术的经验分类，分类的结果不是严格互斥的。例如，对象数据很多时候可被视为一种特殊的键值数据，图数据也可以表示为关系型数据。同时，很多数据管理技术只为对象映射提供有限的支持，或是为用户级别的权限管理提供有限的支持。这些分类并非要建立起对数据和数据管理技术的严格分类，而是为了方便开发者针对不同的数据选择合适的数据管理技术。

4.2　数据存储技术

数据管理的基础是对数据进行有效存储，而不同类型的数据需要采用不同的方法才能有效存储。为了实现对不同类型数据的有效存储，开发者提出并实现了多种多样的数据存储技术。本节将介绍几种不同类型数据的存储技术。

视频 ch4/2

4.2.1　关系数据存储

关系型数据是开发者最常处理的数据。关系型存储也是开发者最熟悉的数据存储技术。几乎每名开发者都使用过某种关系数据存储，例如甲骨文公司的 MySQL 数据库[7]、开源数据库 MariaDB、微软公司的 SQL Server 数据库[8]以及开源嵌入式数据库 SQLite。

在关系型数据库中，开发者主要使用表存储数据。表主要由字段构成，并且每个字段都有明确的数据类型。以下代码使用 SQL 创建关系型数据库的表。可以看到，其每个字段都有明确的数据类型定义：

```
--SQL
CREATE TABLE works(
  id INTEGER PRIMARY KEY,
  name VARCHAR(50),
  author_name VARCHAR(50),
  dynasty VARCHAR(10),
  content TEXT
)
```

使用上述 SQL 代码创建的数据表如图 4-1 所示。

关系型数据明确的表结构（包括字段以及字段的类型）是关系型数据被称为结构化数据的重要原因之一。这种明确的表结构减少了开发者犯错的可能。例如，开发者无法将原本应该存入 name 字段的数据错误地存入 nema 字段。这是由于 nema 字段根本不存在，因此关系型数据库会给出错误提示。开发者也无法将字符串数据错误地存入整型字段中，因为关系型数据库会检查数据的类型，并拒绝保存类型不匹配的数据。

关系型数据库的表结构允许开发者以非常复杂的方式查询数据，包括为每个字段设置

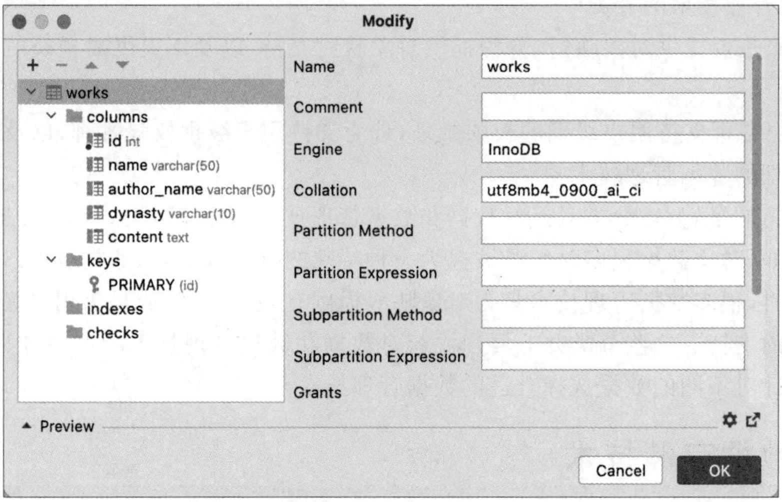

图 4-1　使用 SQL 代码创建的数据表

详细的过滤条件。下面的代码在查询商品信息时对单价、单位质量、库存都做了要求:

```sql
--SQL
select
  id,
  name,
  unit_price,
  unit_weight,
  stock
from
  products
where
  unit_price >10
  and unit_weight <5
  and stock >500
```

在编程语言中直接访问关系型数据库的主要步骤包括:

(1) 安装数据库客户端;

(2) 建立数据库连接;

(3) 执行查询语句并获得结果。

以使用 C♯语言直接访问 MySQL 数据库为例,开发者首先需要安装 MySqlConnector NuGet 包,并使用如下代码建立数据库连接:

```csharp
// C#
var connectionString =new MySqlConnectionStringBuilder {
    Server =[MySQL 数据库地址],
    UserID =[数据库用户名],
    Password =[数据库密码],
    Database =[数据库名]
}.ConnectionString;
```

```
using var connection =new MySqlConnection(connectionString);
```

接下来就可以执行查询语句并获得结果了：

```
// C#
var dataSet =new DataSet();
using var adapter = new MySqlDataAdapter(query, connection);
adapter.Fill(dataSet);
```

上面的代码执行之后，查询结果会保存在 dataSet 变量中。

如果安装有 Docker[9]，则可以使用 Docker 快速地安装和删除 MySQL 数据库。要安装 MySQL 数据库，打开命令行窗口并运行如下命令即可：

```
>   #Terminal
>   docker run --name mysql-demo -e MYSQL_ROOT_PASSWORD=Pass@word -p
13306:3306 -d mysql:latest
```

此时 MySQL 数据库的地址为 localhost：13306、用户名为 root、密码为 Pass@word。推荐使用 MySQL 数据库官方支持的 MySQL Workbench 客户端工具连接并管理 MySQL 数据库。

要删除 MySQL 数据库，打开命令行窗口并运行如下命令即可：

```
>   #Terminal
>   docker stop mysql-demo
>   docker rm mysql-demo
```

注意，这会删除数据库中所有的数据。

使用 C# 语言直接访问 SQL Server 数据库的过程与上述过程几乎一致。开发者也需要建立数据库连接：

```
// C#
using var connection =new SqlConnection(_connectionString);
```

接下来也需要使用 Adapter 执行查询语句并获得结果：

```
// C#
var dataSet =new DataSet();
using var adapter =new SqlDataAdapter(query, connection);
adapter.Fill(dataSet);
```

访问 SQL Server 与访问 MySQL 的主要区别在于，访问 MySQL 使用 MySqlConnection 及 MySqlDataAdapter，而访问 SQL Server 使用 SqlConnection 及 SqlDataAdapter。使用 C# 语言访问其他数据库的方法也是类似的。

如果安装有 Docker,则可以使用 Docker 快速安装和删除 SQL Server 2019 数据库。要安装 SQL Server 2019 数据库,打开命令行窗口并运行如下命令即可:

```
>   #Terminal
>   docker run --name sqlserver-demo -e "ACCEPT_EULA=Y" -e
"SA_PASSWORD=Pass@word" -p 11433:1433 -d
mcr.microsoft.com/mssql/server:2019-latest
```

此时 SQL Server 2019 数据库的地址为 localhost:11433、用户名为 sa、密码为 Pass @word。推荐使用 SQL Server 数据库官方支持的 SQL Server Management Studio 客户端工具连接并管理 SQL Server 数据库。

要删除 SQL Server 2019 数据库,打开命令行窗口并运行如下命令即可:

```
>   #Terminal
>   docker stop sqlserver-demo
>   docker rm sqlserver-demo
```

注意,这会删除数据库中所有的数据。

视频 ch4/3

4.2.2 文档数据存储

文档数据存储一般将文档保存在集合(Collection)中。文档数据存储中的集合大体相当于关系数据存储中的表。不过,与具有严格的表结构的关系型数据不同,文档型数据一般没有严格的结构。这意味着开发者可以将具有任意格式的数据插入集合中。这里以著名的 MongoDB 数据库[10]为例,介绍文档数据存储的这种特性。

如果安装有 Docker,则可以使用 Docker 快速安装和删除 MongoDB 数据库。要安装 MongoDB 数据库,打开命令行并运行如下命令即可。

```
>   #Terminal
>   docker run --name mongodb-demo -p 37017:27017 -d mongo:latest
```

此时 MongoDB 数据库的地址为 localhost:37017。推荐使用 MongoDB 数据库官方支持的 MongoDB Compass 客户端工具连接并管理 MongoDB 数据库。

要删除 MongoDB 数据库,打开命令行并运行如下命令即可。

```
>   #Terminal
>   docker stopmongodb-demo
>   docker rmmongodb-demo
```

注意,这会删除数据库中所有的数据。

要在 C♯ 中使用 MongoDB,首先需要安装 MongoDB.Driver NuGet 包。如果 MongoDB 数据库的地址为 localhost:37017,则使用如下的代码连接到 MongoDB:

```
// C#
var client =new MongoClient("mongodb://localhost:37017");
```

接下来打开数据库。与需要事先创建数据库与表结构的关系数据存储不同,文档数据存储一般不需要事先创建数据库。开发者可以直接打开数据库以及集合。如果数据库和集合事先不存在,则文档数据存储会自动创建数据库和集合。

```
// C#
var database =client.GetDatabase("DemoDatabase");
```

接下来打开集合。如果集合不存在,则会自动创建。

```
// C#
var collection =database
    .GetCollection<BsonDocument>("DemoCollection");
```

接下来准备好要插入 DemoCollection 集合中的文档数据:

```
// C#
var document1 =new BsonDocument {
    ["title"] ="title 1",
    ["author"] ="author 1",
    ["content"] ="content 1"
};
```

多数文档数据都以类似上面的键值对的集合形式存在。接下来调用 InsertOne 函数将文档插入集合中:

```
// C#
collection.InsertOne(document1);
```

由于文档数据存储并不要求集合中的文档具有统一的结构,因此可以将具有不同结构的文档插入集合中:

```
// C#
var document2 =new BsonDocument {
    ["title"] ="title 1",
    ["source"] ="http://no.such.url",
    ["md5"] ="xxxx"
};

collection.InsertOne(document2);
```

现在打开 MongoDB Compass,可以看到 DemoCollection 中存在两条数据:

```
_id:627af97652209a7239347c42
title:"title 1"
author:"author 1"
content:"content 1"
```

```
_id:627af97752209a7239347c43
title:"title 1"
source:"http://no.such.url"
md5:"xxxx"
```

上述_id 是由 MongoDB 自动生成的唯一标识符。

由于文档数据具有一定的结构,因此也支持一定的查询功能。下面的代码从数据库中查找 author 字段为 author 1 的数据:

```
// C#
var cursor =collection.FindSync(
    new BsonDocumentFilterDefinition<BsonDocument>(
        new BsonDocument { ["author"] ="author 1" }));
Console.WriteLine(cursor.First()["title"].AsString);
```

除了精确匹配,MongoDB 还支持包括大于、小于在内的条件匹配,以及一定程度上的统计功能。这与包括 MySQL 及 SQL Server 在内的关系型数据库是非常类似的。事实上,绝大多数时候,文档数据存储都能提供与关系数据存储类似的功能。但文档数据没有固定的模式,导致在文档数据存储上编写复杂查询和统计的难度要比在关系数据存储上更大一些。

视频 ch4/4

4.2.3 键值数据存储

键值数据存储使用起来非常像哈希表,只不过这个哈希表不存在于当前计算机的内存中,而是存在于一个嵌入式或独立运行的数据库中。键值数据由键和值组成。键一般由字符串等比较简单的类型构成,值的类型则受所选用的键值数据存储限制。有些键值数据存储只支持数字、字符串、日期等基本和简单类型。有些键值数据存储则支持可序列化的对象等复杂的类型。总的来讲,键值数据存储用于保存相对比较简单的数据。复杂的数据应该使用关系数据存储或文档数据存储保存。接下来以著名的 Redis 数据库为例,介绍键值数据存储的使用方法。

如果安装有 Docker,则可以使用 Docker 快速安装和删除 Redis 数据库。要安装 Redis 数据库,打开命令行并运行如下命令即可。

```
>   #Terminal
>   docker run --name redis-demo -p 16379:6379 -d redis
```

此时 Redis 数据库的地址为 localhost:16379。推荐使用 Redis 数据库官方支持的 RedisInsight 客户端工具连接并管理 Redis 数据库。要安装 RedisInsight 客户端工具,打开命令行并运行如下命令即可。

```
>   #Terminal
>   docker run --name redisinsight-demo -p 8001:8001 -d
redislabs/redisinsight:latest
```

要删除 RedisInsight,打开命令行并运行如下命令即可。

```
>    #Terminal
>    docker stop redisinsight-demo
>    docker rm redisinsight-demo
```

要删除 Redis 数据库,打开命令行并运行如下命令即可。

```
>    #Terminal
>    docker stop redis-demo
>    docker rm redis-demo
```

注意,这会删除数据库中所有的数据。

与使用其他数据库一样,使用 Redis 数据库的第一步也是连接到数据库。以 C♯语言为例,开发者首先需要安装 StackExchange.Redis NuGet 包,再使用如下语句连接到 Redis 数据库:

```
// C#
var redis =ConnectionMultiplexer.Connect(
    new ConfigurationOptions {
        EndPoints ={ "localhost:16379" }
    });
```

接下来就可以打开数据库并保存数据了:

```
// C#
var db =redis.GetDatabase();
db.StringSet("My Key", "My Value");
```

上述代码使用"My Key"作为键,保存了字符串数据"My Value",其使用过程非常类似于使用哈希表保存数据:

```
// C#
var dictionary =new Dictionary<string, string>();
dictionary["My Key"] ="My Value";
```

从 Redis 中取出数据的过程也与哈希表非常类似:

```
// C#
Console.WriteLine(db.StringGet("My Key"));
Console.WriteLine(dictionary["My Key"]);
```

图 4-2 是上述数据在 Redis 中的存储效果。可以看到,My Key 键所对应数据的数据类型是字符串,大小是 8。

键值数据存储一般只提供基于键的数据访问,不支持类似关系数据存储和文档数据存储的查询和统计功能,这也导致键值数据存储的使用场景非常有限。不过,也正由于结构简单，键值数据存取比较快。这两方面的特性决定了键值数据存储一般作为数据缓存使用。

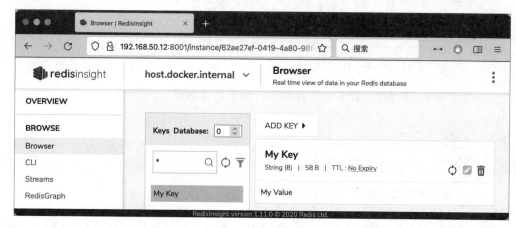

图 4-2　Redis 中的数据

视频 ch4/5

4.2.4　对象数据存储

对象数据存储可以被视为一种特殊的键值数据存储。对象数据一般用于保存大对象。在实际开发中，大对象通常指文件数据。作为一种键值数据，对象数据也由键和值组成，其中键一般由字符串等比较简单的类型构成，值则通常是二进制数据。相比于普通的键值数据，对象数据由于是二进制数据而看起来似乎更加复杂。但对象数据存储只能保存二进制数据，而不能对二进制数据做进一步的处理，导致对象数据存储在使用时与普通键值数据存储并没有太大区别。接下来以著名的 MinIO 数据库为例，介绍对象数据存储的使用方法。

> 如果安装有 Docker，则可以使用 Docker 快速安装和删除 MinIO 数据库。要安装 MinIO 数据库，打开命令行并运行如下命令即可。
>
> ```
> >    #Terminal
> >    docker run -- name minio-demo -p 19000:9000 -p 19001:9001 -d minio/minio
> server --console-address ":9001" /data
> ```
>
> 此时 MinIO 数据库的地址为 localhost:19000，默认用户名和密码都是 minioadmin。推荐使用 MinIO 数据库官方支持的 MinIO Console 客户端工具连接并管理 MinIO 数据库。上述代码已经启动了 MinIO Console，只要使用浏览器访问 http://localhost:19001 就能打开 MinIO Console。
>
> 要删除 MinIO 数据库，打开命令行并运行如下命令即可。
>
> ```
> >    #Terminal
> >    docker stop minio-demo
> >    docker rm minio-demo
> ```
>
> 注意，这会删除数据库中所有的数据。

要在 C# 中使用 MinIO 数据库，首先需要安装 MinIO NuGet 包，再使用如下代码连接到 MinIO 数据库：

```csharp
// C#
var client = new MinioClient().WithEndpoint([hostname:port])
    .WithCredentials([userName], [password]).Build();
```

由于对象数据存储用于保存大对象，而在绝大多数编程语言中，大对象都是用流表示，因此这里考虑如何将流 stream 中的数据保存到 MinIO：

```csharp
// C#
await _minioClient.PutObjectAsync(new PutObjectArgs()
    .WithBucket([bucketName]).WithObject([objectName])
    .WithStreamData(stream).WithObjectSize(stream.Length)
    .WithHeaders(
        new Dictionary<string, string>{
            ["Content-Md5"] = [md5] }));
```

上述代码中的 bucketName 是桶名称，其作用相当于关系数据存储中的表或文档数据存储中的集合。objectName 是对象名称，即对象数据的键。md5 是对象的 MD5 校验和，用于校验上传到 MinIO 的数据是否正确。稍微细心一点可以注意到，上述代码生成 PutObjectArgs 的方法非常类似于第 3.2.4 节介绍的建造者模式。只不过 PutObjectArgs 利用多个 With 函数完成了对自身的修改，因此可以被视为一种简化的建造者模式。

从 MinIO 中读取数据的过程与保存数据的过程类似：

```csharp
// C#
public Task<Stream> GetObjectAsync(string objectName) {
    var taskCompletionSource =
        new TaskCompletionSource<Stream>();
    _minioClient.GetObjectAsync(
        new GetObjectArgs()
            .WithBucket([bucketName])
            .WithObject(objectName)
            .WithCallbackStream(
                p => taskCompletionSource.SetResult(p)));
    return taskCompletionSource.Task;
}

var stream = await GetObjectAsync([objectName]);
```

上述代码中的 objectName 是对象名，即对象数据的键。bucketName 是桶名。由于 MinIO 使用回调模型返回数据，为了使用方便，上述代码使用 TaskCompletionSource 将回调模型变为更为简单的 await/async 模型，从而实现直接调用 GetObjectAsync 函数并获得流。

对比 MinIO 与 Redis 的使用过程可以发现，尽管开发者需要调用的函数不同，二者的使用过程却是高度类似的，都是围绕“键”和“值”展开的。不过，对象数据存储由于通常用于保存大对象，因此不太适合作为缓存使用，而是作为文件数据的存储。许多视频网站就使用对象数据存储作为视频文件的存储。

视频 ch4/6

4.2.5 列数据存储

列数据存储是按列存储数据的存储。要理解什么是列数据存储，首先需要理解什么是行数据存储。常见的关系型数据库属于行数据存储。以表 4-1 所示的数据为例，常见的关系型数据库使用如下的方法在硬盘上保存数据[①]：

表 4-1 一组样例数据

Id	Name	UnitPrice	Stock
1	Product 1	1.5	532
2	Product 2	2.2	652
3	Product 3	0.7	98

```
<1, Product 1, 1.5, 532>, <2, Product 2, 2.2, 652>, <3, Product 3, 0.7, 98>
```

从上面的例子可以看到，行数据存储逐行地在硬盘上保存数据。现实生活中常见的硬盘，无论是固态硬盘还是机械硬盘，其顺序读写能力都显著高于随机读写能力。这意味着，当数据按行进行保存，同时用户也按行读写数据时，数据存储可以充分发挥硬盘的顺序读写性能，从而快速读写数据。幸运的是，现实生活中的绝大多数应用都是按行读写数据的。例如，在读取商品信息时，开发者通常会获取商品的全部信息，即完整地读取一行数据。此时行数据存储将能够发挥最大的性能，以最快的速度读写数据。

然而，随着大数据时代的到来，越来越多的应用开始需要批量地分析数据。分析数据通常是以列为单位进行的，例如统计所有商品的平均单价。此时行数据存储就不能按顺序读取数据，而是需要跳着读取数据：跳过 ID 和 Name 字段，读取 UnitPrice 字段，再跳过 Stock 字段，并不断循环往复，直到读取所有数据的 UnitPrice 字段。数据量不大时，这种操作通常不会造成太大的问题。但在大数据背景下，开发者可能需要在数千万条数据上执行统计分析操作。此时，"跳着读取数据"造成的性能开销就会非常显著，从而极大地拖慢处理速度。

列数据存储正是针对行数据存储的这种不足而提出的。以表 4-1 所示的数据为例，列数据存储使用如下的方法在硬盘上保存数据：

```
<1, 2, 3>, <Product 1, Product 2, Product 3>, <1.5, 2.2, 0.7>, <532, 652, 98>
```

可以看到，列数据存储逐列地在硬盘上保存数据。此时如果需要读取所有数据的某一个字段，则列数据存储可以直接按顺序地读取数据，从而最大化地发挥硬盘的性能，实现对数据的快速读取。列数据存储的这种特性让它特别适合于大数据分析场景。但另一方面，列数据存储逐行读写数据的性能则较差，导致其不适用于以行为单位的日常数据读写场景。

值得注意的是，列数据存储并不是某种特定的数据库，而是保存数据的一种思想。因

---

① 这是行数据保存方法的概念演示。真实的行数据保存方法要比这里演示得更加复杂。

此,任何一种数据库,无论是关系型数据库、文档型数据库,还是其他数据库,都可以采用列数据存储的思想保存数据。著名的关系型数据库 MariaDB 默认采用按行的方法保存数据,不过其也提供 ColumnStore 存储引擎来实现按列保存数据的功能。在实际应用中,除了在行或列数据的批量读写性能上存在差别,行数据存储和列数据存储在使用上并没有太大的区别。

> 行数据存储按行保存数据,提升了行的读取速度。列数据存储按列保存数据,提升了列的读取速度。那么,如果一个数据库同时按照行、列保存数据,即将数据按行保存一份,再按列保存一份,形成"行列数据存储",能否同时保证行和列的读取速度呢? 答案是肯定的,但代价是修改数据会变得更慢。这是由于行数据存储在批量修改列数据时速度较慢——其理由和批量读取列数据时速度较慢相同,而列数据存储在批量修改行数据时速度也较慢。在行列数据存储中,由于同时使用行数据存储和列数据存储,因此在修改数据时一定会涉及在行数据存储中批量修改列,以及在列数据存储中批量修改行的情况。这就导致行列数据存储在修改数据时性能总是不太好。
>
> 因此,在技术没有飞跃式发展之前,一切都是有代价的:行数据存储擅长行数据的读取和修改,却不擅长按列读取和修改数据;列数据存储擅长列数据的读取和修改,却不擅按行读取和修改数据;行列数据存储同时擅长按行和按列读取数据,但却不擅长修改数据。从这个例子可以看到,软件开发中所有的优化在获得一些改进的同时,总是要牺牲一些其他东西。
>
> 相比于"读取万能,写入不能"的行列数据存储,一种更实际的方案是在日常应用中使用行数据存储,需要数据分析时再将数据从行数据存储导入列数据存储。这样做的代价是无法保证列数据存储中的数据是最新的。不过,相比修改性能的下降,这种延迟性往往可以被接受。

4.2.6　图数据存储

视频 ch4/7

图数据存储用于保存离散数学中图论意义上的图,即节点和边。图数据存储中的节点类似于关系数据存储中的行,或是文档数据存储中的文档。每个节点可以拥有一系列属性,类似于文档数据存储中的文档可以具有字段。节点和节点之间使用边连接,并且边是具有类型的。因此,名为 isFriend 的边和名为 knows 的边是两种不同类型的边。这里以著名的Neo4j 数据库[11]为例,介绍如何使用图数据存储。

> 如果安装有 Docker,则可以使用 Docker 快速安装和删除 Neo4j 数据库。要安装Neo4j 数据库,打开命令行并运行如下命令中。
>
> ```
> >    #Terminal
> >    docker run -- name neo4j-demo -p 17474:7474 -p 17687:7687 -e NEO4J_AUTH=
> neo4j/Pass@word -d neo4j
> ```
>
>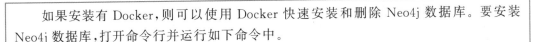
>
> 此时 Neo4j 数据库的地址为 localhost:17687,用户名是 neo4j,密码是 Pass@word。推荐使用 Neo4j 数据库官方支持的 Neo4j Browser 客户端工具连接并管理 Neo4j 数据

库。上述代码已经启动了 Neo4j Browser,只要使用浏览器访问 http://localhost:
17474 就能打开 Neo4j Browser。

要删除 Neo4j 数据库,打开命令行并运行如下命令即可。

```
>    #Terminal
>    docker stop neo4j-demo
>    docker rm neo4j-demo
```

注意,这会删除数据库中所有的数据。

以 C# 语言为例,要使用 Neo4j 数据库,首先需要安装 Neo4j.Driver nuget 包。接下来
使用下面的代码连接到数据库:

```
// C#
var dirver =GraphDatabase.Driver("neo4j://localhost:17687",
    AuthTokens.Basic("neo4j", "Pass@word"));
```

要向 Neo4j 数据库写入数据,首先需要打开一个会话:

```
// C#
var session =
    driver.AsyncSession(
        p =>p.WithDefaultAccessMode(AccessMode.Write));
```

下面的代码向 Neo4j 数据库中插入两个 Person 节点,并且每个节点都有 name 属性,
值分别是 Zhang 和 Wang:

```
// C#
session.WriteTransactionAsync(async p =>{
    await p.RunAsync(
        "CREATE (a:Person {name: $name})",
        new { name ="Zhang" });
    await p.RunAsync(
        "CREATE (a:Person {name: $name})",
        new { name ="Wang" });
}).Wait();
```

上述代码执行之后,就能在 Neo4j Browser 中查看这两个节点了,如图 4-3 所示。
接下来向 Neo4j 数据库中插入边:

```
// C#
session.WriteTransactionAsync(async p =>{
    await p.RunAsync(
        @"MATCH (person1:Person {name: $person1Name})
            MATCH (person2:Person {name: $person2Name})
            CREATE (person1)-[:KNOWS]->(person2)",
        new { person1Name ="Zhang", person2Name ="Wang" });
}).Wait();
```

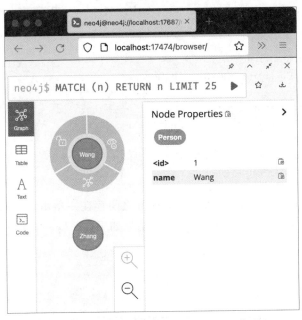

图 4-3　Neo4j 数据库中插入的 Person 节点

上述代码首先匹配 Person 类型的节点 person1，条件是 name 属性的值为 Zhang。接下来匹配 Person 类型的节点 person2，条件是 name 属性的值为 Wang。最后在 person1 和 person2 之间创建一条边，类型是 KNOWS。上述代码的执行效果如图 4-4 所示。

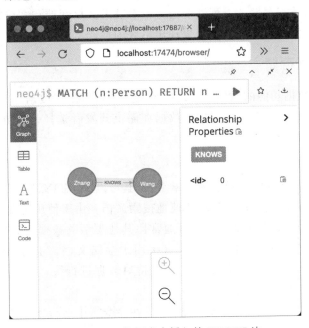

图 4-4　Neo4j 数据库中插入的 KNOWS 边

下面的代码从 Neo4j 数据库中读取数据：

```
// C#
session.ReadTransactionAsync(async p =>{
    var result =
        await p.RunAsync(
            "MATCH (a)-[:KNOWS]->(b) RETURN a.name, b.name");

    await result.FetchAsync();
    Console.WriteLine(result.Current["a.name"]);
    Console.WriteLine("KNOWS");
    Console.WriteLine(result.Current["b.name"]);
}).Wait();
```

这段代码匹配两个节点 a 和 b,条件是 a 和 b 之间存在一条由 a 指向 b、类型为 KNOWS 的边,并返回 a 和 b 节点的 name 属性,其运行结果如下:

```
Zhang
KNOWS
Wang
```

上面使用的查询语言是 Neo4j 数据库使用的 Cypher 语言。除了 Cypher 语言,还存在很多的图数据库查询语言,包括 SPARQL 及 GraphQL 等。这些查询语言的结构非常不同,但它们提供的功能都是类似的,包括基于属性匹配节点,以及基于边匹配节点等。

与文档数据存储类似,图数据存储很多时候也不要求数据存在固定的结构,因此节点可以拥有任意的属性,节点之间也可以建立任意类型的边。不过,灵活性终究是有代价的。在逐条查询数据时,图数据存储的查询性能通常没有关系数据存储和文档数据存储好。不过,查询节点之间的边时,图数据库往往会表现出更好的性能。

4.2.7 其他数据存储

任何具有保存数据功能的软件在合适的场景下都可以用作数据存储。这就决定了除上述常见的数据存储外,还存在多种多样的数据存储供开发者选择。本节介绍几种特殊的可以作为数据存储使用的软件。

4.2.7.1 搜索平台

视频 ch4/8

Apache Solr 是一个开源的企业级搜索平台,其可以为 JSON、XML、HTML、TXT 等众多格式的文档建立内容索引,从而实现快速地搜索文档。由于使用了搜索引擎技术,因此在建立起索引之后,Apache Solr 的搜索速度通常比其他类型的数据存储更快。同时,Apache Solr 也具有一定的数据保存功能,因此可直接用于存储文档。不过,作为一个搜索平台,Apache Solr 的数据写入性能并不太好,也不支持对数据进行统计分析,因此只适用于需要基于关键字搜索文档的使用场景。

使用 Docker 可以快速安装 Apache Solr,只在命令行中运行如下命令:

```
>  #Terminal
>  docker run --name solr-demo -p 18983:8983 -d solr
```

就可以获得一个 Apache Solr 实例。在浏览器中输入 http://localhost:18983 可以打开

Solr Admin 客户端,如图 4-5 所示。Apache Solr 的使用需要一系列复杂的配置,这里就不详细介绍了。除 Apache Solr 外,ElasticSearch 也是广泛使用的企业级搜索平台,其可以实现比 Apache Solr 更为强大的搜索功能。

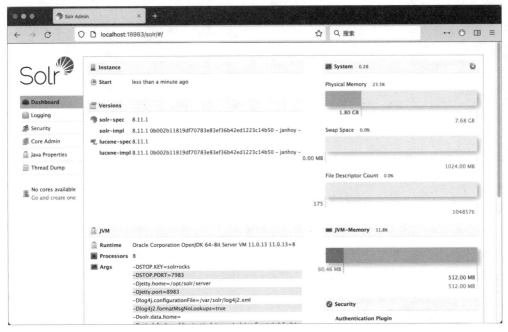

图 4-5　Solr Admin

4.2.7.2　配置存储

Apache ZooKeeper 用于为分布式应用提供一致性服务。Apache ZooKeeper 的一个重要功能是为分布式应用保存配置信息。在这种情况下,Apache ZooKeeper 可以被视为配置数据的存储。ZooKeeper 采用分布式架构,使其具有极高的可用性,能够同时为大量的应用提供服务,并始终保持自身在线。

视频 ch4/9

使用 Docker 可以快速安装 Apache ZooKeeper。在命令行中运行如下命令:

```
>   #Terminal
>   docker run --name zookeeper-demo -p 12181:2181 -p 12888:2888 -p 13888:3888 -p
18080:8080 -d zookeeper
```

就可以获得一个 Apache ZooKeeper 实例。Apache ZooKeeper 没有提供官方的客户端工具,这里推荐使用第三方客户端工具 PrettyZoo 管理 Apache ZooKeeper。如果使用上面的代码启动 Apache ZooKeeper,则在安装 PrettyZoo 之后,可以使用 localhost:12181 连接到 Apache ZooKeeper,如图 4-6 所示。

在"/"上右击,可以创建新的配置项。这里创建一个配置项 myConfig,再在 myConfig 下创建配置项 myConfigItem,其值为 myConfigValue,此时 myConfigItem 对整个分布式集群就可用了,如图 4-7 所示。

Apache ZooKeeper 提供的功能看似非常简单,但其价值在于如何在分布式应用环境下

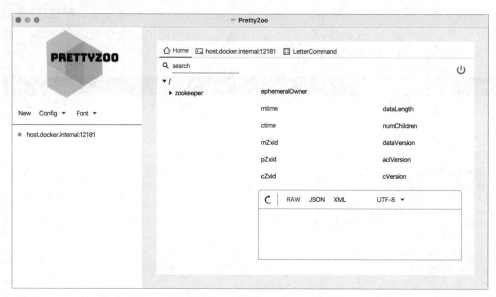

图 4-6　使用 PrettyZoo 管理 Apache ZooKeeper

图 4-7　使用 PrettyZoo 添加配置项

保持高可用性与一致性。高可用性意味着 Apache ZooKeeper 在任何时候都能被访问,即便某些 Apache ZooKeeper 服务器由于各种原因导致死机。一致性意味着数据在 Apache ZooKeeper 中总是一致的,即便某些时候数据在 Apache ZooKeeper 内部不一致,其也能通过一致性机制将数据恢复到一致的状态。分布式环境下的高可用性与一致性要求让维护配置这一看似简单的问题也变得非常复杂,并因此催生了 Apache ZooKeeper 项目。

4.2.7.3　消息队列

消息队列非常类似于快递系统,其接收消息发送者发送的消息,并将消息转发给接收者。当接收者无法接收消息时,消息队列会将消息暂存起来,并在接收者能够接收消息时投递消息。许多消息队列还支持将消息持久化地保存起来,从而查询消息历史。

　　RabbitMQ 是一个广泛使用的消息队列。使用 Docker 可以快速安装 RabbitMQ。在命令行中运行如下命令:

```
>   #Terminal
>   docker run --name rabbitmq-demo -p 25672:5672 -p 35672:15672 -d rabbitmq:3-
management-alpine
```

就可以获得一个 RabbitMQ 实例。在浏览器中输入 http://localhost:35672 并使用用户名 guest、密码 guest 登录,就可以打开 RabbitMQ Management 客户端,如图 4-8 所示。

图 4-8　RabbitMQ Management 客户端

　　RabbitMQ 中涉及两个重要的概念,分别是 Exchange 与 Queue。简单来讲,消息的发送者将消息发送到 Exchange;发送到 Exchange 的消息会被转发到 Queue;消息的接收者则通过 Queue 接收消息。开发者可以通过 RabbitMQ Management 客户端创建 Exchange 与 Queue。不过,在更多的情况下,开发者会通过代码直接创建 Exchange 与 Queue。

4.2.7.4　日志存储

　　日志是软件在运行过程中产生的过程记录,是定位软件遇到的各种问题的最有效的手段之一。对独立运行的软件来讲,记录日志最便利的手段是将日志写入文件中。但对于由一系列独立运行的软件组件构成的复杂软件系统来讲,让每个软件组件都生成属于自己的日志文件并不是一个好的想法。在需要定位问题时,开发者将不得不访问多个位置来获取日志文件,并且还需要进一步将不同日志文件的时间戳进行对齐。这种重复性的工作对开发者来讲是非常痛苦的。

视频 ch4/11

　　解决上述问题的最佳方法是使用日志存储。日志存储为来自不同软件组件的日志提供了一个集中的存储位置。任何软件都可以访问日志存储来保存日志。保存到日志存储中的日志则会自动按照时间戳对齐。这样,开发者只访问日志存储就可以查看所有软件组件产生的日志,并且可以方便地按照时间顺序集中查看来自不同软件组件的日志。

Seq 是一个广泛使用的日志存储。使用 Docker 可以快速安装 Seq。只在命令行中运行如下命令:

```
>  #Terminal
>  docker run --name seq-demo -p 10080:80 -e ACCEPT_EULA=Y -d datalust/seq
```

就可以获得一个 Seq 实例。在浏览器中输入 http://localhost:10080 就可以打开 Seq。没有日志时,可能难以理解 Seq 的作用。图 4-9 展示了由 10 余个软件组件组成的复杂分布式软件系统所生成的日志。软件遇到问题时,利用这些先后产生的日志就能快速定位出错的软件组件,从而帮助开发者更好地解决问题。

图 4-9 Seq 的图形界面

视频 ch4/12

4.2.7.5 基础设施监控存储

许多软件的运行都依赖于一些基础设施,包括服务器、磁盘存储、路由器等。一旦基础设施出现 CPU、内存或磁盘占用过高等问题,软件的运行也很可能受到影响。因此,监控并记录基础设施的运行状态对确保软件的正常运行具有重要的作用。

Nagios 是一款广泛使用的基础设施监控系统。使用 Docker 可以快速安装 Nagios。只在命令行中运行如下命令:

```
>  #Terminal
>  docker run --name nagios-demo -p 10180:80 -d manios/nagios
```

就可以获得一个 Nagios 实例。在浏览器中输入 http://localhost:10180 并使用用户名 nagiosadmin、密码 nagios 就可以打开 Nagios。图 4-10 展示了连接了一台设备的 Nagios。从列表中可以看到设备的简要情况,单击设备名则可以看到如图 4-11 所示的详细信息。

基础设施监控数据最典型的应用是监视是否有设备由于故障而死机,从而让运维人员能够及时采取行动恢复死机的设备。基础设施监控数据的另一个典型应用则是判断用户使

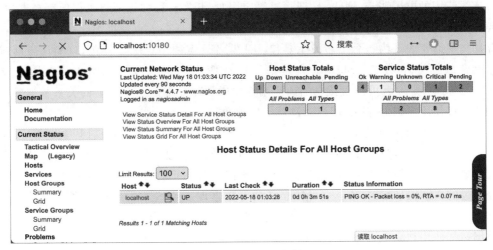

图 4-10　连接了一台设备的 Nagios

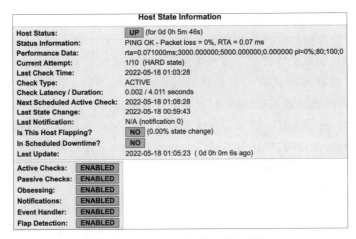

图 4-11　Nagios 中的设备详细信息

用软件的高峰时段,并判断现有的基础设施能否有效地在高峰时段为用户提供服务。这样,运维人员就可以判断是否需要扩容现有的基础设施。运维人员还可以在非高峰时段将一部分设备离线,从而节约能源或开展软件升级工作。

4.3　数据存储的选择依据

第 4.2 节介绍了多种多样的数据存储技术。面对如此丰富的数据存储技术,开发者应该如何选择呢? 本节探讨选择数据存储技术时需要注意的一些问题。

4.3.1　基于分类选择数据存储

选择数据存储技术最基本的方法,是参考第 4.1 节介绍的分类。选择数据存储时,开发者首先需要思考数据需要保存在本地还是保存在远程。在开发面向最终消费者的应用,如

视频 ch4/13

支持离线使用的电子账本、通讯录、课程表等应用时,开发者往往需要将数据保存在本地,即需要由当前应用程序自行保存数据。此时开发者需要选择嵌入式数据存储技术。嵌入式数据存储技术通常表现为一个第三方工具包。开发者只需调用这个工具包,就能让当前应用程序具备数据存储功能。SQLite 就是一种广泛使用的嵌入式关系数据库。通过调用SQLite 工具包,开发者可以直接在当前应用程序中创建并维护一个简易的关系数据库。许多浏览器都使用 SQLite 维护用户的浏览历史等数据。

在开发不直接面向最终消费者的应用,如电子商务网站或企业信息管理系统等应用时,开发者往往需要将数据保存在远程,即将数据保存在一个独立的数据库中。此时开发者需要选择独立数据存储技术。绝大多数数据存储技术都属于独立数据存储技术,包括第 4.2节介绍过的 MySQL、SQL Server、MongoDB 等数据库。这些数据库往往需要占用很大的存储空间。同时,它们也提供了强大的功能,支持大量数据的存储和快速的数据访问。绝大多数网站都使用独立数据库保存数据。

确定将数据保存在本地还是远程后,开发者需要明确数据的类型,进而选择使用关系型数据存储、文档型数据存储、键值数据存储,还是其他类型的数据存储。值得注意的是,数据的类型很多时候并不是绝对的,因此往往难以做出选择。例如,对于简单的通讯录应用来讲,使用关系型数据存储和文档型数据存储都是可以的。对于不太复杂的图数据来讲,如果不涉及复杂的查询,则关系型数据存储也能成为一个不错的选择,而不必使用图数据存储。同时,许多数据存储技术还具有一定的迷惑性,如 Azure Table Storage 虽然名字中存在Table,但其却是一种键值数据存储技术,而非关系数据存储技术。因此,选择使用何种类型的数据存储技术时,开发者往往需要综合业务需求与自身的经验做出判断。在难以做出判断并且业务不是非常复杂时,使用自己熟悉的技术往往是一种比较安全的选择。但如果业务比较复杂又难以判断使用何种数据存储技术,则说明开发者自身的技术和经验积累存在不足,此时最好向具有更丰富经验的开发者寻求帮助。

由于多数开发者都使用面向对象方法开发应用,如果数据管理技术支持对象映射,将能为开发者管理数据带来很多便利。遗憾的是,绝大多数数据存储技术都不支持将数据直接映射为对象,例如第 4.2 节介绍的那些数据库。不过,很多数据库都提供官方或第三方的对象映射工具。利用这些对象映射工具,开发者可以很容易地将数据库中的数据映射为对象。以 C♯语言为例,访问关系数据存储时,很多开发者都会使用由微软公司官方提供的对象关系映射工具 Entity Framework Core。Entity Framework Core 支持包括 SQL Server、MySQL 等一系列关系型数据库,并支持数据库版本管理、事务等高级功能,可以极大地减少开发者的工作量。除 Entity Framework Core,C♯下还有轻量级关系映射工具 Dapper可供选用。另一方面,并非所有的数据库都支持对象映射。作为一个例子,键值数据存储和对象数据存储就由于功能太过于简单而通常不提供对象映射支持。还有许多数据库由于使用场景比较有限或是用户数量过少而导致没有开发者愿意为其开发对象映射工具。绝大多数时候,开发者倾向于使用支持对象映射的数据存储技术。但如果某种类型的数据存储技术能更好地解决开发者遇到的问题,则即便它不支持对象映射,也应成为开发者首选的数据存储方案。

许多应用在设计之初就假设其只为一位用户提供服务,例如日程表、通讯录、电子账本等。由于只有一位用户能够访问应用中的数据,这类应用往往不需要考虑数据安全问题,而是直接允许用户访问所有的数据,因此,这类应用通常也不要求数据存储技术提供安全和访问控制机制。一个有趣的事实是,这种应用场景与嵌入式数据库的应用场景高度重合。可能也正是因为如此,绝大多数嵌入式数据库都不提供安全机制,而是直接地访问数据库中的所有数据。

与此同时,也有许多应用是需要同时为大量用户提供服务的,例如网络论坛、购物应用等。在这些应用中,用户只能访问公开的数据和自己私有的数据,而不能访问其他用户的私有数据。此时,如何确保用户只能访问自己有权访问的数据是所有开发者都必须考虑的问题。绝大多数数据存储技术都不提供用户级别的权限管理,因此开发者必须自行控制用户的访问权限。在这种情况下,开发者通常需要编写一个数据访问 Web 服务,用户则必须通过数据访问 Web 服务才能访问数据。由于 Web 服务能够提供完备的身份验证和授权功能,开发者会利用 Web 服务判断用户可以访问哪些数据,再决定将数据存储中的哪些数据返回给用户。

不过,也有少部分数据管理技术支持用户级别的权限管理。微信小程序的云开发数据库就集成了微信的身份验证功能,使其能够直接判断数据库中的哪些数据属于公开数据,哪些数据属于当前用户的私有数据,哪些数据又属于其他用户的私有数据。这种支持用户级别权限管理的数据管理技术需要与某种身份验证和授权机制进行深度绑定,在简化使用的同时也限制了开发者的选择,导致其通用性受到较大的限制。

4.3.2　选择数据存储的其他依据

视频 ch4/14

除上述方面外,还有许多因素是选择数据存储技术时需要考虑的问题,其中紧密关联的两个问题是开发者对数据存储技术的熟练程度与数据存储技术的学习曲线。如果开发者对某些数据存储技术比较熟悉,则在面对某种业务需求时,开发者通常可以凭借经验判断某种数据存储技术能否满足该业务需求,并在选用熟悉的数据存储技术时获得较为流畅的开发体验。如果开发者被迫选择并不熟悉的数据存储技术,就不得不经历一个学习过程。此时,如果数据存储技术能够提供较为友好的学习曲线,则开发者将能够更顺利地度过学习过程,并获得较高的开发效率。相反,如果数据存储技术的学习曲线不够友好,则开发者将不得不花费更多的时间和精力进行学习,并因此降低开发的效率。

选择数据存储技术时,一个容易被忽略的问题是业务对数据存储技术的非功能性需求。数据存储技术的典型非功能性需求包括对数据的插入速度与查询速度的要求。以常见的关系数据存储 MySQL 数据库和文档数据存储 MongoDB 数据库为例,许多资料都指出在数据量较大时,MongoDB 会表现出优于 MySQL 的插入速度和查询速度,二者的性能差距可能达到数倍之多。在基数较小时,实际表现出的结果可能并没有听起来那么严重,例如 MongoDB 需要 1 秒钟执行完成的操作,MySQL 需要 5 秒钟才能执行完——4 秒钟的额外开销对许多应用来讲并不是非常关键的问题。但如果基数比较大,则二者的性能差距可能会带来决定性的影响。类似情况也发生在行数据存储与列数据存储之间。以 MySQL 的行数据存储引擎 InnoDB 与列数据存储引擎 ColumnStore 为例,用于大数据分析任务时,二者的性能差距可以达到 10 倍以上。而由于大数据分析任务的基数较大,二者的性能差距往往会表现得非常明显——ColumnStore 需要几十秒钟完成的查询,InnoDB 可能需要数百秒才能完成。

数据存储技术的非功能性需求在项目之初存在被掩盖的可能,其往往在数据量变得比较大时才会体现出来。一旦开发者在项目之初未能准确预估项目未来对数据存储技术的非功能性需求,可能导致开发者选择错误的数据存储技术——这既包括所选的数据存储技术在项目后期无法提供足够的插入速度与查询速度,也包括所选的数据存储技术最终提供了过剩的插入速度与查询速度。而后者往往意味着所选用的数据存储技术太复杂,增加了项目的开发难度。

数据存储技术的另一个容易被忽略的问题是数据存储技术能够提供何种程度的数据一致性支持。数据一致性最典型的场景之一是商品交易:最初,用户 U 的账户余额为 A 元;用户 U 支付了 B 元购买一件商品 G,则用户 U 的账户余额变为 A−B 元,同时商品 G 的库存需要减 1;如果商品 G 的库存未能成功则减 1,即用户 U 在购买商品 G 的那一刹那,商品 G 的库存突然变为 0,则用户 U 的账户余额不能发生变化,依然是 A 元,同时商品 G 的库存不能由于用户 U 失败的购买行为而减 1。在这个场景中,用户 U 账户余额的变动与商品 G 库存的变动必须同时进行,二者要么同时成功,要么同时失败,否则数据就会陷入不一致的情况,包括用户 U 付款了,但并未扣除商品 G 的库存,或商品 G 的库存扣除了,但用户 U 的余额并未发生变化。

数据存储技术通常通过事务提供数据一致性支持。事务能够保证一组操作要么同时成功,要么同时失败。这样,如果有两个用户同时购买某款商品,并且该款商品的库存只有一件,则只有一位用户会购买成功——当一位用户成功购买商品之后,商品的库存会变为零,同时该用户的账户余额会发生变动,即修改库存与修改账户余额两个操作同时成功;与此同时,另一位用户会由于无法购买库存为零的商品而失败,同时账户余额不会发生变动,即修改库存与修改账户余额两个操作同时失败。许多数据存储技术都支持事务,包括典型的关系数据存储 MySQL、SQL Server,以及典型的文档数据存储 MongoDB。

同时,许多数据存储并不提供事务支持。这些数据存储通常会保证对数据的最后一次修改成功,并且会覆盖此前所有的修改。举例来讲,如果两个用户同时更新数据库中的某条数据,用户 A 将数据修改为 A,用户 B 将数据修改为 B,则最终的数据要么是 A,要么是 B,取决于哪位用户修改数据的时间最晚,但数据绝对不会变为 AB 或 BA,或发生损坏。

如果开发者在需要保证数据一致性的应用中选择了不支持事务的数据存储技术,则开发者必须额外做出大量的工作,才能确保数据的一致性。这毫无疑问会给开发过程造成负面的影响。因此,开发者必须能够准确地判断项目是否存在数据一致性方面的要求,并选择支持事务的数据存储技术。如果出于种种原因导致需要确保一致性的数据必须保存在不支持事务的数据存储技术中,则开发者依然可以通过组合使用支持事务和不支持事务的数据存储技术保证数据一致性——开发者可以首先在支持事务的数据存储技术中执行操作,待最终操作结果形成后,再将数据写入不支持事务的数据存储技术中。

数据存储技术的许可证也是容易被开发者忽略的问题。多数开发者已经习惯了在开发过程中免费使用喜欢的数据存储技术,许多数据存储技术也确实免费提供给开发者使用。然而,"免费提供给开发者"与"可以免费地使用"却是两个不同的概念。"免费提供给开发者"指的是开发者在开发软件的过程中可以免费使用数据存储技术。但一旦软件开始上线运行并为用户提供服务,则软件就不再处于开发过程,因此也就不再适用于"免费提供给开发者"这一陈述。以 SQL Server 为例,其开发版具有 SQL Server 企业版所具有的所有功能。SQL Server 开发版免费提供给开发者使用,但只限于作为开发、测试以及演示使用,禁止用于生产环境。SQL Server 企业版的起售价格则超过 1 万美元。

许多数据存储技术并不限制开发者将该技术用于生产环境,但会附加一些额外的条件,例如,开发者必须开放项目的源代码。以 MinIO 对象存储为例,其要求开发者在将 MinIO 用于生产环境时,必须遵照 GNU AGPL v2 协议对源代码进行开源。如果开发者不希望开放源代码,则必须购买 MinIO 的商业授权,其起售价格为 1000 美元/月。由于绝大多数收费的数据存储技术都价格不菲,因此开发者必须在项目之初就认真思考并确定使用哪种数据存储技术。

与数据存储技术的许可证紧密关联的一个问题是数据存储技术的托管模型。多数数据存储技术都支持开发者自行遵照许可证搭建数据存储服务器,即由开发者自行托管数据存储技术。不过,越来越多的数据存储技术开始提供数据托管服务选项,即由数据存储技术的提供商或第三方服务提供商提供部署有数据存储技术的服务器。开发者只通过网络调用就能直接享受数据存储技术,不再需要自行搭建数据存储服务器。这种数据托管服务通常是收费的,但其费用中已经包含了许可证费用和服务器费用,并且其综合成本可能低于开发者自行购买许可证并搭建服务器的费用。以 MongoDB 为例,其数据托管服务的起跳价格为 57 美元/月,提供 10GB 的存储空间与 2GB 的内存。有些数据存储服务甚至只提供托管服务选项,不支持开发者自行搭建数据存储服务器。Azure Table Storage 键值存储就只提供托管服务选项,其 1000GB 存储空间与 100×10000 事务的价格为 45 美元/月。

数据存储技术的选择是一个看起来简单,实则颇为复杂的问题。随着开发经验的逐渐积累,开发者会发现越来越多需要注意的问题。这里总结的选择数据存储的依据只是冰山一角。还有更多需要注意的问题有待未来的开发者从实践中不断学习。

4.4　数据存储的优化策略

视频 ch4/15

数据存储的核心功能是提供数据的读取和写入服务。数据量比较小时,任何数据存储都能提供非常不错的读写性能。不过,随着数据总量以及单位时间内读取和写入数据量的不断增大,许多数据存储的性能都会开始下降。为了提升大数据量场景下数据存储的读写性能,开发者提出了众多的优化策略。

建立索引是最常见的一种数据存储优化策略。在稠密且总体有序的字段上建立索引可以大幅提升根据该字段查询数据的速度。这里,稠密指的是字段以相对密集的方式分布于字段可能的取值范围,总体有序则指的是字段大体上是可以排序的。整型数据通常就是稠密且总体有序的,例如连续编号的产品 ID 以及人员的年龄等。在产品 ID 和人员年龄字段上建立索引,可以显著提升针对这些字段的查询性能。如果按照字母排序,则字符串也可以说是总体有序的。不过,相比于字符串所有可能的取值范围来讲,真正有意义的字符串的数量非常少,导致字符串成为一种事实上非常稀疏的数据。因此,以字母为单位对字符串建立索引的效果通常不太理想。不过,如果以单词为单位对字符串建立索引,则通常能获得不错的效果。这是由于"可能的单词"的取值范围远远小于"可能的字符串"的取值范围,因此相当于提升了数据的稠密程度,进而可以获得更好的索引效果。如果字符串的内容是完全随机的,则一般无法获得较好的索引效果。因此,在 UUID/GUID 类型的字段上建立索引很多时候都无法获得较好的查询性能。

许多数据存储技术面临的一个共同问题是随着单个数据表或集合的增大,数据的读写性能会逐渐下降。解决这一问题的方法非常直接,即将数据拆分并保存在多个数据表或集合中。例如,开发者可以将 ID 范围在零到十万之间的数据保存在一张数据表中,将 ID 范围在十万到二十万之间的数据保存在另一张数据表中,依此类推,从而降低单个数据表中数据的数量。如果数据的总量膨胀到需要拆分出非常多的数据表,则开发者还可以将数据分库存储,如将 ID 范围在零到一千万之间的数据保存在一个数据库中,将 ID 范围在一千万到两千万之间的数据保存在另一个数据库中。开发者还可以按照数据的其他属性对数据进行分表或分库存储,如将东北地区的用户数据保存在位于东北数据中心的数据库中,将华南地区用户的数据保存在位于华南数据中心中的数据库中。这样做不仅可以降低单个数据库中数据的数量,还可以让用户访问距离自己较近的数据中心,从而进一步提升访问速度。除了按行拆分数据,开发者还可以按列拆分数据,如将查询或更新比较频繁的列保存于一个数据表中,再将几乎用不到的列保存于另一个数据表中,从而降低每次查询和更新所涉及的数据量。

现实生活中的许多应用都存在对数据的读取操作较多,而写入操作较少的情况。一个典型的例子是电子商务网站的商品信息数据。相比于用户对商品信息的频繁读取,网站管理员对商品信息的修改是较少发生的情况。面对这类应用需求,可以针对性地优化数据的读取性能,而不太需要关注数据的写入性能。主从数据库架构是一种常用的优化数据读取性能的方法。实现主从数据库架构时,开发者首先需要建立一个主数据库,然后再建立一系列从数据库。从数据库会自动从主数据库同步数据,即当主数据库中的数据发生更改时,从数据库中的数据也会自动发生更改。这样,开发者只要修改主数据库中的数据,整个主从数据库架构中的所有数据就会同步发生变化。由于将数据写入主数据库需要花费一定的时间,同时等待所有的从数据库与主数据库同步数据还需要花费额外的时间,因此主从数据库架构的写入性能通常较差。不过,由于用户可以从任意一个从数据库中读取数据,因此主从数据库架构可以有效降低单个从数据库的读取负载,从而有效提升大用户量情况下的数据读取性能。由于主从数据库架构的写入操作只能在主数据库上进行,而读取操作可以在任意一个从数据库上进行,因此主从数据库架构还有另一个常用的名字:读写分离架构。

数据存储的优化是一个非常复杂的问题,这里介绍的只是一些常见的优化方法。面对复杂的现实问题时,开发者往往需要寻找甚至发明因地制宜的优化方法,才能让数据存储发挥更好的性能。

4.5　数据的对象映射工具

绝大多数开发者都使用面向对象方法编程。访问数据存储时,如果将数据直接映射为对象,可以极大地减轻开发者的负担。作为两个典型的例子,本小节探讨两种常见的对象映射工具:对象关系映射工具与对象文档映射工具。这些工具有助于理解对象映射工具的具体工作模式。

4.5.1　对象关系映射工具

对象关系映射工具用于建立对象与关系数据之间的映射。对象关系映射工具可能是发展历史最为悠久同时选项最为丰富的对象映射工具。几乎每种主流的语言都有数量繁多的对象关系映射工具可供开发者选用。这里以 C♯ 语言下的对象关系映射工具 SQLite-net 为例,介绍对象关系映射工具的使用方法。

SQLite-net 是一款面向嵌入式数据库 SQLite 的对象映射工具。使用 SQLite-net,开发者可以轻易创建 SQLite 数据库、基于类创建数据库表、将类实例中的数据插入数据库表中,并从数据库表中直接返回类实例。要使用 SQLite-net,首先需要打开数据库连接:

```C#
// C#
var connection = new SQLiteConnection(Path.Combine(
    Environment.GetFolderPath(
        Environment.SpecialFolder.LocalApplicationData),
    "contacts.sqlite3"));
```

SQLite 是一款嵌入式数据库,创建数据库时需要提供数据库文件的路径。这里将数据库文件保存在 LocalApplicationData 文件夹下。在 Windows 下,LocalApplicationData 文件夹指的是 C:\Users\[用户名]\AppData\Local 文件夹。如果数据库文件不存在,则 SQLite-net 会自动创建数据库文件。如果数据库文件存在,则 SQLite-net 会打开数据库文件。

打开数据库连接之后,开发者可以使用类直接创建数据库表。考虑如下的类定义:

```C#
// C#
public class Contact {
    [PrimaryKey, AutoIncrement]
    public int Id { get; set; }

    public string Name { get; set; }

    public string PhoneNumber { get; set; }
}
```

上述的 PrimaryKey 与 AutoIncrement 特性标记是 SQLite-net 提供的,表示 Id 字段将会充当数据库表的主键,同时其值是自增的。利用 Contact 类可以直接创建数据库表:

```C#
// C#
connection.CreateTable<Contact>();
```

上述代码会被翻译成如下形式的 SQL 语句:

```SQL
-- SQL
CREATE TABLE "Contact" (
"Id" integer primary key autoincrement not null ,
"Name" varchar ,
"PhoneNumber" varchar )
```

以便在数据库中创建数据表。创建数据库表之后,开发者可以直接将 Contact 类的实例插入数据库中:

```
// C#
var contact =
    new Contact {
        Name = "Contact 1",
        PhoneNumber = "+86 13800 138000"
    };

connection.Insert(contact);
```

开发者还可以方便地从数据库表直接返回 Contact 类的实例。下面的代码查找数据库中 PhoneNumber 包含 138 的第一条记录,并将其直接返回为 Contact 类的实例:

```
// C#
contact = connection.Table<Contact>().First(
    p => p.PhoneNumber.Contains("138"));
Console.WriteLine(contact.Name);
```

从上述例子可以看到,使用对象关系映射工具访问和管理关系数据存储要比使用 SQL 语言简单、直接和方便很多。这种巨大的便利性让对象关系映射工具成为开发者使用关系数据存储的事实标准。不过,SQL 支持大量难以使用对象表达的高级功能。这些高级功能的存在决定了 SQL 无法被对象关系映射工具所取代。在实际开发中,对于基本的数据访问和管理工作,开发者会倾向使用对象关系映射工具。对于高级的数据访问和管理工作,则会直接使用 SQL。

4.5.2 对象文档映射工具

视频 ch4/17

对象文档映射工具用于建立对象与文档之间的映射。由于文档数据存储发展的历史和使用的范围不如关系数据存储那般悠久和广泛,因此对象文档映射工具在数量上也少于对象关系映射工具。不过,开发者依然可以在主流的语言上寻找到适用于主流文档数据存储的对象文档映射工具。

MongoDB 就提供了官方的文档对象映射支持。使用 C♯语言时,开发者可以直接利用官方的 MongoDB Driver 实现文档对象映射。为此,开发者首先需要连接到 MongoDB:

```
// C#
var client = new MongoClient("mongodb://localhost:37017");
var database = client.GetDatabase("DemoDatabase");
```

连接到数据库之后,开发者可以直接打开与类对应的集合。考虑如下的类定义:

```
// C#
public class Contact {
    public int Id { get; set; }

    public string Name { get; set; }

    public string PhoneNumber { get; set; }
}
```

则开发者可以直接打开与 Contact 类对应的集合：

```
// C#
var collection =database.GetCollection<Contact>("Contact");
```

开发者可以将 Contact 类的实例插入集合中：

```
// C#
var contact =
    new Contact {
        Name ="Contact 1",
        PhoneNumber ="+86 13800 138000"
    };

collection.InsertOne(contact);
```

还可以查询集合并返回 Contact 类的实例：

```
var cursor =collection.FindSync(
    new FilterDefinitionBuilder<Contact>()
        .Where(p =>
            p.PhoneNumber.Contains("138")));
Console.WriteLine(cursor.First().Name);
```

对象文档映射工具与对象关系映射工具一样，可以极大地减少开发者的工作。

4.6 练习

1. OpenGauss 是一款企业级开源关系型数据库。OpenGauss 的官方文档将其描述为"提供面向多核架构的极致性能、全链路的业务、数据安全、基于 AI 的调优和高效运维的能力"。请尝试使用 Docker 安装并试用一下 OpenGauss 数据库。

2. Azure Cosmos DB 的原名为 Azure DocumentDB，其是一款完全使用托管模型进行部署的文档型数据库。请查看一下如何才能试用 Azure Cosmos DB，了解一下其价格模型，并在可能的情况下简单测试如何使用该数据库。

3. 除第 4.2.7 节介绍的存储外，请再列举出 3 种类型的存储技术或服务，并阐述这些技术或服务分别适用于哪些问题与使用场景。

4. 除对象关系映射工具与对象文档映射工具外，请再列举一种对象映射工具，并阐述该工具与对象关系/文档映射工具在使用方面的异同。

第 **5** 章

应用测试技术

视频 ch5/1

　　测试是保证应用质量最重要的手段之一,同时也是一项复杂的系统工程。本章首先探讨最基本的单元测试技术,介绍基于编排(arrange)、执行(act)以及断言(assert)的单元测试方法。本章接下来探讨用于在测试中模拟尚未实现的代码的 Mock 技术,包括如何设置 Mock、如何验证调用以及如何实现静态 Mock,并深入探讨一下 Mock 技术的实现原理。在这些测试技术的基础之上,本章介绍如何规划单元测试,包括如何贯彻"马上测试、减少依赖、考虑周全、还原现场"四项基本原则。最后,本章介绍用于反映测试完备程度的"测试覆盖率"的概念,并介绍如何处理不可测试的代码。

5.1　单元测试技术

　　单元测试技术是最基本的测试技术。单元测试中的"单元"一般指程序中最小的可测试单位,例如一个函数。几乎所有的主流语言与开发平台都支持单元测试。通常,单元测试包括如下 3 部分。

　　(1)编排:初始化对象并准备变量,以便传递给被测试函数;

　　(2)执行:使用编排的参数调用被测试函数;

　　(3)断言:验证被测试函数的行为是否符合预期。

　　上述 3 个部分通常被称为"AAA"。这里以 C♯语言为例,介绍如何依据 AAA 开展单元测试。考虑 C♯项目 UnitTestDemo,其包含如下的类:

```
// C#
public class Adder {
    public int Add(int i, int j) =>i +j;
}
```

　　Adder 是一个简单的加法工具类,其包含 Add 函数,用于返回参数 i 与 j 的和。要测试 Adder 类,首先需要创建单元测试项目,如图 5-1 所示,这里使用了 xUnit 单元测试框架。

　　创建好单元测试项目后,开发者还需要在单元测试项目中添加对 UnitTestDemo 项目的引用,如图 5-2 所示。

　　添加好引用后,开发者就可以为类创建单元测试了。在 UnitTestDemo.UnitTest 项目中添加如下的类:

New Project

> Unit Test Proj...

Microsoft

UnitTestDemo.UnitTest

|

6.0

xUnit

C#

net6.0

cture　Project template info

m...　　　　　　　　　　　　　　　Cancel　Create

建单元测试项目

Reference

t> <reference to self>

Add From...　　　Cancel　　　Add

图 5-2　添加对 UnitTestDemo 项目的引用

```csharp
// C#
public class AdderTest {
    [Fact]
    public void Add_Success() {
        var a = 2;
        var b = 3;
        var expected = 5;
        var adder = new Adder();

        var actual = adder.Add(a, b);

        Assert.Equal(expected, actual);
```

```
    }
  }
```

这里将 Adder 类的单元测试类命名为 AdderTest,其遵循了常见的测试类命名规范:
将测试类命名为"[被测试类]Test"。Add_Success 是一个单元测试函数,其作用是测试
Add 函数成功执行的情况。Add_Success 函数也遵循了常见的测试函数命名规范:将测试
函数命名为"[被测试函数]_[测试的情况]"。

如第 3 章第 3.1.1.3 小节所述,C♯语言中成员函数的命名应遵循 Pascal 大小写规范,
而这里采用的单元测试函数命名规范显然违反了 Pascal 大小写规范。不过,由于[被测试
函数]_[测试的情况](如 DoSomething_UnderCertainCondition)比[被测试函数][测试的情
况](如 DoSomethingUnderCertainCondition)的可读性更好,因此依然广泛地被开发者所采
用。这个例子很好地说明了命名规范的本意是为了提升代码的可读性。当两份命名规范冲
突时,开发者应该选择可读性更好的命名规范,而不是机械地坚持现有的规范。

回到上面的代码。这段代码首先准备需要相加的两个参数 a 和 b,以及期望的结果
expected,并准备 Adder 类的实例。这一过程就是"编排":

```
// C#
// Arrange
var a =2;
var b =3;
var expected =5;
var adder =new Adder();
```

接下来调用 adder 的 Add 函数,获得函数的执行结果 actual。这一过程是"执行":

```
// C#
// Act
var actual =adder.Add(a, b);
```

最后,这段代码断言执行结果 actual 与期望的结果相等。这一过程就是"断言":

```
// C#
// Assert
Assert.Equal(expected, actual);
```

按照 AAA 编写好单元测试之后,开发者可以运行单元测试,并查看测试的结果,如
图 5-3 所示。

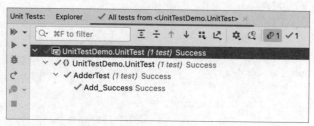

图 5-3 Add_Success 单元测试的运行结果

当断言失败时,单元测试会提示错误。这里使用 Add_Fail 函数演示断言失败时的效果。Add_Fail 函数断言 2 加 3 的期望结果是 6,其显然会失败:

```
// C#
[Fact]
public void Add_Fail() {
    var a = 2;
    var b = 3;
    var expected = 6;
    var adder = new Adder();

    var actual = adder.Add(a, b);

    Assert.Equal(expected, actual);
}
```

再次运行单元测试,会得到如图 5-4 所示的效果,其提示 Add_Fail 测试失败。发生失败的断言是 Assert.Equal,期望值是 6,实际值则是 5。

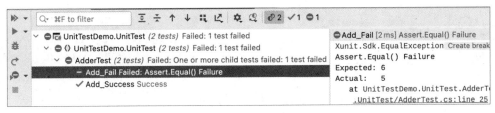

图 5-4　断言失败时的效果

Add_Fail 函数的期望值是错误的,其仅用于展示断言失败时的效果。实际开发时,开发者会期望正确的值,同时单元测试的断言会在实际值与期望值不匹配时提示错误。

单元测试不仅可用于测试程序的行为是否符合开发者的预期,还可用于很多其他的目的。开发软件时,开发者经常需要使用一些自己并不熟悉的类和函数。为了了解这些陌生的类和函数的行为,开发者通常需要创建一个新的项目并试着调用这些类和函数,从而熟悉它们的行为。不过,创建新的项目通常需要消耗额外的时间,这降低了开发者的工作效率。此时,开发者可以选择直接在单元测试项目中创建一个新的单元测试,并在单元测试中试着调用需要熟悉的类和函数,从而节省创建新项目的时间。不过,这些以熟悉类和函数为目的的单元测试并没有实际意义,因此通常会被开发者删除。

单元测试的另一个重要作用是作为回归测试。"回归测试"指的是在修改代码之后重新运行已有的单元测试,从而确认对代码的修改有没有引入新的错误。回归测试很好地解释了开发者为什么要编写尽可能完备的单元测试。如果开发者编写的单元测试非常完备,一旦其他开发者修改了现有的代码并引入了错误,那么现有的单元测试将无法通过,从而帮助其他的开发者发现并修复错误,避免破坏已有的工作。相反,如果开发者编写的单元测试不够完备,则即便其他开发者引入了错误,现有的单元测试也不会报错,从而导致错误被掩盖。这些被掩盖的错误终将在未来的某一天爆发,而定位这些被掩盖的错误通常比编写完备的单元测试更加困难。

单元测试是一个庞大的话题,这里只介绍了非常有限的内容。要了解关于单元测试的更多知识,读者可以参考文献[12]。

5.2 Mock 技术

进行单元测试时,开发者经常会遇到这样一种情况:某个函数的运行需要依赖某个类型的实例,但这个类型还没有开发完成。这导致函数无法被正常调用,从而无法开展单元测试。此时,开发者就可以借助 Mock 技术开展单元测试。

Mock 可以翻译为"模拟"。使用 Mock 技术,开发者可以模拟出类型的实例,从而满足运行函数所需的依赖,进而调用函数进行单元测试。本小节以 C♯ 语言为例,介绍 Mock 技术的使用方法,包括如何设置 Mock,如何验证调用,以及如何 Mock 静态成员。本小节最后会简要介绍 Mock 的实现原理。

视频 ch5/2

5.2.1 设置 Mock

考虑如下的接口 IAdder,其功能是计算参数 i 与 j 的和:

```csharp
// C#
public interface IAdder {
    int Add(int i, int j);
}
```

Calculator 类则依赖 IAdder 实现计算参数 i 与 j 的和:

```csharp
// C#
public class Calculator {
    private IAdder _adder;

    public Calculator(IAdder adder) {
        _adder =adder;
    }

    public int Add(int i, int j) =>_adder.Add(i, j);
}
```

上述 IAdder 为接口,其尚没有实现类。Calculator 则是一个类,获得其实例需要提供 IAdder 接口的实例。由于 IAdder 接口尚没有实现类,因此上述代码无法运行,也无法采用传统方法测试 Calculator 类的 Add 函数。参考如下的 Add_NullReference 函数,由于 IAdder 接口尚没有实现类,因此只能在实例化 Calculator 类时传递空引用 null:

```csharp
// C#
public class CalculatorTest {
    [Fact]
    public void Add_NullReference() {
        var a =2;
        var b =3;
        var expected =5;
```

```
        var calculator = new Calculator(null);

        var actual = calculator.Add(a, b);

        Assert.Equal(expected, actual);
    }
}
```

然而,由于传递了空引用,因此上述代码在运行时会提示空引用异常:

```
System.NullReferenceException
Object reference not set to an instance of an object.
    at MockDemo.Calculator.Add(Int32 i, Int32 j) in...
    at MockDemo.UnitTest.CalculatorTest.Add_NullReference() in...
```

此时,开发者可以借助 Mock 技术获得 IAdder 接口的实例,进而测试 Calculator 类的 Add 函数。考虑下面的测试函数:

```
// C#
[Fact]
public void Add_Mock() {
    var a = 2;
    var b = 3;
    var expected = 5;
```

要通过 Mock 技术获得 IAdder 接口的实例,开发者首先需要安装 Moq NuGet 包。接下来获得 Mock 类型的实例,并通过泛型参数说明该 Mock 类型的实例用于 Mock IAdder 接口:

```
// C#
var adderMock = new Mock<IAdder>();
```

在单元测试 Calculator 类的 Add 函数时,需要传递参数 2 与 3,并预期 Add 函数返回 5。Add 函数会进一步调用 IAdder 接口的 Add 函数,将参数 2 与 3 传递给 IAdder 接口的 Add 函数,同时返回 IAdder 接口的 Add 函数的返回值。因此,使用参数 2 与 3 调用 IAdder 接口的 Add 函数时,其返回值应该是 5。为了模拟这一行为,需要调用 adderMock 对象的 Setup 函数:

```
// C#
adderMock.Setup(p => p.Add(a, b)).Returns(expected);
```

上述代码设置 Mock 对象的行为,即当使用参数 a 与 b(即 2 与 3)调用 IAdder 接口的 Add 函数时,IAdder 接口的 Add 函数应返回 expected(即 5)。

设置好 Mock 对象的行为后,可以获得 IAdder 接口的实例,并使用该实例获得 Calculator 类的实例:

```
// C#
```

```
var mockAdder =adderMock.Object;
var calculator =new Calculator(mockAdder);
```

此时就可以针对 calculator 对象开展单元测试了。完整的测试代码如下：

```
// C#
[Fact]
public void Add_Mock() {
    var a =2;
    var b =3;
    var expected =5;

    var adderMock =new Mock<IAdder>();
    adderMock.Setup(p =>p.Add(a, b)).Returns(expected);
    var mockAdder =adderMock.Object;
    var calculator =new Calculator(mockAdder);

    var actual =calculator.Add(a, b);

    Assert.Equal(expected, actual);
}
```

作为一个简单的总结,设置 Mock 的基本过程是：

(1) 使用 new Mock<T>() 获得 Mock 类型的实例,并通过泛型参数说明需要 Mock 的类型；

(2) 调用 Setup 函数设置 Mock 对象的行为,并调用 Returns 函数设置函数的返回值；

(3) 通过 Mock 类型实例的 Object 属性获得被 Mock 类型的实例。

5.2.2 验证调用

视频 ch5/3

当被测试函数依赖某个类型时,容易出现一些难以通过断言发现的错误。继续考虑第 5.2.1 节的 Calculator 类与 IAdder 接口。Calculator 类容易出现的一种常见错误是其并没有真正依赖 IAdder 接口实现自己的 Add 函数,例如：

```
// C#
public class Calculator {
    private IAdder _adder;

    public Calculator(IAdder adder) {
        _adder =adder;
    }

    // public int Add(int i, int j) => _adder.Add(i, j);
    public int Add(int i, int j) =>i +j;
}
```

在上面的代码中,Add 函数并没有调用 IAdder 接口的 Add 函数,而是自行计算得到 i 与 j 的和。不过,由于最终的计算结果并没有出错,因此这类错误难以通过断言发现。

Calculator 类容易出现的另一种错误是错误地依赖 IAdder 接口实现自己的 Add 函数，例如：

```
// C#
public class Calculator {
    private IAdder _adder;

    public Calculator(IAdder adder) {
        _adder =adder;
    }

    public int Add(int i, int j) {
        var result = _adder.Add(i, j);
        return _adder.Add(i, j);
    }
}
```

在上面的代码中，Add 函数两次调用了 IAdder 接口的 Add 函数，其中第一次调用的结果被直接抛弃了。不过，由于最终的计算结果依然来自 IAdder 接口的 Add 函数，因此这类错误同样难以通过断言发现。

发现上述错误的方法是验证被测试函数有没有正确调用依赖的类型。考虑如下的测试函数：

```
// C#
[Fact]
public void Add_MockVerify() {
    var a =2;
    var b =3;
    var expected =5;

    var adderMock =new Mock<IAdder>();
    adderMock.Setup(p =>p.Add(a, b)).Returns(expected);
    var mockAdder =adderMock.Object;
    var calculator =new Calculator(mockAdder);

    var actual =calculator.Add(a, b);

    Assert.Equal(expected, actual);
    adderMock.Verify(p =>p.Add(a, b), Times.Once);
}
```

上述代码在执行断言之后进一步验证 IAdder 接口实例的 Add 函数被使用参数 a 与 b（即 2 与 3）调用过，并且只调用过一次。如果 Calculator 类的 Add 函数存在上述第一种错误，即没有调用 IAdder 接口的 Add 函数：

```
//C#
// public int Add(int i, int j) =>_adder.Add(i, j);
public int Add(int i, int j) =>i +j;
```

则单元测试会给出如下的错误信息:

```
Expected invocation on the mock once, but was 0 times: p =>p.Add(2, 3)

Performed invocations:

    Mock<IAdder:1>(p):
    No invocations performed.
```

上述错误信息表明 IAdder 接口实例的 Add 函数没有被调用过,其有助于开发者发现 Calculator 类的 Add 函数中存在的错误。如果 Calculator 类的 Add 函数存在上述第二种错误,即多次调用了 IAdder 接口的 Add 函数:

```
// C#
var result = _adder.Add(i, j);
return _adder.Add(i, j);
```

则单元测试会给出如下的错误信息:

```
Expected invocation on the mock once, but was 2 times: p =>p.Add(2, 3)

Performed invocations:

    Mock<IAdder:1>(p):

        IAdder.Add(2, 3)
        IAdder.Add(2, 3)
```

上述错误信息表明 IAdder 接口实例的 Add 函数被调用过两次,且均使用参数 2 与 3。利用这一信息,开发者很容易发现对应的错误。

5.2.3 静态 Mock

视频 ch5/4

第 5.2.1 节介绍的 Calculator 类的 Add 函数依赖于 IAdder 接口的成员函数 Add。对于这种依赖于类型成员函数的情况,开发者可以使用 Moq 等 Mock 工具模拟成员的实例从而开展单元测试。但有些时候,函数的运行可能需要依赖于某个类的静态函数。考虑如下的 Util 工具类:

```
// C#
public class Util {
    public static int Add(int i, int j)
        => throw new NotImplementedException();
}
```

Util 工具类提供静态函数 Add,其接受参数 i 与 j,但其功能尚未实现。Calculator1 类则依赖 Util 类的 Add 静态函数计算参数 i 与 j 的和:

```
//C#
public class Calculator1 {
```

```
        public int Add(int i, int j) =>Util.Add(i, j);
}
```

现在的问题是,在 C♯ 语言中,Moq 等 Mock 工具无法模拟类的静态成员。此时,如果希望在 Util 类的 Add 函数开发完成之前对 Calculator1 类的 Add 函数开展单元测试,就必须对 Util 类进行修改。修改后的 Util 类如下:

```
// C#
public class Util {
    // public static int Add(int i, int j)
    //    =>throw new NotImplementedException();
    public static Func<int, int, int>Add =(i, j) =>
        throw new NotImplementedException();
}
```

上述代码将 Add 静态函数替换为 Add 静态成员变量,其类型则是一个接受两个整型参数且返回值为整型的函数委托(delegate)。利用修改后的 Util 类,开发者就可以自行 Mock 静态成员变量 Add。考虑如下的测试函数:

```
// C#
public class Calculator1Test {
    [Fact]
    public void Add_Success() {
        var a =2;
        var b =3;
        var expected =5;
```

在 Mock 静态成员变量 Add 之前,首先需要备份 Add 的当前值:

```
// C#
var addBackup =Util.Add;
```

接下来将 Add 替换为 Mock 的函数:

```
// C#
Util.Add = (i, j) =>i +j;
```

并使用 Mock 的函数开展单元测试:

```
// C#
var calculator1 =new Calculator1();

var actual =calculator1.Add(a, b);

Assert.Equal(expected, actual);
```

完成单元测试之后,还需要恢复 Add 的原始值:

```
// C#
```

```
Util.Add =addBackup;
```

完整的测试代码如下:

```csharp
// C#
[Fact]
public void Add_Success() {
    var a =2;
    var b =3;
    var expected =5;
    var addBackup =Util.Add;
    Util.Add = (i, j) =>i +j;
    var calculator1 =new Calculator1();

    var actual =calculator1.Add(a, b);

    Assert.Equal(expected, actual);

    Util.Add =addBackup;
}
```

上面的例子将静态函数替换为静态函数委托对象,并通过修改静态函数委托对象实现静态 Mock。这种做法的问题在于任何人都可以任意地替换静态函数委托对象,从而导致难以预料的错误。要避免这一问题,可以将静态函数进一步封装到接口中。考虑下面的 IUtilWrapper 接口及其实现类 UtilWrapper:

```csharp
// C#
public interface IUtilWrapper {
    int Add(int i, int j);
}

public class UtilWrapper : IUtilWrapper {
    public int Add(int i, int j) =>Util.Add(i, j);
}
```

上述 IUtilWrapper 接口与 UtilWrapper 实现类将 Util 类的静态函数 Add 封装为 IUtilWrapper 接口。此时,原本依赖 Util 类的静态函数 Add 的类型就可以转而依赖 IUtilWrapper 接口。参考下面的 Calculator2 类:

```csharp
// C#
public class Calculator2 {
    private IUtilWrapper _utilWrapper;

    public Calculator2(IUtilWrapper utilWrapper) {
        _utilWrapper =utilWrapper;
    }

    public int Add(int i, int j) => _utilWrapper.Add(i, j);
}
```

与 Calculator1 类不同，Calculator2 类不再依赖 Util 类的静态函数 Add，而是依赖 IUtilWrapper 接口。由于 Mock 工具（如 Moq）可以很容易地 Mock IUtilWrapper 接口，因此 Calculator2 类相比 Calculator1 类更容易测试：

```csharp
// C#
public class Calculator2Test {
    [Fact]
    public void Add_Success() {
        var a = 2;
        var b = 3;
        var expected = 5;

        var utilWrapperMock = new Mock<IUtilWrapper>();
        utilWrapperMock
            .Setup(p => p.Add(a, b)).Returns(expected);
        var mockUtilWrapper = utilWrapperMock.Object;
        var calculator2 = new Calculator2(mockUtilWrapper);

        var actual = calculator2.Add(a, b);

        Assert.Equal(expected, actual);
    }
}
```

作为一个简单的总结，静态 Mock 主要有以下两种方法：

（1）将静态函数替换为静态的函数委托对象；

（2）将静态函数封装为接口。

与直接通过 Moq 等 Mock 工具 Mock 接口相比，上述静态 Mock 方法难称优雅。不过，C#语言下是存在可以直接实现静态 Mock 的工具的。微软官方推出的工具 Microsoft Fakes[①]就支持静态 Mock。其他语言如 Java 下也存在支持静态 Mock 的工具，如 PowerMock。然而，这些工具的使用方式类似于将静态函数替换为静态函数委托对象，因此也不太优雅。

导致上述不优雅的一个重要原因是静态函数本身就不是一个非常优雅的设计。从面向对象的角度讲，静态函数似乎与面向对象没什么关系：静态函数不能通过继承关系定义、实现和修改，而继承是面向对象的核心之一。在面向对象中，绝大多数优雅的设计都依赖于继承。事实上，通过后面的学习可以发现，Moq 等 Mock 工具的实现就依赖于继承。而与继承绝缘的静态函数自然也与这些优雅的设计无关。

总的来讲，解决静态 Mock 问题的最佳方案是不让自己陷入需要使用静态 Mock 的境地。如果需要单元测试的函数依赖于静态函数，则应考虑修改现有的设计，将静态函数重构为接口函数，从而便于使用 Moq 等 Mock 工具模拟函数的行为。

5.2.4　Mock 的实现原理

第 5.2.3 节曾经提到，Moq 等 Mock 工具是依赖继承实现 Mock 的。本小节就以 Moq

视频 ch5/5

---

① Microsoft Fake 只在付费的 Visual Studio Enterprise 中提供。

为例,探讨 Mock 工具的实现原理。通过 Moq 获得被 Mock 类型的实例时,会执行如下函数:

```csharp
// C#
// The Moq project,Mock`1.cs
this.instance = (T) ProxyFactory.Instance.CreateProxy(
    typeof(T),
    this,
    interfaces,
    this.constructorArguments);
```

其中 T 就是被 Mock 的类型。在 CreateProxy 函数内部,Moq 会调用 Castle NuGet 包创建 T 类型的实例。由于类型 T 通常是接口,因此 Castle 需要在运行时动态地创建一个继承自接口 T 的类型,再创建该类型的实例。为此,Castle 首先需要动态地定义一个类型:

```csharp
// C#
// The Castle project, ModuleScipe.cs
internal TypeBuilder DefineType(
    bool inSignedModulePreferably,
    string name,
    TypeAttributes flags) {
    var module =
        ObtainDynamicModule(
            disableSignedModule ==false
            && inSignedModulePreferably);
    return module.DefineType(name, flags);
}
```

上述代码中的 module.DefineType(name,flags)会返回一个 TypeBuilder 实例(类型构造工具),其可用于定义名为 name 的类型。TypeBuilder 及上述代码中使用的 ObtainDynamicModule 都是.NET 提供的类型,开发者可以使用它们动态地定义类型。接下来,Castle 利用类型构造工具让类型继承给定的接口:

```csharp
// C#
// The Castle project, ClassEmitter.cs
if (interfaces !=null)
{
    foreach (var inter in interfaces)
    {
        if (inter.IsInterface)
        {
            TypeBuilder.AddInterfaceImplementation(inter);
        }
        else
        {
            Debug.Assert(inter.IsDelegateType());
        }
    }
}
```

上述代码中的 interfaces 代表类型需要继承的所有接口，AddInterfaceImplementation 则用于告知类型构造工具应该让被构造的类型继承自哪个接口。稍加注意就可以发现，这是对第 3 章第 3.2.4 小节介绍的建造者模式的一个精彩的应用。

得到 TypeBuilder 实例后，Castle 进一步创建类型的构造函数：

```csharp
// C#
// The Castle project, ConstructorEmitter.cs
internal ConstructorEmitter(AbstractTypeEmitter maintype,
    params ArgumentReference[] arguments)
{
    this.maintype = maintype;

    var args = ArgumentsUtil.InitializeAndConvert(arguments);

    builder = maintype.TypeBuilder.DefineConstructor(
        MethodAttributes.Public,
        CallingConventions.Standard, args);
    codeBuilder = new CodeBuilder();
}
```

上述代码中的 DefineConstructor 函数用于获得 ConstructorBuilder 类型的实例。与 TypeBuilder 一样，ConstructorBuilder 也是 .NET 提供的类型，其用于定义类型的构造函数。定义好构造函数后，Castle 就实现了在运行时动态地创建一个继承自接口 T 的类型。接下来，Castle 会进一步创建该类型的实例：

```csharp
// C#
// The Castle project, ProxyGenerator.cs
public virtual object CreateInterfaceProxyWithTarget(
            Type interfaceToProxy,
            Type[] additionalInterfacesToProxy,
            object target,
            ProxyGenerationOptions options,
            params IInterceptor[] interceptors)
{
// ...
    var generatedType = CreateInterfaceProxyTypeWithTarget(
        interfaceToProxy, additionalInterfacesToProxy,
        targetType, options);

    var arguments = GetConstructorArguments(
        target, interceptors, options);
    return Activator.CreateInstance(
        generatedType, arguments.ToArray());
}
```

上述代码使用第 3 章第 3.4.2 小节介绍的反射技术创建类型的实例。这样，就实现了在运行时动态地创建一个继承自接口 T 的类型，再创建该类型的实例。

获得接口 T 的实例之后，Moq 进一步通过 Castle 的拦截器（interceptor）机制实现模拟对象的函数。相比于上面介绍的获得接口 T 的实例的过程,拦截器机制更简单,同时也不那么有趣,因此这里就不赘述了。

5.3 单元测试的规划方法

如果将单元测试比作一场军事行动,那么单元测试技术与 Mock 技术就是开展测试的"武器"。不过,要想赢得一场军事行动,仅靠武器是不够的,开发者还需要一套完备的战法。本小节介绍单元测试的"战法",即测试规划方法。需要指出的是,这里介绍的单元测试规划方法适用于开发者与测试者为同一个人的情况。如果测试者与开发者不是同一个人,测试者依然可以参考本节介绍的测试规划方法,但需要考虑更多的额外因素。

总的来讲,单元测试的规划应该遵守四个原则,即"马上测试""减少依赖""考虑周全"以及"还原现场"。下面针对这些原则展开介绍。

视频 ch5/6

5.3.1 马上测试

规划单元测试的第一个原则是"马上测试",即完成一个函数的开发之后立刻对其进行单元测试。在开发应用时,开发者通常从最为基本的类的最基本的函数开始开发。这些基本的函数通常很容易测试,因此开发者能很快地完成相应的单元测试工作。这些测试虽然简单,但却有效确保了这些基本函数的正确性,使开发者在后续的开发工作中可以放心地调用这些函数。

随着开发的不断进行,开发者会开始开发更加复杂的函数,并因此更容易引入错误。通过贯彻"马上测试"的原则,开发者可以尽快发现刚刚开发的函数中是否存在错误。同时,由于"马上测试"原则的存在,刚刚开发的函数所调用的所有函数都已经被测试过了。因此,如果单元测试发现了错误,则错误通常发生在开发者刚刚编写的代码中,而不是发生在被调用的代码中。这有效缩小了定位问题代码所需要考虑的范围,极大地提升了开发者改正错误的效率。

"马上测试"原则不仅表现为马上对开发完成的函数进行测试,也表现为马上对发生更改的函数进行测试。一旦某个函数发生了更改,应该马上更新相关的单元测试,并重新运行所有单元测试,从而确保修改没有破坏其他函数的功能。

视频 ch5/7

5.3.2 减少依赖

规划单元测试的第二个原则是"减少依赖",即测试时尽量减少对其他类型的依赖。应用中的类往往会依赖其他类型,这些类型可能还没有开发完成,可能还没有被测试,可能已经被测试但却存在潜在的错误,还可能出现当前没有错误但在未来的某次变更中被引入错误的情况。为了排除这些因素的干扰,开发者应该尽可能减少对其他类型的依赖。这首先要求开发者尽量依赖接口,而不是实现类,并尽量使用 Mock 技术开展测试,而不是直接创建接口实现类的实例。

除了依赖其他类型,应用中的类还可能依赖某些资源,例如文件、数据库甚至 Web 服务等。在对这些类进行测试时,开发者也应该借鉴 Mock 技术的思想,通过自行创建文件,或通过虚拟化技术等方法自行创建数据库和 Web 服务来开展测试。

视频 ch5/8

5.3.3 考虑周全

规划单元测试的第三个原则是"考虑周全",即测试时应该考虑尽可能多的条件。函数中的分支语句和循环语句导致函数在不同的条件下会产生不同的行为。通常,单元测试需要覆盖函数所有可能的行为。等价类测试法是一种通过划分等价类生成条件,从而确保测试能覆盖函数所有可能行为的方法。许多介绍软件质量保证的资料都会详细介绍等价类测试法,因此这里就不对等价类测试法展开介绍了。需要注意的是,除分支语句和循环语句外,异常同样会导致函数在不同的条件下产生不同的行为。其中,由函数主动抛出的异常通常会直接导致函数终止执行,而由函数依赖的类型所抛出的异常则可能导致不同的结果。以下面的代码为例:

```csharp
//C#
var httpClient = new HttpClient();

try {
    var response = await httpClient.GetAsync(
        "http://no.such.url");
    response.EnsureSuccessStatusCode();
} catch (HttpRequestException hre) {
    Console.WriteLine(
        $"Error with status code {hre.StatusCode}");
}
```

在上面的代码中,如果 HttpClient 和 HttpResponseMessage 类的实例抛出了 HttpRequestException 类型的异常,则会导致控制台输出错误信息,而不会导致函数终止执行。而如果抛出异常的类型不属于 HttpRequestException,则会导致函数终止执行。这些隐藏在异常中的条件有时难以被发现,从而导致单元测试不能覆盖函数所有可能的行为。

除使用等价类测试法,开发者还可以借助约束求解器计算函数所有的分支条件,从而自动化地生成单元测试。微软公司就基于 Z3 约束求解器开发了自动化单元测试生成工具 IntelliTest。尽管 IntelliTest 只支持 .NET Framework,并且只在收费的 Visual Studio Enterprise 版本中提供,但其设计思想依然能为开发者开展单元测试提供有价值的参考。

5.3.4 还原现场

视频 ch5/9

规划单元测试的第四个原则是"还原现场",即开发者应该确保单元测试不会对测试环境造成影响。有些单元测试可能会对测试环境产生影响,例如生成某些文件或修改某些数据。考虑下面的例子:

```csharp
// C#
public class Poetry {
    [PrimaryKey, AutoIncrement]
    public int Id { get; set; }

    public string Name { get; set; }
}
```

```
public interface IPoetryService {
    Task InitializeAsync();
}

public class PoetryService : IPoetryService {
    public static readonly string DBPath = Path.Combine(
        Environment.GetFolderPath(
            Environment.SpecialFolder.LocalApplicationData),
        "db.sqlite3");

    private SQLiteAsyncConnection _connection;

    private SQLiteAsyncConnection Connection =>
        _connection ??= new SQLiteAsyncConnection(DBPath);

    public async Task InitializeAsync() {
        await Connection.CreateTableAsync<Poetry>();
    }
}
```

上述代码使用 sqlite-net 访问 SQLite 数据库。CreateTableAsync 函数会在 DBPath 路径处创建数据库文件。下面的测试函数将会测试 InitializeAsync 函数有没有正确地创建数据库文件:

```
// C#
[Fact]
public async Task InitializeAsync_Default() {
    Assert.False(File.Exists(PoetryService.DBPath));

    var poetryService = new PoetryService();
    await poetryService.InitializeAsync();

    Assert.True(File.Exists(PoetryService.DBPath));
}
```

上述测试函数首先断言 DBPath 路径处不存在文件。接下来,测试函数会调用 InitializeAsync 函数,并断言 DBPath 路径处存在文件。上述测试函数在首次运行时不会出现错误。但如果再次运行该测试函数,则会提示如下错误:

```
Assert.False() Failure
Expected: False
Actual:   True
```

双击出错的单元测试,会发现上述测试函数的第一个断言发生了错误:

```
// C#
Assert.False(File.Exists(PoetryService.DBPath));
```

在该行代码处设置断点，右击单元测试，从弹出的快捷菜单中选择"调试单元测试
（Debug Unit Test）"，可以让测试在断点处停下来，如图 5-5 所示。

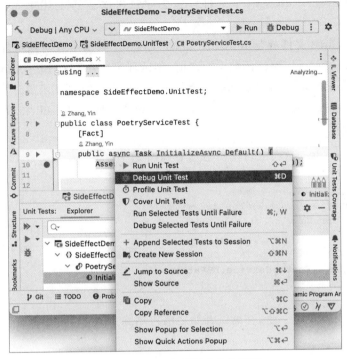

图 5-5　设置断点并调试单元测试

将光标放在 PoetryService.DBPath 上，可以获得数据库文件的路径，如图 5-6 所示。

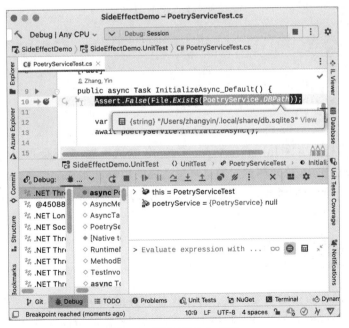

图 5-6　查看 DBPath 的值

使用文件浏览器打开路径所处的文件夹,可以发现 db.sqlite3 文件存在于文件夹内。手动删除 db.sqlite3 文件并再次运行上述单元测试函数,可以发现单元测试顺利通过了,同时文件夹内再次出现了 db.sqlite3 文件。这会导致再次运行上述单元测试函数时出现错误。

这里的 db.sqlite3 文件就是 InitializeAsync_Default 测试函数对测试环境造成的影响。在 InitializeAsync_Default 测试函数运行之前,测试环境中不存在 db.sqlite3 文件。在测试函数运行之后,测试环境中出现了 db.sqlite3,并导致再次运行测试函数时发生错误。

要想消除上述影响并还原现场,只需在测试结束之前删除 db.sqlite3 文件:

```
[Fact]
public async Task InitializeAsync_Default() {
    Assert.False(File.Exists(PoetryService.DBPath));

    var poetryService =new PoetryService();
    await poetryService.InitializeAsync();

    Assert.True(File.Exists(PoetryService.DBPath));
    File.Delete(PoetryService.DBPath);
}
```

开发者甚至可以更进一步,在测试开始之前再删除一次 db.sqlite3 文件,确保测试环境符合要求:

```
[Fact]
public async Task InitializeAsync_Default() {
    File.Delete(PoetryService.DBPath);
    Assert.False(File.Exists(PoetryService.DBPath));

    var poetryService =new PoetryService();
    await poetryService.InitializeAsync();

    Assert.True(File.Exists(PoetryService.DBPath));
    File.Delete(PoetryService.DBPath);
}
```

现在,无论运行多少次 InitializeAsync_Default 测试函数,都不会再发生问题了。

在实际开发工作中,单元测试对测试环境造成的影响可能复杂得多,也因此更加难以消除。准确地识别单元测试对测试环境造成的影响并还原现场要求开发者具备丰富的测试经验。

5.4 测试的覆盖率

视频 ch5/10

测试是保证软件质量的重要手段。为了保证软件的质量,开发者需要对代码开展尽可能完整的测试。测试覆盖率就是一种用来度量测试完整性的指标。测试覆盖率的计算方法如下:

$$测试覆盖率 = \frac{至少被测试过一次的代码的数量}{代码的总数量}$$

在实际开发中,开发者通常以行为单位计算代码的数量,因此测试覆盖率可以计算为

$$测试覆盖率 = \frac{至少被测试过一次的代码的行数}{代码的总行数}$$

许多 IDE 都提供了测试覆盖率功能。考虑下面的代码:

```csharp
// C#
public enum Function {
    Add,
    Subtract,
    Multiply,
    Divide
}

public class Calculator {
    public int Calculate(int x, int y, Function function) {
        switch (function) {
            case Function.Add:
                return x + y;
            case Function.Subtract:
                return x - y;
            case Function.Multiply:
                return x * y;
            case Function.Divide:
                return x / y;
            default:
                throw new InvalidOperationException();
        }
    }
}
```

上述代码中的 Calculator 类提供基本的整数计算功能,根据参数 function 的取值得到参数 x 与 y 的加、减、乘、除结果。考虑下面的单元测试:

```csharp
// C#
[Fact]
public void Calculate_Add() {
    var calculator = new Calculator();
    Assert.Equal(5,
        calculator.Calculate(2, 3, Function.Add));
}

[Fact]
public void Calculate_Substract() {
    var calculator = new Calculator();
    Assert.Equal(-1,
        calculator.Calculate(2, 3, Function.Substract));
}
```

上述测试函数只覆盖了加与减的情况，没有覆盖乘与除的情况。要计算测试覆盖率，需要右击单元测试，从弹出的快捷菜单中选择"覆盖单元测试（Cover Selected Unit Tests）"，如图 5-7 所示。测试覆盖率结果如图 5-8 所示。

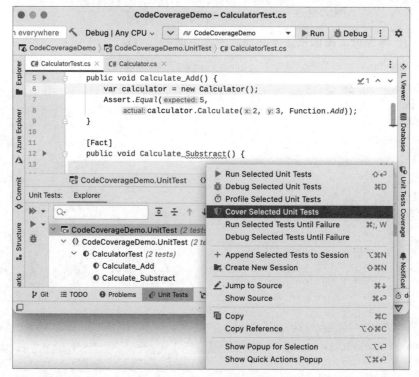

图 5-7　覆盖单元测试

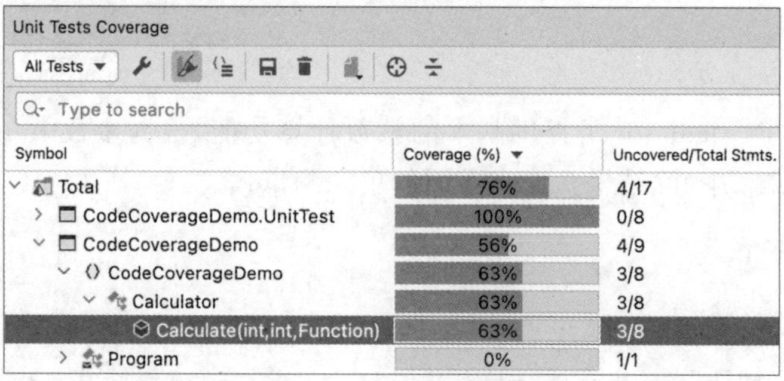

图 5-8　测试覆盖率结果

从图 5-8 可以看到，Calculator 类的测试覆盖率仅为 63%。打开 Calculator 类，被测试覆盖的行（行 6、7、9、11 以及 19，总计 5 行）会被标记为绿色，未被测试覆盖的行（行 12、15 以及 17，总计 3 行）则会被标记为灰色，如图 5-9 所示。通过简单的计算就能得到测试的覆盖率：

$$\frac{被测试覆盖的行数(5)}{被测试覆盖的行数(5) + 未被测试覆盖的行数(3)} \approx 63\%$$

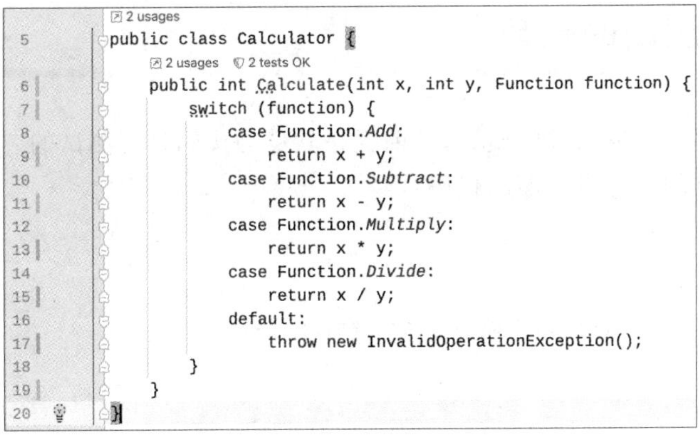

图 5-9　代码的测试覆盖标记

要提升代码的覆盖率，开发者就需要考虑更多的情况。针对 Calculator 类，考虑添加如下的测试函数：

```csharp
// C#
[Fact]
public void Calculate_Multiply() {
    var calculator = new Calculator();
    Assert.Equal(6,
        calculator.Calculate(2, 3, Function.Multiply));
}


[Fact]
public void Calculate_Divide() {
    var calculator = new Calculator();
    Assert.Equal(0,
        calculator.Calculate(2, 3, Function.Divide));
}
```

添加上述测试函数后，测试覆盖率会变为 88%（即 $7/8 \approx 88\%$）。Calculator 类的测试覆盖率无法达到 100%。这是由于第 17 行代码永远无法被执行到：

```csharp
// C#
default:
    throw new InvalidOperationException();
```

在实际开发中，开发者通常被要求将测试覆盖率提升到某一个特定的目标，如 85%、90%，甚至 95%。一些测试工具如微软公司开发的 IntelliTest 可以自动帮助开发者提升测试覆盖率，但其有限的适用场景与高昂的价格限制了这类工具的使用范围。绝大多数时候，开发者需要依靠丰富的测试经验并考虑足够全面的情况，才能实现测试覆盖率目标。

5.5 不可测试的代码

单元测试可用于保证软件的质量,其前提是软件的代码是可测试的。事实上,并非所有的代码都是可测试的。考虑下面的代码:

```csharp
// C#
public class UserInfo {
    public string DisplayName { get; set; }
}

public class UserInfoStorage {
    public void Save(UserInfo userInfo) {
        Preferences.Set(nameof(UserInfo.DisplayName),
            userInfo.DisplayName);
    }
}
```

上述 C♯代码使用 Xamarin 框架编写,其中 UserInfo 类用于承载用户的信息,UserInfoStorage 类则用于将用户信息持久化地保存起来,其使用 Xamarin 框架的 Preferences 类实现持久化存储。下面的单元测试函数会调用 Save 函数保存用户的信息:

```csharp
// C#
[Fact]
public void Save_Default() {
    var userInfo = new UserInfo { DisplayName = "DisName" };
    var storage = new UserInfoStorage();
    storage.Save(userInfo);
}
```

运行上述单元测试函数,会发现如下的错误:

```
Xamarin.Essentials.NotImplementedInReferenceAssemblyException
This functionality is not implemented in the portable version of this assembly.
You should reference the NuGet package from your main application project in
order to reference the platform-specific implementation.
```

产生这一错误的原因是 Preferences 类只面向 Android、iOS,以及 Universal Windows Platform(UWP)平台提供了实现,而单元测试却运行在.NET Core 平台下。这意味着,单元测试无论如何都无法调用 Preferences 类,导致 UserInfoStorage 类成为一个无法被测试的类。

Preferences 类给出了关于单元测试的一个有趣的例子:有些代码天生就是无法被测试的。并且,这种不可测试性具有某种程度上的传染性,即如果某段代码无法被测试,那么直接依赖这段代码的其他代码也就无法被测试。

然而,这并不意味着开发者只能放弃测试相关代码。事实上,开发者只需要避免直接依赖不可测试的代码，就能解决上述问题。继续 UserInfoStorage 的例子，这里首先将 UserInfoStorage 类需要使用的持久化功能封装为 IPreferenceStorage 接口：

```csharp
// C#
public interface IPreferenceStorage {
    void Set(string key, string value);
}
```

接下来修改 UserInfoStorage 类，使其从依赖 Preferences 类变为依赖 IPreferenceStorage 接口：

```csharp
// C#
public class UserInfoStorage {
    private IPreferenceStorage _preferenceStorage;

    public UserInfoStorage
        (IPreferenceStorage preferenceStorage) {
        _preferenceStorage = preferenceStorage;
    }

    public void Save(UserInfo userInfo) {
        _preferenceStorage.Set(nameof(UserInfo.DisplayName),
            userInfo.DisplayName);
    }
}
```

此时就可以使用第 5.2 节介绍的 Mock 技术测试 UserInfoStorage 类了：

```csharp
// C#
[Fact]
public void Save_Default() {
    var preferenceStorageMock =
        new Mock<IPreferenceStorage>();
    var mockPreferenceStorage = preferenceStorageMock.Object;

    var userInfo = new UserInfo { DisplayName = "DisName" };
    var storage = new UserInfoStorage(mockPreferenceStorage);
    storage.Save(userInfo);
}
```

简单来讲，对于不可测试的代码，需要将代码的功能封装为接口，并使其他代码依赖封装的接口，而不是不可测试的代码。这样，开发者就可以利用 Mock 技术开展单元测试了。

5.6　练习

1. 每门主流的语言都存在着对应的单元测试框架。请尝试使用 3 门不熟悉的语言，并使用对应的单元测试框架输出"Hello World!"。

2. 继续上一题,请尝试对应语言的 Mock 工具,从而对一段依赖于某个尚未实现类型的代码开展测试。

3. Moq 在底层依赖于 Castle 的拦截器机制。请尝试阅读 Castle 的源代码,理解 Castle 如何实现拦截器。

4. 覆盖率高的测试,就一定代表测试全面吗?请谈谈你对这个问题的看法。

第 **6** 章

用户界面开发方法

用户界面是应用的重要组成部分。本章首先探讨用户界面开发中最基础的概念之一：像素。以像素为基础，本章探讨用户界面的布局，涉及绝对布局、相对布局、网格布局、线性布局以及能够自动适应宽屏幕和窄屏幕的响应式布局。本章接下来介绍普通控件的使用方法，着重介绍使用控件时涉及的属性、事件以及函数的通用使用方法。本章还介绍如何批量生成控件，包括如何使用模板控件，以及如何确定用户在与哪条数据进行交互。本章最后介绍如何扩展控件的功能。

6.1 自适应像素

像素是图形界面显示的基本单位。对于显示器来说，一个像素对应显示器上的一个点。因此，一块分辨率为 1920×1080 像素的显示器上共有 1920×1080＝2073600 个像素点。对于用户界面来说，一个像素通常使用显示器上的一个点显示。因此，当显示器的物理尺寸与显示分辨率固定时，一个大小为 800×600 像素的用户界面要比一个大小为 640×480 像素的用户界面覆盖更大的面积。

现在的问题是，为什么不能简单地说"800×600 像素的用户界面比 640×480 像素的用户界面更大"，而一定要采用"当显示器的物理尺寸与显示分辨率固定时，一个大小为 800×600 像素的用户界面比一个大小为 640×480 像素的用户界面覆盖更大的面积"这种啰唆的陈述？答案在于，像素并不是一个能够准确衡量用户界面大小的单位。这背后的原因则与显示器的物理尺寸和分辨率有密切的关系。

显示器的物理尺寸通常有"对角线长度"与"显示比例"两个指标，例如"23.8 英寸 16∶9 显示器"表示显示器的对角线长度为 23.8 英寸（即 60.5 厘米），同时显示器面板的长宽比例为 16∶9。通过简单的计算，可以得到显示器的长与宽分别为 52.7 厘米与 29.6 厘米，如图 6-1 所示。

显示器的物理尺寸越大，显示器越大。然而，越大的显示器却未必能显示更多的内容。以许多人都接触过的老式投影仪为例，这类投影仪可以很容易地以 4∶3 的比例显示出 120 英寸甚至更大尺寸的画面。然而，这类老式投影仪的分辨率通常只有 1024×768 像素。当用

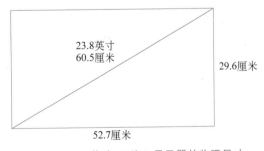

图 6-1　23.8 英寸 16 比 9 显示器的物理尺寸

户界面大于 1024×768 像素时,这类老式投影仪就无法将用户界面完整地显示出来了。

老式投影仪的另一个特点是拥有物理尺寸巨大的像素点。以 120 英寸投影面积为例,其长、宽分别为 243.8 厘米与 182.9 厘米,实际投影面积为 44591.02 平方厘米,即超过 4 平方米。以 1024×768 像素计算,则每个像素的物理长、宽均为 0.238 厘米。站在投影幕前,人们可以很容易地分辨出如此巨大的像素点。

老式投影仪巨大的像素点让用户界面显示出来的物理尺寸也变得巨大。以一个 25×25 像素的图标为例,其在老式投影仪上显示出来的物理长、宽均为 5.95 厘米。这个尺寸比鸡蛋还要大很多。即便坐在教室后排,人们也能轻松看清图标的内容。

那么,如果换成 1080P 分辨率的投影仪呢?仍以 120 英寸的投影面积为例,由于采用了 16 比 9 的比例,其长、宽分别为 265.7 厘米与 149.4 厘米,实际投影面积为 39695.58 平方厘米,即约 4 平方米。以 1920×1080 像素计算,每个像素的物理长宽均为 0.138 厘米。此时一个 25×25 像素的图标的物理长、宽均为 3.45 厘米,只比矿泉水瓶盖大一些。只有坐在教室前排的人,才能看清图标的内容。

如果是 4K 分辨率的投影仪呢?在 120 英寸投影面积下,一个 25×25 像素的图标的物理长、宽均只有 1.73 厘米,仅略大于拇指的指甲盖,只能让教室最前排的人勉强看清楚。有趣的是,一台 60 英寸 1080P 电视也会将 25×25 像素的图标的物理长、宽均显示为 1.73厘米。

上面的论述涉及了许多概念,这里列举 3 个最关键的概念。

(1) 像素的物理尺寸:指显示器上一个像素的物理长度与宽度;

(2) 用户界面的像素尺寸:指用户界面由多少个像素构成;

(3) 用户的观看距离:指用户观看显示器时与显示器之间的物理距离。

上述概念说明了为什么像素不是一个能准确衡量用户界面大小的单位。首先,"大小"本身就是一个相对的概念。在固定像素的物理尺寸与用户界面的像素尺寸的前提下,用户的观看距离越近,用户界面看起来越大,反之则越小。在固定用户界面的像素尺寸与用户的观看距离的前提下,像素的物理尺寸越大,用户界面看起来越大,反之则越小。只有在固定像素的物理尺寸与用户的观看距离时,用户界面的像素尺寸才决定用户界面看起来的大小。

现在的问题是,开发者应该如何决定用户界面的像素尺寸,才能适应不同的像素物理尺寸与观看距离?答案是使用自适应像素技术。自适应像素技术会根据像素的物理尺寸以及期望的观看距离自动调整用户界面的像素尺寸,从而确保用户界面在不同的像素尺寸与观看距离下都能有最佳的显示效果。

假定将用户在 50 厘米处观看 23.8 英寸 1080P 显示器作为标准。在 23.8 英寸 1080P 显示器上,25×25 像素的图标的物理长、宽均为 0.686 厘米。如图 6-2 所示,当用户在 5 米处观看 120 英寸 1080P 投影仪时,为了保证图标看起来的大小与在 50 厘米处 23.8 英寸 1080P 显示器上显示的 25×25 像素图标一样,投影仪上图标的物理长、宽均应为:

$$\frac{0.686 \text{ 厘米}}{50 \text{ 厘米}} \times 500 \text{ 厘米} = 6.86 \text{ 厘米}$$

由于 120 英寸 1080P 投影仪每个像素的物理长、宽均为 0.138 厘米,因此需要

$$\frac{6.86 \text{ 厘米}}{0.138 \text{ 厘米/像素}} = 49.7 \text{ 像素} \approx 50 \text{ 像素}$$ 才能显示出 6.86 厘米的距离。这样,5 米处的 120 英

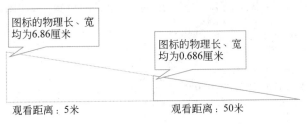

图 6-2　图标的物理长宽与观看距离

寸 1080P 投影仪需要使用 50×50 像素显示图标，才能保证其看起来与 50 厘米处 23.8 英寸 1080P 显示器上显示的 25×25 像素图标一样大，如图 6-3 所示。

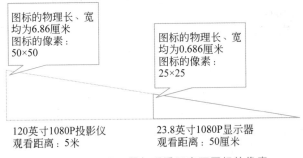

图 6-3　不同显示器与观看距离下图标的像素

　　因此，如果以 50 厘米处 23.8 英寸 1080P 显示器的显示效果为基准，则如果开发人员将用户界面设置为 25×25 自适应像素，那么，当用户界面显示在 23.8 英寸 1080P 显示器上时，用户界面会被自动设置为 25×25 像素，并且当用户界面显示在 120 英寸 1080P 投影仪上时，用户界面会被自动设置为 50×50 像素。

　　值得注意的是，针对不同尺寸与分辨率的显示器，自适应像素通常根据默认的观看距离计算所需的像素，并且开发者通常无法设置观看距离。因此，假设 120 英寸 1080P 投影仪的默认观看距离是 5 米，则开发者通常无法要求自适应像素根据 10 米的观看距离计算所需的像素。

　　许多现代化的应用开发平台默认就使用自适应像素技术，例如 WinUI 3 与 .NET MAUI。在开始应用开发之前，开发者应该首先确认开发平台是否支持自适应像素技术，从而确定如何设置用户界面的大小。如果没有特殊说明，本章后续小节都使用自适应像素。

6.2　界面的布局

　　开发用户界面，首先需要解决控件的布局问题，即如何在用户界面上放置各种类型的控件。本节介绍常见的布局方法，包括绝对布局、相对布局、网格布局及线性布局[14]。利用这些布局方法，开发者可以实现非常复杂的用户界面。

6.2.1　绝对布局

　　绝对布局将界面元素固定在某一个位置上。下面的 .NET MAUI 代码采用绝对布局将

视频 ch6/2

控件 Button 固定在距离容器左侧 20 像素、顶端 20 像素的位置上,如图 6-4 所示。

```
<!--XAML, .NET MAUI -->
<Grid>
    <Button Text="Click Me!"
            Margin="20,20,0,0"
            VerticalOptions="Start"
            HorizontalOptions="Start" />
</Grid>
```

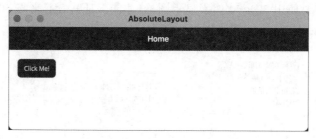

图 6-4　使用绝对布局

下面的代码则将 Button 固定在距离容器右侧 20 像素、底端 20 像素的位置上:

```
<!--XAML, .NET MAUI -->
<Button Text="Click Me 2!"
        Margin="0,0,20,20"
        VerticalOptions="End"
        HorizontalOptions="End" />
```

进行绝对布局时,绝大多数平台采用相对容器的位置定位控件。不过,不同的平台可能采用非常不同的方法设置控件相对容器的位置。上面的代码采用边距(margin)设置控件相对容器的位置,其语法为:

```
Margin="[左边距],[上边距],[右边距],[下边距]"
```

另一些平台则支持直接设置控件相对容器的位置。以 Windows Forms 开发平台为例,开发者可以直接使用 Top 和 Left 属性设置控件相对容器的位置:

```
// C#, Windows Forms
var clickMeButton =new Button();
clickMeButton.Top =20;
clickMeButton.Left =20;
this.Controls.AddRange(new Control[] { clickMeButton });
```

使用绝对布局时,控件的位置一旦确定,就不会再发生改变。绝对布局的这种不变性也是其被称为“绝对”布局的原因。然而,绝对布局的不变性也极大地限制了绝对布局的使用场景。由于控件的位置不会发生改变,因此如果用户界面的尺寸也不会发生改变,则控件就会始终显示在正确的位置上。然而,用户界面的尺寸一旦发生改变,控件的显示可能就会发生错误。图 6-5(a)所示的用户界面是开发者使用绝对布局按照理想的窗口尺寸设计的,其代码如下。

```
<!--XAML, .NET MAUI -->
<Button Text="Click Me!"
        Margin="20,20,0,0"
        VerticalOptions="Start"
        HorizontalOptions="Start" />
<Label Text="姓名:"
        Margin="20,80,0,0"></Label>
<Entry Margin="80,70,0,0"
        VerticalOptions="Start"
        HorizontalOptions="Start"
        WidthRequest="550"
        HeightRequest="40" />
<Label Text="年龄:"
        Margin="20,140,0,0"></Label>
<Entry Margin="80,130,0,0"
        VerticalOptions="Start"
        HorizontalOptions="Start"
        WidthRequest="550"
        HeightRequest="40" />
<Label Text="籍贯:"
        Margin="20,200,0,0"></Label>
<Entry Margin="80,190,0,0"
        VerticalOptions="Start"
        HorizontalOptions="Start"
        WidthRequest="550"
        HeightRequest="40" />
<Label Text="地址:"
        Margin="20,260,0,0"></Label>
<Entry Margin="80,250,0,0"
        VerticalOptions="Start"
        HorizontalOptions="Start"
        WidthRequest="550"
        HeightRequest="40" />
```

然而,如果用户在程序运行时调整了窗口的尺寸,由于控件的位置不会随着窗口尺寸的变化而改变,因此可能引发显示问题。图 6-5(b)显示用户增加窗口的宽度之后,用户界面中出现了大面积的空白。

总的来讲,绝对布局是一种相对简单的布局方法,其更多地适用于用户界面尺寸不会发生变化的场景。如果不能预先确定用户界面的尺寸,则应使用其他布局方法。

6.2.2　相对布局

相对布局将界面元素布局在一个相对位置上。下面的 WinUI 3 代码采用相对布局来布局标题文本块、搜索按钮以及搜索框:

视频 ch6/3

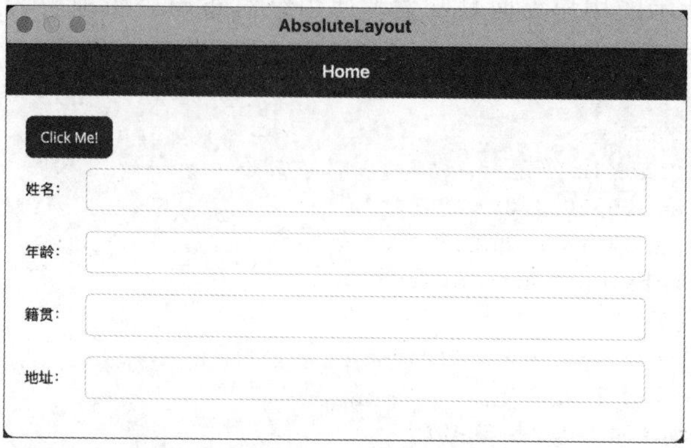

(a)用户调整窗口尺寸之前，界面正常显示

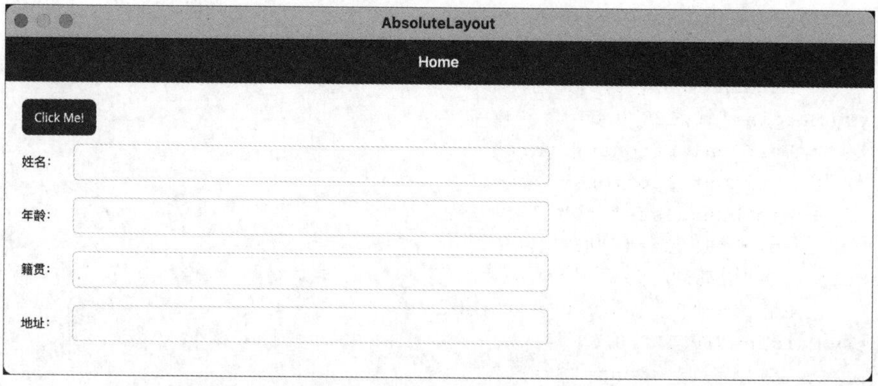

(b)用户调整窗口尺寸之后，界面出现大面积空白

图 6-5　用户界面尺寸的变化对绝对布局的影响

```xml
<!--XAML, WinUI 3 -->
<RelativePanel>
  <TextBlock Text="Title"
    Style="{StaticResource TitleTextBlockStyle}"
    Padding="16"
    RelativePanel.AlignLeftWithPanel="True"
    RelativePanel.AlignTopWithPanel="True"
    Name="TitleTextBlock">
  </TextBlock>
  <Button Content="Search"
    RelativePanel.AlignVerticalCenterWith="TitleTextBlock"
    RelativePanel.AlignRightWithPanel="True"
    Margin="16"
    Name="SearchButton">
  </Button>
  <TextBox RelativePanel.LeftOf="SearchButton"
    Width="150"
    RelativePanel.AlignVerticalCenterWith="SearchButton">
  </TextBox>
</RelativePanel>
```

上面的代码首先将标题文本块布局在容器的左上角:

```
<!--XAML, WinUI 3 -->
RelativePanel.AlignLeftWithPanel="True"
RelativePanel.AlignTopWithPanel="True"
```

接下来将搜索按钮布局在容器的右侧,同时与标题文本块垂直居中对齐:

```
<!--XAML, WinUI 3 -->
RelativePanel.AlignRightWithPanel="True"
RelativePanel.AlignVerticalCenterWith="TitleTextBlock"
```

最后将搜索框布局在搜索按钮的左侧,并与搜索按钮垂直居中对齐:

```
<!--XAML, WinUI 3 -->
RelativePanel.LeftOf="SearchButton"
RelativePanel.AlignVerticalCenterWith="SearchButton"
```

最终呈现出的布局效果如图 6-6 所示。

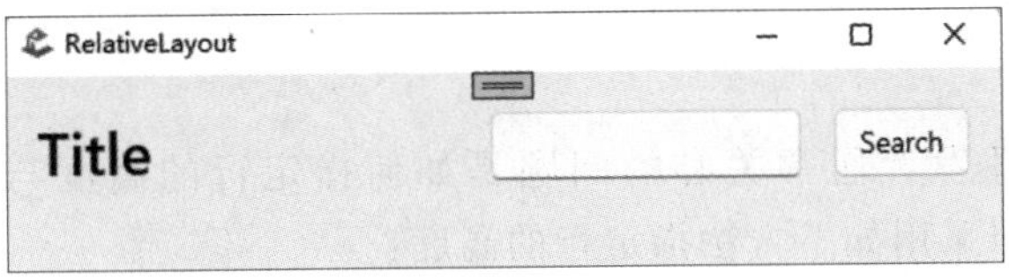

图 6-6 相对布局

通过上面的代码可以看到,使用相对布局时,开发者并不需要指定控件所处的具体位置,只需要说明控件相对于其他控件的位置。由于控件的相对位置通常不受用户界面尺寸的影响,因此,即便用户改变了用户界面的尺寸,控件依然会显示在正确的位置上。如图 6-7 所示,即便用户改变了用户界面的尺寸,由于采用了相对布局,搜索按钮依然布局在容器的右侧,同时搜索框依然布局在搜索按钮的左侧,从而让用户界面呈现出合理的布局。

图 6-7 调整用户界面的尺寸不会影响相对布局的效果

相对布局让用户界面具备了根据尺寸的改变自动调整控件位置的能力,极大地简化了开发工作。不过,不同的平台会采用非常不同的方法实现相对布局,许多平台甚至不支持相对布局。在开发应用时,开发者应该首先确定开发平台是否支持相对布局。值得庆幸的是,即便开发平台不支持相对布局,开发者依然可以使用其他的方法实现类似相对布局的效果。

6.2.3 网格布局

网格布局是最常用的布局方法之一。网格布局使用行和列将用户界面划分为一系列网

视频 ch6/4

格,再将控件放置到网格中。许多开发平台都支持网格布局,但不同的开发平台会采用非常不同的方法定义网格并布局控件。接下来以.NET MAUI 平台为例,介绍网格布局的使用方法。

要使用网格布局,首先需要使用行和列定义网格。下面的代码定义了 4 个行与 3 个列,从而形成 12 个网格:

```
<!--XAML, .NET MAUI -->
<Grid>
    <Grid.RowDefinitions>
        <RowDefinition Height="20"></RowDefinition>
        <RowDefinition Height="Auto"></RowDefinition>
        <RowDefinition Height=" * "></RowDefinition>
        <RowDefinition Height="2 * "></RowDefinition>
    </Grid.RowDefinitions>
    <Grid.ColumnDefinitions>
        <ColumnDefinition Width=" * "></ColumnDefinition>
        <ColumnDefinition Width=" * "></ColumnDefinition>
        <ColumnDefinition Width=" * "></ColumnDefinition>
    </Grid.ColumnDefinitions>
<Gird>
```

定义行和列时,开发者通常关心的问题是如何指定行的高度与列的宽度。在.NET MAUI 中,开发者可以采用如下方法指定行的高度:

(1) 指定行高的像素数,例如 20。

(2) 将行高指定为 Auto。此时行的高度由行的内容决定。

(3) 指定行高占据剩余可用空间的比例。如果将两个行的高度分别指定为 * 与 2 *,则剩余可用的空间将被划分成 1+2=3 份,并且第一个行将占据 1/3 的高度,第二个行将占据 2/3 的高度。

类似地,开发者也可以采用上述方法指定列的宽度。依据上述方法,上述代码将用户界面划分为 4 个行,其中第一行的高度为 20 像素,第二行的高度由行的内容决定,第三行的高度占据剩余可用空间的 1/3,第四行的高度占据剩余可用空间的 2/3。上述代码还将用户界面划分为 3 个等宽的列。

定义好网格后,需要将控件放置到指定的网格中。下列代码将一个黑色的方框放置到第一行第一列的网格中,并将一个按钮放置到第二行第一列的网格中:

```
<!--XAML, .NET MAUI -->
<Grid>
    <Grid.RowDefinitions>
        ...
    </Grid.ColumnDefinitions>
    <BoxView Grid.Row="0"
             Grid.Column="0"
             Color="Black" />
    <Button Grid.Row="1"
            Grid.Column="0"
```

```
                    Text="Click Me!" />
</Grid>
```

如果一个网格不足以容纳控件，开发者还可以选择让控件跨越多个行或列。下面的代码将一个黑色的方块放置到第 3 行第 1 列，并要求该方块跨越两个列：

```
<!--XAML, .NET MAUI -->
<BoxView Grid.Row="2"
         Grid.Column="0"
         Grid.ColumnSpan="2"
         Color="Black" />
```

最后再将一个黑色方块放置到第 4 行第 3 列：

```
<!--XAML, .NET MAUI -->
<BoxView Grid.Row="3"
         Grid.Column="2"
         Color="Black" />
```

上述代码的布局效果如图 6-8 所示。图中第一行的高度为 20 像素。第二行的高度由第二行的内容，即"Click Me!"按钮的高度决定。第三行的高度为剩余空间的 1/3，第四行的高度为剩余空间的 2/3。图中三个列的宽度相等，并且第三行的控件占据了两列的空间。

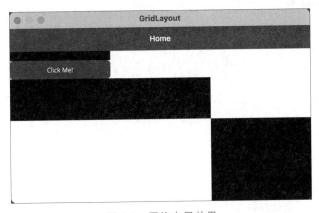

图 6-8　网格布局效果

网格布局通常用于实现类似图 6-9 的规整的布局，其代码如下。

```
<!--XAML, .NET MAUI -->
<Grid>
    <Grid.RowDefinitions>
        <RowDefinition Height="Auto"></RowDefinition>
        <RowDefinition Height="Auto"></RowDefinition>
        <RowDefinition Height="Auto"></RowDefinition>
        <RowDefinition Height="Auto"></RowDefinition>
        <RowDefinition Height=" * "></RowDefinition>
    </Grid.RowDefinitions>
```

```
<Grid.ColumnDefinitions>
    <ColumnDefinition Width="Auto"></ColumnDefinition>
    <ColumnDefinition Width="*"></ColumnDefinition>
</Grid.ColumnDefinitions>

<Label Grid.Row="0"
        Grid.Column="0"
        Margin="16,0,16,0"
        VerticalOptions="Center">
    姓名：
</Label>
<Entry Grid.Row="0"
        Grid.Column="1"
        Margin="0,16,16,8">
</Entry>
<Label Grid.Row="1"
        Grid.Column="0"
        Margin="16,0,16,0"
        VerticalOptions="Center">
    性别：
</Label>
<Entry Grid.Row="1"
        Grid.Column="1"
        Margin="0,8,16,8">
</Entry>
<Label Grid.Row="2"
        Grid.Column="0"
        Margin="16,0,16,0"
        VerticalOptions="Center">
    年龄：
</Label>
<Entry Grid.Row="2"
        Grid.Column="1"
        Margin="0,8,16,8">
</Entry>
<Button Grid.Row="3"
        Grid.Column="1"
        Margin="0,8,16,0"
        HorizontalOptions="Start"
        Text="提交">
</Button>
</Grid>
```

网格布局是一种非常强大的布局,可用于实现非常复杂的用户界面。同时,网格布局的使用也较为复杂,要求开发者对用户界面进行整体的规划,从而确定行列的具体结构。用户界面并不十分复杂时,网格布局的诸多强大之处就显得有限多余,给人一种"杀鸡用牛刀"的感觉。此时,开发者可以选用更加轻量的布局方法。

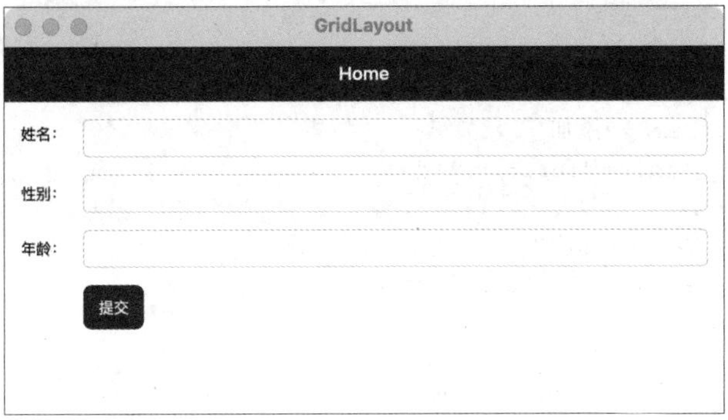

图 6-9 使用网格布局实现的用户界面

6.2.4 线性布局

线性布局是一种非常轻量化的布局方法。线性布局将控件沿着水平或垂直方向线性排列。以下面的代码为例,线性布局将文本块、输入框以及按钮在垂直方向上线性排列。只要妥善设置控件之间的边距,使用线性布局依然能够呈现优雅的布局效果,如图 6-10 所示。

```
<!--XAML, .NET MAUI -->
<StackLayout>
    <Label Margin="16,16,16,8">姓名:</Label>
    <Entry Margin="16,8,16,8"></Entry>
    <Label Margin="16,8,16,8">年龄:</Label>
    <Entry Margin="16,8,16,8"></Entry>
    <Label Margin="16,8,16,8">性别:</Label>
    <Entry Margin="16,8,16,8"></Entry>
    <Button Margin="16,8,16,8"
            Text="提交" />
</StackLayout>
```

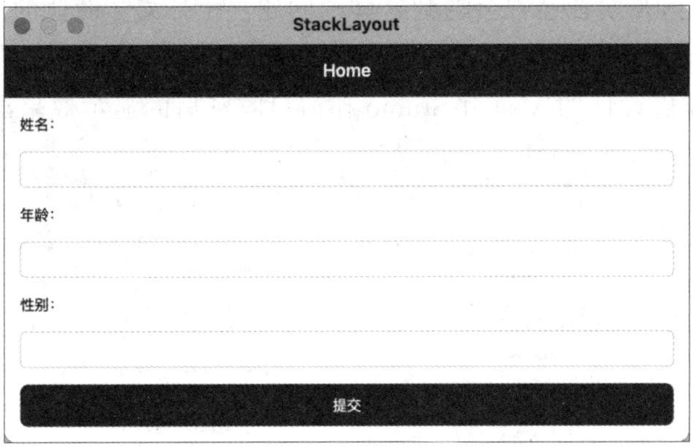

图 6-10 线性布局

除了沿垂直方向,线性布局还可以沿水平方向布局控件。下面的代码将“添加”“修改”以及“删除”3 个按钮按水平方向排列,其效果如图 6-11 所示。

```
<!--XAML, .NET MAUI -->
<StackLayout>
    <StackLayout Orientation="Horizontal">
        <Button Text="添加"
                Margin="16,16,8,16">
        </Button>
        <Button Text="修改"
                Margin="16,16,8,16">
        </Button>
        <Button Text="删除"
                Margin="16,16,8,16"
                BackgroundColor="DarkRed">
        </Button>
    </StackLayout>
</StackLayout>
```

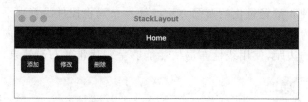

图 6-11　水平方向线性布局

　　线性布局是一种非常简单的布局。不过,通过嵌套组合多个线性布局,开发者依然可以实现非常复杂的用户界面。事实上,所有的布局方法都支持互相嵌套组合。通过巧妙地嵌套组合多种不同的布局方法,开发者可以使用非常简短的代码实现非常复杂的用户界面。

视频 ch6/6

6.3 响应式布局

　　开发用户界面时,开发者经常会遇到这样的问题:针对宽屏设计的用户界面,在窄屏幕上的显示效果往往很差;针对窄屏幕设计的用户界面,在宽屏上的显示效果也非常不好。以图 6-12 为例,针对宽屏设计的 Visual Studio 在窗口收窄后的显示效果出现了较大的问题:

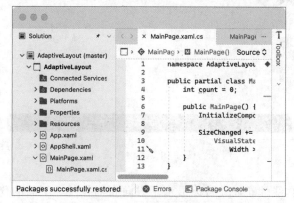

图 6-12　针对宽屏设计的用户界面在窄屏幕上的显示效果

工作区无法完整显示,甚至连窗口标题也消失了。

为了解决上述问题,开发者提出"响应式布局"的概念。响应式布局在 Web 开发中已经得到普及,许多网站都采用响应式布局确保页面在不同宽度的屏幕上都能正确显示。如图 6-13 所示,由于采用了响应式布局,因此同一网页在多种宽度的屏幕下都能呈现出较好的显示效果。

(a) 最窄屏幕下的显示效果　　　　　　　(b) 较窄屏幕下的显示效果

(c) 较宽屏幕下的显示效果

图 6-13　采用响应式布局的网页

应用开发中的响应式布局尚不如 Web 开发那样成熟,但目前也存在一些可用的解决方案。接下来以.NET MAUI 中的响应式布局为例,介绍应用开发中的响应式布局。下面的代码为线性布局定义了两种视觉状态,其中 Landscape(水平视图)视觉状态要求线性布局按照水平方向排列控件,Portrait(垂直视图)要求线性布局按照垂直方向排列控件:

```
<!--XAML, .NET MAUI -->
<StackLayout Orientation="Horizontal"
            x:Name="AdaptiveStackLayout">
    <VisualStateManager.VisualStateGroups>
```

```
        <VisualStateGroup>
          <VisualState Name="Landscape">
            <VisualState.Setters>
              <Setter Property="Orientation"
                      Value="Horizontal">
              </Setter>
            </VisualState.Setters>
          </VisualState>
          <VisualState Name="Portrait">
            <VisualState.Setters>
              <Setter Property="Orientation"
                      Value="Vertical">
              </Setter>
            </VisualState.Setters>
          </VisualState>
        </VisualStateGroup>
      </VisualStateManager.VisualStateGroups>

      <Button Text="Click Me!"
              Margin="16">
      </Button>
      <Button Text="Click Me!"
              Margin="16">
      </Button>
      <Button Text="Click Me!"
              Margin="16">
      </Button>
      <Button Text="Click Me!"
              Margin="16">
      </Button>
  </StackLayout>
```

接下来还需要处理用户界面的 SizeChanged 事件,从而在用户界面尺寸发生改变时改变线性布局的视觉状态:

```
// C#
public MainPage() {
    InitializeComponent();

    SizeChanged += (sender, args) =>
        VisualStateManager.GoToState(AdaptiveStackLayout,
            Width > 800 ? "Landscape" : "Portrait");
}
```

上述代码表明当用户界面的宽度小于或等于 800 像素时,线性布局会在垂直方向上排列控件;当用户界面的宽度大于 800 像素时,线性布局会在水平方向上排列控件。上述代码的执行效果如图 6-14 所示。

采用响应式布局,开发者可以根据屏幕的宽度决定如何布局控件,从而确保用户界面在不同的宽度下都能获得较好的显示效果。

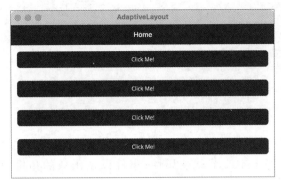

(a) 用户界面的宽度小于或等于800像素时的显示效果

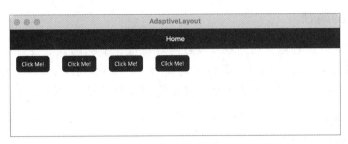

(b) 用户界面的宽度大于800像素时的显示效果

图 6-14　采用响应式布局的应用

视频 ch6/7

6.4　普通控件

控件是开发者构建用户界面的主要工具[14]。下面的代码会创建一个按钮控件：

```
<!--XAML, .NET MAUI -->
<Button Text="Click Me!" />
```

有趣的是,开发者平时使用的控件不过是一些普通的类。下面的代码便是按钮控件的类定义以及 Text 属性的定义：

```
// C#, the Microsoft.Maui project, Button.cs
public partial class Button : View, IFontElement, ITextElement,
    ... {
    ...
    public string Text {
        get { return (string)GetValue(TextProperty); }
        set { SetValue(TextProperty, value); }
    }
    ...
}
```

而创建控件的过程：

```
<!--XAML, .NET MAUI -->
<Button />
```

与获得类实例的过程是完全等价的:

```
// C#
var button =new Button();
```

因此,无论对于何种控件,学习其使用方法均等价于学习对应的类型都包括哪些成员,即属性、事件以及函数等。本小节就从属性、事件以及函数的角度,探讨普通控件的使用方法。

视频 ch6/8

6.4.1 控件的属性

开发者使用属性设置控件的外观以及行为等特征。下面的代码设置按钮控件的属性,将显示的文本设置为"Click Me!",将高度设置为 100 像素,将上、右、下、左边距设置为 16 像素,将背景色设置为深红色,并将水平对齐设置为居中对齐,如图 6-15 所示。

```
<!--XAML, .NET MAUI -->
<Button Text="Click Me!"
        HeightRequest="100"
        Margin="16,16,16,16"
        BackgroundColor="DarkRed"
        HorizontalOptions="Center"></Button>
```

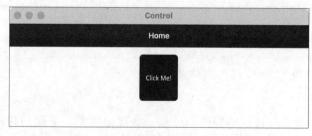

图 6-15　使用属性设置控件的外观

上述 XAML 代码等价于如下的 C♯代码:

```
// C#
var button =new Button {
    Text ="Click Me!",
    HeightRequest =100,
    Margin =new Thickness(16, 16, 16, 16),
    BackgroundColor =Colors.DarkRed,
    HorizontalOptions =LayoutOptions.Center
};
```

一个值得注意的问题是,Button 类的 Text、HeightRequest、Margin、BackgroundColor 以及 HorizontalOptions 属性具有不同的类型:Text 属性是 string 类型的,HeightRequest

是 double 类型的，Margin 是 Thickness 类型的，BackgroundColor 是 Color 类型的，HorizontalOptions 则是 LayoutOptions 类型的。

```csharp
// C#, the Microsoft.Maui project, Button.cs
public partial class Button : ... {
    ...
    public string Text {
    ...
    public double HeightRequest { // In VisualElement.cs
    ...
    public Thickness Margin { // In View.cs
    ...
    public Color BackgroundColor { // In VisualElement.cs
    ...
    public LayoutOptions HorizontalOptions { // In View.cs
    ...
}
```

那么，既然不同的属性具有不同的类型，开发者又为什么可以在 XAML 中使用字符串指定属性的值呢？答案是 XAML 解析器会使用类型转换器（TypeConverter）解析属性值字符串并创建对应类型的实例。以 Thickness 类型为例，查看其源代码可以发现 Thinkness 类型关联到了 ThicknessTypeConverter 类型：

```csharp
// C#, the Microsoft.Maui project, Thickness.cs
[TypeConverter(typeof(Converters.ThicknessTypeConverter))]
public struct Thickness {
    ...
```

ThicknessTypeConverter 则会解析形如"16,16,16,16"的字符串并创建 Thinkness 类型的实例：

```csharp
// C#, the Microsoft.Maui project, ThicknessTypeConverter.cs
public override object ConvertFrom(
    ITypeDescriptorContext context,
    CultureInfo culture,
    object value) {
    var strValue =value? .ToString();
    ...
    var thickness =strValue.Split(',');
    ...
    if (double.TryParse(thickness[0],
            NumberStyles.Number,
            CultureInfo.InvariantCulture,
            out double l) &&
        double.TryParse(thickness[1],
            NumberStyles.Number,
            CultureInfo.InvariantCulture,
            out double t) &&
```

```
        double.TryParse(thickness[2],
            NumberStyles.Number,
            CultureInfo.InvariantCulture,
            out double r) &&
        double.TryParse(thickness[3],
            NumberStyles.Number,
            CultureInfo.InvariantCulture, out double b))
    return new Thickness(l, t, r, b);
    ...
}
```

因此,只有存在对应的类型转换器时,开发者才能使用 XAML 设置控件的属性。从另一角度讲,只要存在对应的类型转换器,开发者就可以使用 XAML 设置控件的属性。与此同时,控件的属性与普通的类属性之间并没有本质上的区别。许多其他的开发平台也采用类似的方法和技术创建用户界面,这里就不赘述了。

视频 ch6/9

6.4.2 控件的事件

除属性外,许多控件还提供了事件。控件使用事件在特定的情况发生时通知开发者。下面的代码会在用户单击按钮时调用 ClickMeButton_OnClicked 函数:

```
<!--XAML, .NET MAUI -->
<Button x:Name="ClickMeButton"
        Text="Click Me!"
        Margin="16"
        Clicked="ClickMeButton_OnClicked">
</Button>

// C#
private void ClickMeButton_OnClicked(
    object sender, EventArgs e) =>
    DisplayAlert("Message", "You clicked the button.", "OK");
```

ClickMeButton_OnClicked 函数则会弹出对话框,其标题为“Message”,内容为“You clicked the button.”,按钮文字为“OK”,如图 6-16 所示。

图 6-16　ClickMeButton_OnClicked 函数弹出的对话框

观察 Clicked 事件的处理函数 ClickMeButton_OnClicked,可以看到其包含两个参数,分别是 object 类型的参数 sender,以及 EventArgs 类型的参数 e。

```csharp
// C#
private void ClickMeButton_OnClicked(
    object sender, EventArgs e) =>...
```

其中，sender 代表触发事件的对象。在上面的代码中，Clicked 事件是由名为 ClickMeButton 的 Button 类实例触发的，因此 sender 就是 ClickMeButton。通过在 DisplayAlert 函数所在行处设置断点，并在断点触发后在即时窗口中输入 sender 并按 Enter 键，可以查看参数 sender 的详细信息，其类型为 Button，如图 6-17 所示。

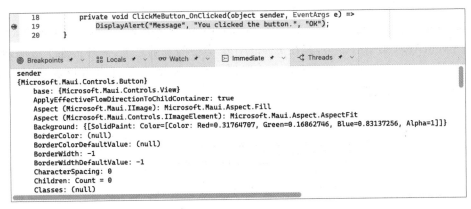

图 6-17　sender 参数的值

EventArgs 类型的参数 e 是事件的参数。在即时窗口中查看参数 e 的值，可以看到 e 并不包含有意义的信息，如图 6-18 所示。

图 6-18　e 参数的值

参数 e 不包含有意义信息的原因在于 Clicked 事件并没有什么信息需要传递给事件处理函数。Clicked 事件的意义就在于在用户单击按钮时调用对应的事件处理函数。由于"单击按钮"这一行为太简单，没有什么额外的信息需要传递，因此参数 e 也就不包含有意义的信息。如果事件有额外的信息需要传递给事件处理函数，开发者就可以通过参数 e 获得信息。考虑下面的代码：

```csharp
// C#
public MainPage() {
    ChildAdded +=MainPage_ChildAdded;

    InitializeComponent();
}

private void MainPage_ChildAdded(
    object sender, ElementEventArgs e) =>
    DisplayAlert("Message", "Element added.", "OK");
```

ChildAdded 事件是 MainPage 类的成员,其在有控件被添加到用户界面时触发。ChildAdded 事件处理函数的 sender 参数依然是事件的触发者,即 MainPage 类的实例,如图 6-19 所示。

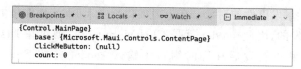

图 6-19　ChildAdded 事件的 sender 参数

ChildAdded 事件处理函数的参数 e 是 ElementEventArgs 类型的实例。ElementEventArgs 类型是 EventArgs 类型的子类,其在 EventArgs 类型的基础之上,额外传递了被添加到用户界面的控件实例,如图 6-20 所示。根据图 6-20,本次被添加到用户界面的控件是 StackLayout 类型的实例。

图 6-20　ChildAdded 事件的 e 参数

按照约定,在.NET 中,事件的处理函数总是包含 sender 和 e 两个参数,其中 sender 总是指向事件的触发者,e 则总是给出事件的参数。如果事件本身并没有参数需要传递,则 e 是 EventArgs 类型的实例。如果事件有参数需要传递,则 e 是 EventArgs 类型的子类的实例。

其他开发平台可能会遵循非常不同的约定,例如不向事件处理函数传递事件的触发者,或者直接将参数传递给事件处理函数,而不是将参数封装在类似 EventArgs 的类型中进行传递。但无论采用何种形式,控件的事件所需要完成的任务是相同的,即在特定的事件发生时调用事件处理函数,并传递必要的参数。

6.4.3　控件的函数

视频 ch6/10

除属性与事件外,许多控件也提供函数供开发者调用。考虑下面的代码:

```
<!--XAML, .NET MAUI -->
<Button x:Name="ClickMeButton"
        Text="Click Me!"
        Margin="16"
        Clicked="ClickMeButton_OnClicked">
</Button>

// C#
private void ClickMeButton_OnClicked(
    object sender, EventArgs e) =>
    DisplayAlert("Message", "You clicked the button.", "OK");
```

```
public MainPage() {
    InitializeComponent();
    ClickMeButton.SendClicked();
}
```

　　上述代码在构造函数中调用了 ClickMeButton 的 SendClicked 函数。SendClicked 函数用于触发 Clicked 事件,从而导致 ClickMeButton_OnClicked 事件处理函数被执行,并弹出"You clicked the button."对话框。

　　下列代码则会使用 C♯ 代码创建一个按钮控件,并将按钮控件添加到线性布局中:

```
<!--XAML, .NET MAUI -->
<StackLayout x:Name="MainStackLayout">
    <Button Text="Click Me!"
        ...
    </Button>
    <Button x:Name="ClickMeButton"
        ...
    </Button>
</StackLayout>

// C#
public MainPage() {
    var button =new Button {
        Text ="Click Me!",
        HeightRequest =100,
        Margin =new Thickness(16, 16, 16, 16),
        BackgroundColor =Colors.DarkRed,
        HorizontalOptions =LayoutOptions.Center
    };

    MainStackLayout.Add(button);
}
```

　　上述代码的执行效果如图 6-21 所示。图中前两个按钮是 XAML 生成的,第三个按钮则是使用 C♯ 代码创建并通过 Add 函数添加到线性布局中的。

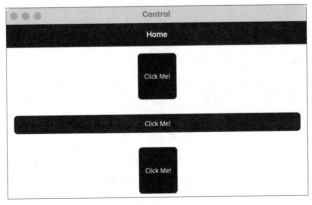

图 6-21　调用 Add 函数向线性布局添加控件

相比于属性和事件,开发者较少调用控件的函数。同时,相比于属性和事件,不同控件的函数的共通之处较少。基于上述原因,这里就不对控件的函数做进一步的介绍了。

6.5 批量生成控件

一个控件通常只能显示一条信息。如果有多条信息需要显示,就需要使用多个控件。本节探讨如何批量地生成控件,涉及如何使用模板控件生成多个控件,以及如何判断用户在与哪条数据交互。

视频 ch6/11

6.5.1 模板控件

模板控件用于按照模板批量地生成控件。模板控件的使用通常涉及两个步骤:指定需要显示的数据,以及定义用于显示数据的模板。接下来以.NET MAUI 为例,介绍如何使用模板控件。下面的代码定义了需要显示的数据的类型:

```
// C#
public class Contact {
    public string Name { get; set; }
    public string PhoneNumber { get; set; }
}
```

接下来准备需要通过模板控件显示的数据,并将数据赋值给模板控件:

```
// C#
public MainPage() {
    InitializeComponent();

    var contacts = new List<Contact>{
        new() { Name = "张三", PhoneNumber = "+8613800138000" },
        new() { Name = "张四", PhoneNumber = "+8613800138001" },
        new() { Name = "张五", PhoneNumber = "+8613800138002" },
    };

    MainListView.ItemsSource = contacts;
}
```

最后准备显示数据的模板:

```
<!--XAML, .NET MAUI -->
<ListView x:Name="MainListView"
          HasUnevenRows="True">
    <ListView.ItemTemplate>
        <DataTemplate>
            <ViewCell>
                <StackLayout Orientation="Horizontal">
                    <Label Text="{Binding Name}"
                           Margin="16"
```

```
                        VerticalOptions="Center">
                </Label>
            </StackLayout>
        </ViewCell>
    </DataTemplate>
  </ListView.ItemTemplate>
</ListView>
```

ListView 控件是一种模板控件,其 ItemTemplate 属性用于指定显示数据所使用的模板。如果开发者需要自行决定使用何种控件显示数据,则必须使用 ViewCell,并在 ViewCell 中放置用于显示数据的控件。上述代码使用一个放置在线性布局中的文本块显示 Contact 类的 Name 属性,其效果如图 6-22 所示。

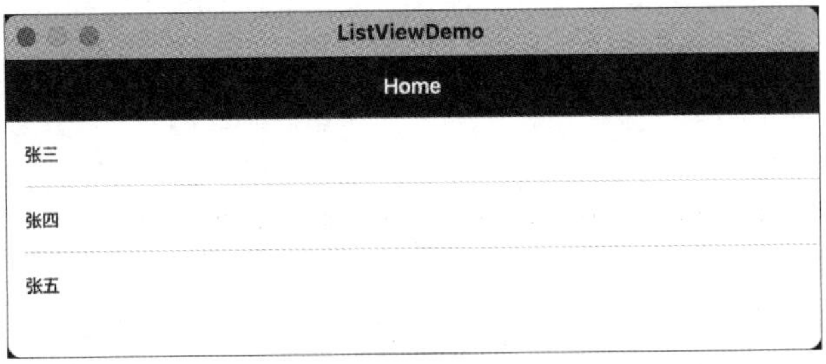

图 6-22　使用模板控件显示数据

上述代码中一个值得注意的地方是 Contact 类的 Name 属性如何赋值给文本块。ListView 要显示的数据是 Contact 类的一组实例。显示数据时,ListView 会将要显示的每个 Contact 类实例作为模板的"绑定上下文"。绑定上下文会被 Binding 解析,因此:

```
{Binding Name}
```

就相当于读取 Contact 类实例的 Name 属性。这样:

```
<!--XAML, .NET MAUI -->
<Label Text="{Binding Name}"
       Margin="16"
       VerticalOptions="Center">
</Label>
```

就会将 Contact 类实例的 Name 属性赋值给文本块并显示出来。后面的章节会介绍关于绑定上下文的更多内容。

6.5.2　确定用户交互的数据

批量生成控件时,一个典型的需求是确定用户具体与哪条数据交互。考虑下面的代码:

视频 ch6/12

```
<!--XAML, .NET MAUI -->
<ListView x:Name="MainListView"
          HasUnevenRows="True">
    <ListView.ItemTemplate>
```

```
        <DataTemplate>
          <ViewCell>
            <StackLayout Orientation="Horizontal">
              <Label Text="{Binding Name}"
                     Margin="16"
                     VerticalOptions="Center">
              </Label>
              <Button Clicked="Button_OnClicked"
                      Text="编辑"
                      Margin="16">
              </Button>
            </StackLayout>
          </ViewCell>
        </DataTemplate>
      </ListView.ItemTemplate>
</ListView>

// C#
private void Button_OnClicked(object sender, EventArgs e) {
    ...
}
```

无论用户单击批量生成的哪一个按钮,都会触发 Button_OnClicked 事件处理函数。现在的问题是,如何判断用户单击的按钮对应哪条数据？一方面,根据第 6.4.2 节介绍的内容,事件处理函数的参数 sender 代表触发事件的对象,即用户单击的按钮控件。另一方面,根据第 6.5.1 节介绍的内容,模板的绑定上下文是要显示的数据。基于这两方面的信息,可以首先将 sender 强制类型转换为 Button 类型的实例:

```
// C#
var button = (Button) sender;
```

再获得按钮控件的绑定上下文:

```
// C#
var bindingContext = button.BindingContext;
```

由于绑定上下文就是要显示的数据,因此可以将其强制类型转换为 Contact 类型:

```
// C#
var contact = (Contact) bindingContext;
```

这样就可以确定用户在与哪条数据交互了:

```
// C#
DisplayAlert("Message", $"You clicked {contact.Name}", "OK");
```

上述代码的执行效果如图 6-23 所示。用户单击图 6-23 (a)中"张四"的编辑按钮后,会弹出如图 6-23(b)所示的对话框。

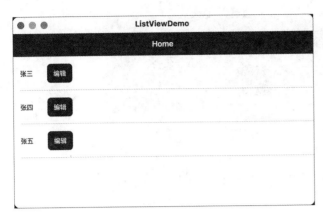

(a) 批量生成按钮控件　　　　　　　　(b) 按钮控件的事件处理

图 6-23　确定用户交互的数据

6.6　扩展控件的功能

视频 ch6/13

　　控件的属性、事件以及函数决定了控件的功能。有些时候,控件提供的功能未必能满足开发者的需求。例如,.NET MAUI 的文本块就不提供点击事件,因此无法在用户点击文本块时做出响应。值得庆幸的是,许多开发平台在设计控件时都保留了一定的扩展空间,使开发者可以根据自身的需要扩展控件的功能。以 .NET MAUI 平台为例,其提供了行为机制来扩展控件的功能。要让文本块能够响应用户的点击操作,为文本块添加点击行为识别器即可。

```
<!--XAML, .NET MAUI -->
<Label Text="Click Me!"
       Margin="16">
    <Label.GestureRecognizers>
        <TapGestureRecognizer
            Tapped="TapGestureRecognizer_OnTapped" />
    </Label.GestureRecognizers>
</Label>

// C#
private void TapGestureRecognizer_OnTapped(
    object sender, EventArgs e) {
    DisplayAlert("Message", "You clicked the label.", "OK");
}
```

　　上述代码将点击行为识别器添加到文本块。当用户点击文本块时,点击行为识别器会触发 Tapped 事件,并执行 TapGestureRecognizer_ OnTapped 函数,其效果如图 6-24 所示。

图 6-24　为文本块扩展点击功能

6.7　练习

1. 请参考自适应像素的思想,设计一套自适应像素的实现机制,从而根据给定的自适应像素数量、屏幕分辨率、屏幕尺寸以及观看距离计算实际的像素数量。

2. 随意选择一款常用的软件,请尝试组合使用绝对布局、相对布局、网格布局以及线性布局实现软件的主界面。

3. 许多控件都具有名称相同或相似的属性、事件和函数。请列举来自不同控件的 5 个同名的属性,并分析它们的功能是否完全相同。请再列举来自不同控件的 3 个名称相似的属性,并分析它们彼此有什么区别和相似之处。

4. 请思考一下,如何利用模板控件生成一组模板控件。请编写一组代码,测试如何实现该效果。

第 7 章

客户端开发的 MVVM＋IService 架构

软件的架构是组织软件代码的重要依据。一套好的软件架构能让软件开发的过程更加顺畅，同时能有效保障软件的质量。本章介绍客户端软件开发的 MVVM＋IService 架构。该架构是现代客户端软件开发的主流和标准架构，其不仅通过分离 Model、View、ViewModel 以及 IService 实现代码的有效组织，还通过对单元测试提供完善的支持确保软件的质量。本章首先介绍 MVVM 模式，再介绍如何在 MVVM 模式中引入 ISerivce。本章接下来介绍 MVVM 模式的实现原理。最后，本章介绍如何在 MVVM＋IService 架构中开展测试。

视频 ch7/1

7.1 | MVVM 模式

MVVM 是 Model-View-ViewModel 的缩写[15]。本节分别介绍 MVVM 模式中的 Model、View 以及 ViewModel，最后介绍如何将 Model、View 以及 ViewModel 连接起来。

7.1.1 Model

在 MVVM 模式中，Model 的职责是承载数据。考虑下面的代码：

```csharp
// C#
public class Contact {
    public int Id { get; set; }

    public string Name { get; set; }

    public string PhoneNumber { get; set; }
}
```

上述代码定义了联系人类型 Contact，其包含 3 个属性：整数 Id，用于唯一地标识一个联系人；字符串 Name，保存了联系人的名字；字符串 PhoneNumber，保存了联系人的电话号码。Contact 类就是一个典型的 Model，用于承载联系人数据。

使用 MVVM 模式时，开发者应该尽可能确保 Model 只用于承载数据。为了实现这一目标，开发者需要尽量避免向 Model 中添加函数。上述代码中的 Contact 类除属性外不具有任何函数，因此不能完成任何功能，从而确保了 Contact 类只能用于承载数据。

7.1.2 View

在 MVVM 模式中,View 的职责是显示数据与调用命令。考虑下面的代码,其用于显示 Contact 类所承载的数据,并调用读取数据功能:

```xaml
<!--XAML, .NET MAUI -->
<StackLayout>
    <Button Text="Read"
            Command="{Binding ReadCommand}"
            Margin="16,16,16,8">
    </Button>
    <Label Text="Id:"
            Margin="16,8,16,8">
    </Label>
    <Label Text="{Binding Contact.Id}"
            Margin="16,8,16,8">
    </Label>
    <Label Text="Name:"
            Margin="16,8,16,8">
    </Label>
    <Label Text="{Binding Contact.Name}"
            Margin="16,8,16,8">
    </Label>
    <Label Text="Phone Number:"
            Margin="16,8,16,8">
    </Label>
    <Label Text="{Binding Contact.PhoneNumber}"
            Margin="16,8,16,8">
    </Label>
</StackLayout>
```

上述代码使用数据绑定技术显示 Contact 类所承载的数据,其中:

```xaml
<!--XAML, .NET MAUI -->
<Label Text="{Binding Contact.Name}"
        Margin="16,8,16,8">
```

代表将文本块的 Text 属性绑定到 Contact 的 Name 属性,即文本块显示的内容为 Contact 的 Name 属性。这里的 Contact 来自 ViewModel,其定义会在 7.1.3 节介绍。

另一个值得注意的是按钮控件:

```xaml
<!--XAML, .NET MAUI -->
<Button Text="Add"
        Command="{Binding ReadCommand}"
        Margin="16,16,16,8">
</Button>
```

上述代码将按钮的 Command 属性绑定到 ReadCommand,表明按钮被单击时会调用读取命令。ReadCommand 也来自 ViewModel,其定义会在 7.1.3 节介绍。

视频 ch7/3

7.1.3　ViewModel

ViewModel 为 View 提供要显示的数据以及要调用的命令。考虑如下的代码：

```csharp
// C#
public class MainPageViewModel : ObservableObject {
    private Models.Contact _contact;

    public Models.Contact Contact {
        get => _contact;
        set => SetProperty(ref _contact, value);
    }

    private RelayCommand _readCommand;

    public RelayCommand ReadCommand =>
        _readCommand ??= new RelayCommand(
            () => Contact = new Models.Contact {
            Id = 1,
            Name = "Yasmine",
            PhoneNumber = "+8613800138000"
        });
}
```

MainPageViewModel 类中定义了属性 Contact，其类型为 Contact 类型。这里的 Contact 属性就是 View 中数据绑定使用的 Contact，因此：

```xml
<!--XAML, .NET MAUI -->
<Label Text="{Binding Contact.Name}"
    Margin="16,8,16,8">
```

实际上是将文本块的 Text 属性绑定到 MainPageViewModel 类实例的 Contact 属性的 Name 属性。Contact 属性的定义中包含了一些特殊的内容，包括对 SetProperty 函数的调用，以及对 ref 关键字的使用。这些内容会在后面的小节介绍。

　　MainPageViewModel 类中还定义了属性 ReadCommand，其类型为 RelayCommand。RelayCommand 可以被 View 调用，因此：

```xml
<!--XAML, .NET MAUI -->
<Button Text="Read"
    Command="{Binding ReadCommand}"
    Margin="16,16,16,8">
</Button>
```

意味着当用户单击"Read"按钮时，将会调用 ReadCommand。RelayCommand 被调用时，会执行创建 RelayCommand 实例时传递的功能。因此，当用户单击"Read"按钮时，会执行创建 ReadCommand 实例时传递的功能，即

```csharp
// C#
```

```
public RelayCommand ReadCommand =>
    _readCommand ?? = new RelayCommand(
        () => Contact = new Models.Contact {
        Id = 1,
        Name = "Yasmine",
        PhoneNumber = "+8613800138000"
    });
```

上述代码会将 MainPageViewModel 的 Contact 属性的值修改为一个新创建的 Contact 类型实例,且该实例的 Id、Name 以及 PhoneNumber 属性的值分别为 1、Yasmine 以及 +8613800138000。由于 View 中存在一系列 Label,其 Text 属性分别绑定到 Contact 属性的 Id、Name 以及 PhoneNumber 属性,因此,当 ReadCommand 被调用时,这些 Label 会分别显示出 1、Yasmine 以及 +8613800138000,如图 7-1 所示。

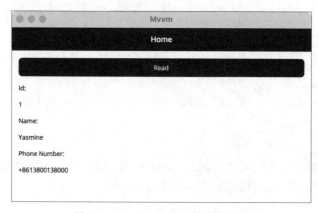

图 7-1 ReadCommand 的调用效果

ReadCommand 属性的定义也包含了一些特殊的内容,包括?? = 运算符,以及 Lambda 表达式(即"() =>")等。这些内容会在后面的小节介绍。

7.1.4 连接 MVVM

视频 ch7/4

在 MVVM 模式中,一个重要的问题是如何将 Model、View 以及 ViewModel 连接起来。由于 ViewModel 通常会直接使用 Model,因此 ViewModel 与 Model 天然地连接在了一起。现在的问题是如何将 View 与 ViewModel 连接起来。

许多现代化的开发平台,如微信小程序,以及 ASP.NET Core Blazor 等,已经预先将 View 与 ViewModel 连接在了一起。以微信小程序为例,每一个充当 View 的 wxml 文件都存在一个与之对应的充当 ViewModel 的 js 文件。如图 7-2 所示,index.wxml 文件与 index.js 文件是成对存在的,二者分别作为 View 与 ViewModel。一旦建立起这种连接,开发者就可以在 View 中显示 ViewModel 的数据并调用 ViewModel 的命令。

预先建立 View 与 ViewModel 之间的连接固然能够简化开发流程,但也使开发者失去了深入了解 MVVM 模式的机会。为了能深入 MVVM 模式的本质,这里以.NET MAUI 平台为例,介绍如何手动建立 View 与 ViewModel 之间的连接。

在 MVVM 模式中,View 负责显示 ViewModel 提供的数据,并调用 ViewModel 中的命

图 7-2　微信小程序中的 View 与 ViewModel

令。在这一过程中，View 单方面地依赖 ViewModel，ViewModel 则完全不依赖 View。因此，所谓"建立 View 与 ViewModel"之间的连接，就是设法让 View 能够调用 ViewModel。为此需要解决如下 3 个问题：

（1）谁来创建 ViewModel 实例？

（2）View 如何找到能够创建 ViewModel 实例的那个"谁"？

（3）如何将 ViewModel 实例具体地关联到某一个 View？

下面逐步解决上述 3 个问题。首先，对"谁来创建 ViewModel 实例"的问题，需要使用服务定位器模式。考虑下面的代码：

```csharp
// C#
namespace Mvvm;

public class ServiceLocator {
    private IServiceProvider _serviceProvider;

    public MainPageViewModel MainPageViewModel =>
        _serviceProvider.GetService<MainPageViewModel>();

    public ServiceLocator() {
        var services = new ServiceCollection();
        services.AddSingleton<MainPageViewModel>();
        _serviceProvider = services.BuildServiceProvider();
    }
}
```

ServiceLocator 类的构造函数使用了第 3 章第 3.3 节介绍的依赖注入方法，将 MainPageViewModel 注册到依赖注入容器中。当调用 ServiceLocator 的 MainPageViewModel

属性时,就会通过依赖注入容器获得 MainPageViewModel 类型的实例。因此,只获得 ServiceLocator 类型的实例,就可以通过该实例获得 MainPageViewModel 类型的实例,从而获得 ViewModel。

ServiceLocator 类是服务定位器模式的一个具体实现。这里,"服务"指的是能提供某种功能的对象实例。"定位器"指的是能通过该定位器定位到服务对象。服务定位器模式对依赖注入进行了进一步的封装,屏蔽了类型的注册,以及对象的获取过程,可以进一步简化对象的获得过程。

解决了"谁来创建 ViewModel 实例"这一问题后,下一步需要解决"View 如何找到能够创建 ViewModel 实例的那个'谁'"。由于 ServiceLocator 类负责创建 ViewModel 实例,因此这里要解决的问题是 View 如何才能找到 ServiceLocator 类的实例。由于 ServiceLocator 类的实例将负责创建包括 MainPageViewModel 在内的所有 ViewModel,因此所有的 View 都需要通过 ServiceLocator 创建 ViewModel。这意味着,所有的 View 都需要访问 ServiceLocator 类的实例。由于 ServiceLocator 被太多 View 所需要,因此必须提供一种便捷的方法来访问 ServiceLocator。

上述问题的一种标准的解决方案,是将 ServiceLocator 类的实例注册为全局资源。注册为全局资源的实例将可以被方便地访问。在.NET MAUI 中注册全局资源的方法,是修改 App.xaml 文件。参考下面的代码:

```xaml
<!--XAML, .NET MAUI -->
<Application xmlns="...
             xmlns:x="...
             xmlns:local="clr-namespace:Mvvm"
             x:Class="Mvvm.App">
    <Application.Resources>
        <ResourceDictionary>
            <ResourceDictionary.MergedDictionaries>
                <ResourceDictionary Source="...
                <ResourceDictionary Source="...
            </ResourceDictionary.MergedDictionaries>
            <local:ServiceLocator x:Key="ServiceLocator"/>
        </ResourceDictionary>
    </Application.Resources>
</Application>
```

上述代码中加粗的部分会创建 ServiceLocator 类的实例,并将该实例注册为全局资源,且该资源的键是"ServiceLocator"。这里,"local:"是 XML 命名空间,其在 App.xaml 文件的最顶端定义,即

```
xmlns:local="clr-namespace:Mvvm"
```

上述代码表明 local 等价于命名空间 Mvvm。因此,local:ServiceLocator 等价于 Mvvm.ServiceLocator。现在注意一下 ServiceLocator 类的定义:

```csharp
// C#
namespace Mvvm;
```

```
public class ServiceLocator {
    ...
```

上述代码表明 ServiceLocator 类位于 Mvvm 命名空间下,因此 local:ServiceLocator 所代表的 Mvvm.ServiceLocator 就指代 ServiceLocator 类。基于此,下列的 XAML 代码将会创建 ServiceLocator 类的实例:

```
<!--XAML, .NET MAUI -->
<local:ServiceLocator />
```

而通过将上述代码放置在 Application.Resources 中并使用 x:Key 指定键,就可以将 ServiceLocator 类的实例使用"ServiceLocator"键注册为全局资源:

```
<!--XAML, .NET MAUI -->
<Application...
    <Application.Resources>
            <local:ServiceLocator x:Key="ServiceLocator"/>
        </ResourceDictionary>
    </Application.Resources>
</Application>
```

解决了"View 如何找到能够创建 ViewModel 实例的那个'谁'"之后,最后需要解决"如何将 ViewModel 实例具体地关联到某一个 View"。在.NET MAUI 中,ViewModel 必须设置给 View 的 BindingContext 属性,而下面的代码将会完成这一工作:

```
<!--XAML, .NET MAUI -->
<ContentPage xmlns="...
             xmlns:x="...
                BindingContext =" {Binding  MainPageViewModel,  Source =
{StaticResource ServiceLocator}}"
             x:Class="Mvvm.MainPage">
```

上述代码中加粗的部分会设置 View 的 BindingContext 属性,其值被绑定到名为 ServiceLocator 的静态资源(StaticResource)的 MainPageViewModel 属性。这里,"{StaticResource [键名]}"是在 XAML 中使用键名访问全局资源的方法。因此,{StaticResource ServiceLocator} 就代表键为 ServiceLocator 的全局资源,即 ServiceLocator 类的实例。而通过 ServiceLocator 类的 MainPageViewModel 属性可以获得 MainPageViewModel 实例,因此:

```
BindingContext="{Binding MainPageViewModel, Source={StaticResource
ServiceLocator}}"
```

会将 View 的 BindingContext 属性设置为 MainPageViewModel 实例,从而将 ViewModel 实例具体地关联到 View。利用 ServiceLocator 以及全局资源,开发者就可以将 View 与 ViewModel 连接起来。

7.2 IService

ViewModel 承担了为 View 提供数据以及命令的职责。那么,如果有具体的业务(如访问 Web 服务)需要执行,是否应该由 ViewModel 执行呢? 答案是否定的。依据"单一职责原则",ViewModel 已经承担了为 View 提供数据以及命令的职责,因此其不应该进一步承担执行具体业务的职责。而执行具体业务的职责,则应该交给专门的 IService 类型承担。下面以访问 Web 服务为例,介绍如何使用 IService 执行具体的业务。

考虑一个简单的 Web 服务访问场景:访问"今日诗词"的 Token API,并将返回的结果显示出来。"今日诗词"Token API 的网址是:

```
https://v2.jinrishici.com/token
```

使用浏览器访问上述网址,会得到一段 JSON 代码,其中包含了 Token:

```
{
  "status": "success",
  "data": "RgU1rBKtLym/...
}
```

现在将"访问今日诗词的 Token API"这一业务封装为一个单独的 IService,其表现为一个接口:

```csharp
// C#
public interface ITokenService {
    Task<string>GetTokenJsonAsync();
}
```

ITokenService 将业务"访问今日诗词的 Token API"封装为函数 GetTokenJsonAsync,其含义是"获得 Token JSON",其返回值则是一个字符串。这里由于使用了 C♯ 语言的异步编程机制,因此返回值类型是 Task<string>。

利用 ITokenService,ViewModel 就可以直接实现"访问今日诗词的 Token API"这一业务了。参考下面的代码:

```csharp
// C#
public class MainPageViewModel : ObservableObject {
    private ITokenService _tokenService;

    public MainPageViewModel(ITokenService tokenService) {
        _tokenService =tokenService;
    }

    private string _json;

    public string Json {
        get => _json;
```

```
        set => SetProperty(ref _json, value);
    }

    private RelayCommand _getJsonCommand;

    public RelayCommand GetJsonCommand =>
        _getJsonCommand ??= new RelayCommand(async () =>
            Json = await _tokenService.GetTokenJsonAsync());
}
```

上述代码使用第 3 章第 3.3 节介绍的依赖注入方法,在 MainPageViewModel 的构造函数中要求一个 ITokenService 类型的实例,并将其保存在 _tokenService 成员变量中。接下来在 GetJsonCommand 命令中,MainPageViewModel 直接调用 ITokenService 的 GetTokenJsonAsync 函数,并将返回的结果赋值给 Json 属性。在 View 中,Json 属性则绑定到 Label 以便显示结果,如下述代码所示:

```
<!--XAML, .NET MAUI -->
<Label Text="{Binding Json}"
       HorizontalOptions="Center" />

<Button Text="Get Json"
        Command="{Binding GetJsonCommand}"
        HorizontalOptions="Center" />
```

现在的问题是,ITokenService 尚没有实现,因此无法通过依赖注入获得 ITokenService 类型的实例。针对这一问题,下列代码将 ITokenService 实现为 TokenService:

```
// C#
public class TokenService : ITokenService {
    public async Task<string> GetTokenJsonAsync() {
        var httpClient = new HttpClient();
        var response =
            await httpClient.GetAsync(
                "https://v2.jinrishici.com/token");
        return await response.Content.ReadAsStringAsync();
    }
}
```

上述代码使用 HttpClient 类型的实例向今日诗词 Token API 发起 HTTP Get 请求并获得响应对象 response。接下来,上述代码调用 ReadAsStringAsync 函数将响应对象的内容(即 response.Content)读取为字符串并返回。

在将 ITokenService 实现为 TokenService 之后,还需要向依赖注入容器注册 ITokenService 及其实现类:

```
var services = new ServiceCollection();
services.AddSingleton<MainPageViewModel>();
services.AddSingleton<ITokenService, TokenService>();
_serviceProvider = services.BuildServiceProvider();
```

这样,MainPageViewModel 就能获得 ITokenService 类型的实例,并执行"访问今日诗词的 Token API"这一业务了,如图 7-3 所示。

图 7-3　执行"访问今日诗词的 Token API"业务

利用 IService 类型执行具体业务的过程,可以总结为如下 3 个步骤:

(1) 将业务封装为 IService 接口;

(2) 在 ViewModel 中调用 IService;

(3) 实现 IService,并将其注册到依赖注入容器。

值得注意的是,上述最后两步的顺序可以根据实际开发需要而调整,甚至可以由不同的开发者在不同的时间分别实现。

视频 ch7/6

7.3　绑定

在 MVVM 模式中,View 使用绑定将数据和命令绑定到控件,例如:

```
<!--XAML, .NET MAUI -->
<Label Text="{Binding Json}" />
<Button Command="{Binding GetJsonCommand}"/>
```

本小节将探讨绑定的原理,包括控件如何通过绑定实现在属性的值发生变化时显示出属性新的值,以及如何调用命令[16]。

视频 ch7/7

7.3.1　数据绑定

View 使用数据绑定来将控件的属性绑定到 ViewModel 的属性,例如下列代码将 Label 的 Text 属性绑定到 ViewModel 的 Json 属性:

```
<!--XAML, .NET MAUI -->
<Label Text="{Binding Json}" />

// C#
private string _json;

public string Json {
    get => _json;
    set => SetProperty(ref _json, value);
}
```

Json 包含读取（get）以及写入（set）两个操作。其中，读取操作比较简单，其直接返回 _json 成员变量的值。写入操作则会调用 SetProperty 函数。要理解 SetProperty 函数的功能，首先需要理解 ref 关键字和 value 关键字。

7.3.1.1　ref 关键字

ref 关键字表示按引用传递参数。要理解什么是按引用传递参数，首先需要回顾一下普通的参数传递。考虑下面的代码：

视频 ch7/8

```csharp
// C#
public class Student {
    public int Id { get; set; }
}

public class Program {
    public static void Main(string[] args) {
        var student = new Student { Id = 1 };
        Foo(student);
        Console.WriteLine($"Student #{student.Id}");
    }

    public static void Foo(Student s) {
        s = new Student { Id = 2 };
    }
}
```

上述代码首先创建 Id 为 1 的 Student 类实例，使用变量 student 指向该实例，再将该实例传递给函数 Foo。在函数 Foo 中，参数 s 一开始指向 Id 为 1 的 Student 实例。接下来，参数 s 转为指向 Id 为 2 的 Student 实例。然而，无论参数 s 指向什么，都不影响 student 变量指向 Id 为 1 的 Student 实例这一基本事实。因此，无论是否调用 Foo 函数，student.Id 的值总是 1。上述代码的执行结果如下：

```
Student #1
```

接下来修改上述代码，并使用 ref 关键字修饰函数 Foo 的参数 s：

```csharp
// C#
public class Student {
    public int Id { get; set; }
}

public class Program {
    public static void Main(string[] args) {
        var student = new Student { Id = 1 };
        Foo( ref student);
        Console.WriteLine($"Student #{student.Id}");
    }
```

```
public static void Foo( ref Student s) {
    s =new Student { Id =2 };
    }
}
```

使用 ref 关键字修饰参数 s 之后,在使用变量 student 调用函数 Foo 时,相当于直接将变量 student 交给了函数 Foo。此时如果函数 Foo 修改了参数 s,相当于直接修改了变量 student。因此,在调用函数 Foo 之后,变量 student 也发生了变化。上述代码的执行结果如下:

```
Student #2
```

7.3.1.2 value 关键字

相比 ref 关键字,value 关键字要简单得多。考虑下面的代码:

```
// C#
public class Student {
    private int _id;

    public int Id {
        get => _id;
        set {
            Console.WriteLine($"value: {value}");
            _id =value;
        }
    }
}

public class Program {
    public static void Main() {
        var student =new Student();
        student.Id =100;
    }
}
```

上述代码的运行结果如下:

```
value: 100
```

上述代码在 Main 函数中创建 Student 类型的实例 student,并设置 student 的 Id 属性为 100。在 Id 属性的 set 部分,会首先打印 value 关键字的值,再将 value 关键字的值赋值给_id 成员变量。程序的运行结果表明,value 关键字的值就是设置给 Id 属性的值。

事实上,value 关键字只能用于属性的 set 部分,代表设置给属性的值。

7.3.1.3 SetProperty 函数

要了解 SetProperty 函数的功能,首先参考下面的代码:

```
// C#
private string _json;

public string Json {
    get => _json;
    set => SetProperty(ref _json, value);
}
```

SetProperty 函数接受两个参数，分别是按引用传递的成员变量以及设置给属性的值。SetProperty 函数的实现实际上非常简单：

```
// C#，为了便于理解，这段代码进行了修改
protected void SetProperty<T>(ref T field, T newValue,
    [CallerMemberName] string? propertyName =null) {
    if (field ==newValue) {
        return;
    }
    field =newValue;
    OnPropertyChanged(propertyName);
    return;
}
```

SetProperty 函数的 field 参数是按引用传递的成员变量，newValue 参数则是设置给属性的值。［CallerMemberName］特性会自动将 propertyName 参数的值设置为调用 SetProperty 函数的成员的名字。在上述代码中，由于 Json 属性调用了 SetProperty 函数，因此 propertyName 参数的值被设置为“Json”。

SetProperty 函数首先检查成员变量（即参数 field）的值与设置给属性的值（即 newValue）是否相同。如果二者相同，表明属性的值没有发生变化，因此不需要进行任何操作。如果二者不同，则利用参数 field 将成员变量的值修改为设置给属性的值（即 newValue），并调用 OnPropertyChanged 函数，同时传递 propertyName。OnPropertyChanged 函数的定义如下：

```
// C#，为了便于理解，这段代码进行了修改
protected void OnPropertyChanged(propertyName) {
    PropertyChanged? .Invoke(this, new
        PropertyChangedEventArgs(propertyName));
}
```

OnPropertyChanged 函数会触发 PropertyChanged 事件，并将 propertyName 参数作为事件的参数。考虑到 propertyName 参数的值就是发生变化的属性的属性名（例如，如果 Json 属性的值发生了变化，则 propertyName 参数的值就是“Json”），因此，利用 PropertyChanged 事件的参数，就可以确定哪个属性的值发生了变化。

那么，PropertyChanged 事件又是在哪里定义的呢？答案是 ObservableObject 类。由于 ViewModel 继承自 ObservableObject 类，因此 ViewModel 也具有 PropertyChanged 事件。这意味着，每当 ViewModel 的属性的值发生了变化，就可以通过 ViewModel 的 PropertyChanged

事件确定究竟哪个属性的值发生了变化。

上述逻辑比较复杂,这里使用一个例子解释。

```csharp
// C#
public class Program {
    public static void Main() {
        var vm = new SomeViewModel();
        vm.PropertyChanged += (sender, args) =>
            Console.WriteLine(
                $"Value of {args.PropertyName} has changed");
        vm.Json = "[\"New Value\"]";
    }
}

public class SomeViewModel : ObservableObject {
    private string _json;

    public string Json {
        get => _json;
        set => SetProperty(ref _json, value);
    }
}
```

上述代码在 vm 的 PropertyChanged 事件触发时会将发生变化的属性名打印出来,其执行结果如下:

```
Value of Json has changed
```

作为一个总结,SetProperty 函数的功能是:

(1) 将成员变量的值修改为赋给属性的值;

(2) 触发 PropertyChanged 事件,从而将发生变化的属性名广播出去。

利用 PropertyChanged 事件,View 就可以确定 ViewModel 的哪个属性发生了变化,从而重新读取该属性的值并更新界面。

7.3.2 命令绑定

视频 ch7/10

命令绑定的核心是 RelayCommand 类,其关键部分的定义如下:

```csharp
// C#,为了便于理解,这段代码进行了修改
public class RelayCommand : IRelayCommand {
    private readonly Action execute;

    public RelayCommand(Action execute) {
        this.execute = execute;
    }

    public void Execute(object? parameter) {
        this.execute();
```

```
    }
}
```

上述代码表明,在调用 RelayCommand 的构造函数时传递的匿名函数会保存在 execute 成员变量中,并在调用 Execute 函数时执行。以下面的代码为例:

```
// C#
var command = new RelayCommand(
    () => Console.WriteLine("Executing command..."));
command.Execute(null);
```

上述代码的匿名函数会保存到 command 实例的 execute 成员变量中。当调用 command 的 Execute 函数时,就会执行匿名函数,并在控制台中打印相应的内容。上述代码的执行效果如下:

```
Executing command...
```

从实际的结果来讲,RelayCommand 只是提供了一种将函数封装为对象的机制而已。

7.3.3　绑定的上下文

视频 ch7/11

数据绑定总是发生在特定的上下文中。考虑下面的代码:

```
// C#
public class MainPageViewModel : ObservableObject {
    private Models.Contact _contact;

    public Models.Contact Contact {
        get => _contact;
        set => SetProperty(ref _contact, value);
    }
}


<!--XAML, .NET MAUI -->
<ContentPage ...
    BindingContext = " {Binding MainPageViewModel, Source = {StaticResource
ServiceLocator}}"
    x:Class="Mvvm.MainPage">
    <StackLayout>
        <Button Text="Read"
                Command="{Binding ReadCommand}"
                Margin="16,16,16,8">
        </Button>
        <Label Text="Id:"
                Margin="16,8,16,8">
        </Label>
        <Label Text="{Binding Contact.Id}"
                Margin="16,8,16,8">
        </Label>
```

```
        <Label Text="Name:"
                Margin="16,8,16,8">
        </Label>
        <Label Text="{Binding Contact.Name}"
                Margin="16,8,16,8">
        </Label>
        <Label Text="Phone Number:"
                Margin="16,8,16,8">
        </Label>
        <Label Text="{Binding Contact.PhoneNumber}"
                Margin="16,8,16,8">
        </Label>
    </StackLayout>
</ContentPage>
```

上述 XAML 代码首先设置了 ContentPage 的 BindingContext 属性,将其设置为 MainPageViewModel 类型的实例。BindingContext 即绑定上下文,意味着所有发生在 ContentPage 中的数据绑定都以 MainPageViewModel 实例为绑定上下文。因此:

```
<Label Text="{Binding Contact.Name}" ...
```

就会绑定到 MainPageViewModel 实例的 Contact 属性的 Name 属性。

那么,如果 BindingContext 设置了绑定上下文,在设置 BindingContext 时,其绑定上下文是什么呢? 换句话说,下列代码的绑定上下文是什么呢?

```
BindingContext =" { Binding  MainPageViewModel,  Source = { StaticResource
ServiceLocator}}"
```

答案是,在进行数据绑定时,可以利用 Source 临时改变绑定上下文。因此,上述代码的绑定上下文是 ServiceLocator。这样就可以将 MainPage 的绑定上下文设置为 ServiceLocator 的 MainPageViewModel 属性,即 MainPageViewModel 类型的实例了。

Source 不仅可以将绑定上下文修改为静态资源(StaticResource),甚至可以将其修改为某一个控件。考虑下面的代码:

```
<!--XAML, .NET MAUI -->
<Slider x:Name="MySlider"></Slider>
<Label
    Text="{Binding Value, Source={x:Reference MySlider}}">
</Label>
```

上述代码将 Label 的绑定上下文设置为 MySlider 控件,并将 Label 的 Text 属性绑定到 MySlider 控件的 Value 属性。这样,当 Slider 的值发生变化时,Label 就会同步将 Slider 的值显示出来,如图 7-4 所示。

除使用 Source 手动指定绑定上下文,在某些时候绑定上下文还会自动发生变化。考虑下面的代码:

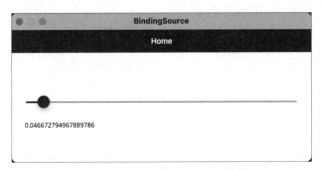

图 7-4　Label 同步显示 Slider 的值

```xml
<!--XAML, .NET MAUI -->
<ListView x:Name="MyListView"
          x:DataType="bindingSource:Contact"
          HasUnevenRows="True">
    <ListView.ItemTemplate>
        <DataTemplate>
            <ViewCell>
                <VerticalStackLayout>
                    <Label Text="{Binding Name}"
                           FontSize="24">
                    </Label>
                    <Label Text="{Binding PhoneNumber}"
                           FontSize="12">
                    </Label>
                </VerticalStackLayout>
            </ViewCell>
        </DataTemplate>
    </ListView.ItemTemplate>
</ListView>
```

```csharp
// C#
MyListView.ItemsSource =new List<Contact>{
    new() { Name ="Name 1", PhoneNumber ="Phone Number 1" },
    new() { Name ="Name 2", PhoneNumber ="Phone Number 2" },
    new() { Name ="Name 3", PhoneNumber ="Phone Number 3" },
};
```

ListView 用于显示一组数据,例如一组联系人。要实现这一目标,需要将要显示的一组数据通过赋值或数据绑定设置给 ListView 的 ItemsSource 属性。上述代码就将一组联系人(Contact)数据赋值给了 ListView 的 ItemsSource 属性。

尽管上述代码没有通过数据绑定设置 ListView,但由于 ListView 是 ContentPage 的一部分,因此其绑定上下文是 ContentPage 的 BindingContext。然而,对于 ListView 的项目模板(ItemTemplate)来讲,其绑定上下文会自动被设置为 ListView 要显示的每一条数据。由于上述代码将 ListView 的 ItemsSource 设置为一组联系人数据,因此 ItemTemplate 的绑定上下文会自动被设置为每一个 Contact 实例。因此,下列代码的绑定上下文将被设置

为 Contact 实例,而非 ContentPage 的 BindingContext:

```
<Label Text="{Binding Name}"
       FontSize="24">
</Label>
<Label Text="{Binding PhoneNumber}"
       FontSize="12">
</Label>
```

这样就会显示出每一个 Contact 实例的 Name 和 PhoneNumber 属性,如图 7-5 所示。

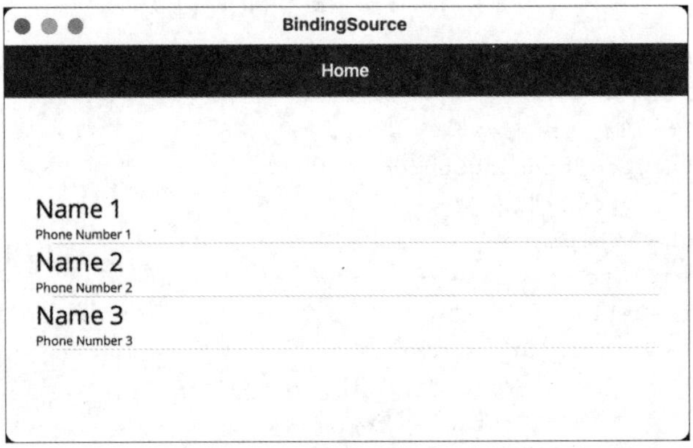

图 7-5　使用 ListView 显示一组数据

7.4 | MVVM+IService 架构的测试

　　MVVM+IService 架构将数据模型、显示逻辑、业务逻辑以及业务实现分隔开,为测试工作带来了极大的便利。本节介绍 MVVM+IService 架构的测试,重点介绍如何测试 ViewModel、IService 以及 ViewModel 的属性和命令。利用这些知识,开发者将可以对 MVVM+IService 架构开展完善的测试。

7.4.1　测试 ViewModel

视频 ch7/12

　　测试 ViewModel 的基础是获得 ViewModel 的实例。考虑下面的代码:

```
// C#
public interface IContactStorage {
    IEnumerable<Contact>List();
}

public class MainPageViewModel : ObservableObject {
    private readonly IContactStorage _contactStorage;

    public MainPageViewModel(
        IContactStorage contactStorage) {
        _contactStorage =contactStorage ? ?
```

```
        throw new ArgumentNullException(
            nameof(contactStorage));
    }
}
```

MainPageViewModel 的构造函数依赖于 IContactStorage 类型的实例。由于 IContactStorage 类型是接口类型，因此可以使用第 5 章第 5.2 节介绍的 Mock 技术获得 IContactStorage 类型的实例：

```csharp
// C#
public class MainPageViewModelTest {
    [Fact]
    public void Constructor_Default() {
        var contactStorageMock =new Mock<IContactStorage>();
        var mockContactStorage =contactStorageMock.Object;

        var mainPageViewModel =
            new MainPageViewModel(mockContactStorage);
    }
}
```

从上面的代码可以看到，由于采用了面向接口的设计，因此开发者可以使用 Mock 技术轻松地测试 MVVM＋IService 架构中的 ViewModel。

7.4.2　测试 Service

视频 ch7/13

就像 ViewModel 会依赖 IService 一样，IService 的实现类也可能进一步依赖其他 IService。考虑 IContactStorage 的实现类 ContactStorage，其依赖 IIdGenerator 生成联系人的 ID[①]：

```csharp
// C#
public class ContactStorage : IContactStorage {
    private readonly IIdGenerator _idGenerator;

    public ContactStorage(IIdGenerator idGenerator) {
        _idGenerator =idGenerator ??
            throw new ArgumentNullException(
                nameof(idGenerator));
    }

    public IEnumerable<Contact>List() =>
        Enumerable.Range(0, 10)
            .Select(_ => _idGenerator.Generate())
            .Select(p =>
            new Contact {
```

---

①　这里使用 IIdGenerator 生成联系人的 ID 只是为了演示 Service 依赖其他 IService 的一种场景。通常，数据的 ID 由数据库自动生成，因此并不需要 IIdGenerator。

```
            Id =p,
            Name ="Name " +p,
            PhoneNumber ="Phone Number " +p
        });
    }
```

由于 ContactStorage 同样依赖于接口,因此可以使用第 5 章第 5.2 节介绍的 Mock 技术获得 IIdGenerator 类型的实例:

```csharp
// C#
public class ContactStorageTest {
    [Fact]
    public void List_Default() {
        var idGeneratorMock =new Mock< IIdGenerator>();
        idGeneratorMock.Setup(
            p =>p.Generate()).Returns(1);
        var mockIdGenerator =idGeneratorMock.Object;

        var contactStorage =
            new ContactStorage(mockIdGenerator);
        var list =contactStorage.List();
        Assert.Equal(10, list.Count());
    }
}
```

上述代码表明,只要 MVVM+IService 架构中的 Service 实现类同样遵循面向接口的设计,开发者就可以很容易地测试 Service 实现类。

7.4.3　测试命令

视频 ch7/14

ViewModel 的命令用于执行特定的功能。为了保证 ViewModel 能正确执行功能,开发者必须对命令开展测试。考虑下面的 ViewModel:

```csharp
// C#
public class MainPageViewModel : ObservableObject {
    private readonly IContactStorage _contactStorage;

    public MainPageViewModel(
        IContactStorage contactStorage) {
        _contactStorage =contactStorage ??
            throw new ArgumentNullException(
                nameof(contactStorage));
    }

    private string _status;

    public string Status {
        get =>_status;
        set =>SetProperty(ref _status, value);
```

```
    }

    public ObservableCollection<Contact>Contacts { get; } =
        new();

    private RelayCommand _loadCommand;

    public RelayCommand LoadCommand =>
        _loadCommand ??= new RelayCommand(async () => {
            Status = "Loading...";

            var contacts = _contactStorage.List();
            await Task.Delay(300);

            foreach (var contact in contacts) {
                Contacts.Add(contact);
            }

            Status = "Loaded";
        });
    }
```

LoadCommand 会将_contactStorage 返回的联系人添加到 Contacts 中。其中的 Task. Delay(300)用于模拟由于访问数据库而造成的 300 毫秒延迟。依据第 7.3.2 小节介绍的内容，只调用 LoadCommand 的 Execute 函数，就可以执行 LoadCommand。由此可以得到如下的测试代码：

```
// C#
[Fact]
public void LoadCommand_Default() {
    var contactStorageMock = new Mock<IContactStorage>();
    contactStorageMock.Setup(p =>p.List())
        .Returns(new List<Contact>{
        new() { Id =1, Name ="Name 1",
            PhoneNumber ="Phone Number 1" },
        new() { Id =2, Name ="Name 2",
            PhoneNumber ="Phone Number 2" },
    });
    var mockContactStorage =contactStorageMock.Object;

    var mainPageViewModel =
        new MainPageViewModel(mockContactStorage);
    mainPageViewModel.LoadCommand.Execute(null);
    Assert.Equal(2, mainPageViewModel.Contacts.Count);
}
```

然而，上述测试却不能通过，其提示的错误信息如下：

```
Xunit.Sdk.EqualException
```

```
Assert.Equal() Failure
Expected: 2
Actual:   0
```

上述测试函数无法通过的原因在于 RelayCommand 的 Execute 函数是异步执行的。这意味着，单元测试函数调用 Execute 函数后会立即执行下一行 Assert 代码。然而，由于访问数据库存在 300 毫秒的延迟，因此 LoadCommand 还来不及将_contactStorage 返回的联系人添加到 Contacts 中，单元测试函数就已经执行了 Assert 代码，并发现 Contacts 中数据的数量并非为 2。

有多种方法可以解决上述问题，这里只介绍一种常用方法。该方法的核心思想是将被测试的函数从 RelayCommand 中剥离出来，从而实现对函数部分的单独测试。参考下面的代码：

```
// C#
private RelayCommand _loadCommand;

public RelayCommand LoadCommand =>
    _loadCommand ??= new RelayCommand(async () => {
        await LoadCommandFunction();
    });

public async Task LoadCommandFunction() {
    Status = "Loading...";

    var contacts = _contactStorage.List();
    await Task.Delay(300);

    foreach (var contact in contacts) {
        Contacts.Add(contact);
    }

    Status = "Loaded";
}
```

上述代码将 RelayCommand 构造函数中的匿名函数单独剥离为 LoadCommandFunction，这样就可以单独测试 LoadCommandFunction，从而确保 LoadCommand 功能正常执行。

```
// C#
[Fact]
public async Task LoadCommandFunction_Default() {
    var contactStorageMock = new Mock<IContactStorage>();
    contactStorageMock
        .Setup(p => p.List())
        .Returns(new List<Contact> {
        new() { Id = 1,
            Name = "Name 1",
            PhoneNumber = "Phone Number 1" },
```

```
        new() { Id = 2,
            Name = "Name 2",
            PhoneNumber = "Phone Number 2" },
    });
    var mockContactStorage = contactStorageMock.Object;

    var mainPageViewModel =
        new MainPageViewModel(mockContactStorage);
    await mainPageViewModel.LoadCommandFunction();
    Assert.Equal(2, mainPageViewModel.Contacts.Count);
}
```

7.4.4　测试属性

视频 ch7/15

ViewModel 通过属性为 View 提供数据。为了保证 View 显示正确的数据，开发者需要对属性开展测试。以第 7.4.3 小节的 MainPageViewModel 为例，其 Status 属性用于提示数据的加载状态：加载数据时，Status 的值为"Loading..."，在数据加载完成之后，Status 的值为"Loaded"。

属性测试的问题在于，在 Command 的执行过程中，属性的值可能发生多次变化。以 MainPageViewModel 的 LoadCommandFunction 为例，其在执行过程中会两次改变 Status 属性的值：

```csharp
// C#
public async Task LoadCommandFunction() {
    Status = "Loading...";

    var contacts = _contactStorage.List();
    await Task.Delay(300);

    foreach (var contact in contacts) {
        Contacts.Add(contact);
    }

    Status = "Loaded";
}
```

上述代码会将 Status 属性的值修改为"Loading..."，再修改为"Loaded"。现在的问题是，如何才能让单元测试追踪属性值的变化，从而判断属性值是否按照预期的方式发生改变？

回顾第 7.3.1 小节介绍的数据绑定的原理每当属性值发生变化时，都会触发 PropertyChanged 事件，从而通知哪个属性的值发生了改变。因此，单元测试函数可以监听 MainPageViewModel 的 PropertyChanged 事件，从而在 Status 属性的值发生改变时，将 Status 属性的值记录下来，再判断 Status 属性的值是否按照预期的方式改变：

```csharp
[Fact]
public async Task Status_Default() {
```

```
var contactStorageMock = new Mock<IContactStorage>();
contactStorageMock
    .Setup(p => p.List())
    .Returns(new List<Contact>{
    new() { Id = 1,
        Name = "Name 1",
        PhoneNumber = "Phone Number 1" },
    new() { Id = 2,
        Name = "Name 2",
        PhoneNumber = "Phone Number 2" },
});
var mockContactStorage = contactStorageMock.Object;

var mainPageViewModel =
    new MainPageViewModel(mockContactStorage);

var statusList = new List<string>();
mainPageViewModel.PropertyChanged += (sender, args) => {
    if (args.PropertyName ==
        nameof(MainPageViewModel.Status)) {
        statusList.Add(mainPageViewModel.Status);
    }
};

await mainPageViewModel.LoadCommandFunction();
Assert.Equal(2, statusList.Count);
Assert.Equal("Loading...", statusList[0]);
Assert.Equal("Loaded", statusList[1]);
}
```

上述代码监听 MainPageViewModel 的 PropertyChanged 事件。事件触发时,首先判断发生变化的属性名是否为"Status"。如果是"Status",就读取 Status 属性的值并保存到 statusList 列表中。因此,statusList 列表中保存了 Status 属性值的变化情况。利用 statusList 列表,单元测试函数就可以判断 Status 属性的值是否发生了两次改变,以及每次改变是否符合预期。

7.5 练习

1. MVVM 模式现在正逐渐向 MVU(Model-View-Update)模式过渡。请尝试搜索并了解一下什么是 MVU 模式,并解释它与 MVVM 模式之间存在着什么异同。

2. .NET MAUI 事实上自带了依赖注入容器,从而可以简化连接 MVVM 的过程。请搜索一下相关资料,学习如何使用.NET MAUI 自带的依赖注入容器连接 MVVM,并解释这种方法与本章介绍的方法之间存在什么异同。

3. 数据绑定是一种广泛使用的显示数据的方法。请搜索还有哪些开发框架使用了数据绑定技术,并对比一下这些数据绑定技术与.NET MAUI 中的数据绑定存在什么异同。

4. 单元测试对类成员的可访问性具有一定的要求,例如私有(private)成员通常都是无法被单元测试的。那么,如果一定需要测试私有成员,应该做出什么样的修改,才能在尽可能少破坏可访问性限制的前提下,实现对原私有成员的测试呢?

第 8 章

高级 MVVM＋IService 架构技术

视频 ch8/1

    MVVM＋IService 架构是客户端软件开发的标准架构,其广泛应用于各种问题场景中,也因此面临着来自现实应用需求的各类挑战。本章介绍高级 MVVM＋IService 架构技术,涉及值转换器、跨层级调用、ViewModel in ViewModel、跨 ViewModel 数据同步等应用场景。对这些特殊场景的学习,能够深化对 MVVM＋IService 架构的理解,从而更好地使用 MVVM＋IService 架构解决各类开发问题。

8.1　值转换器

8.1.1　正向值转换

    在 MVVM＋IService 架构中,ViewModel 负责为 View 准备数据以便显示,并且这些数据通常表现为 Model。在绝大多数情况下,开发者可以直接将 Model 的数据显示在 View 中。考虑如下的 Model 与 ViewModel:

```csharp
//C#with CommunityToolkit.Mvvm
public class Contact {
    public string FirstName { get; set; }

    public string LastName { get; set; }
}


public partial class MainPageViewModel : ObservableObject {
    public MainPageViewModel() {
        Contact =new Contact {
            FirstName ="Jim", LastName ="Green"
        };
    }

    [ObservableProperty] private Contact _contact;
}
```

则下面的代码直接将联系人的姓氏显示出来:

```xml
<!--XAML, .NET MAUI -->
<Label Text={Binding Contact.LastName}></Label>
```

然而,在某些情况下,开发者可能不能将 Model 的数据直接显示出来,而是首先需要对 Model 的数据进行一些处理,再将处理后的数据显示出来。例如,开发者可能需要显示出联系人的全名,而非分别显示出联系人的名字与姓氏。尽管这一需求可以通过两个紧邻出现的 Label 实现:

```
<!--XAML, .NET MAUI -->
<HorizontalStackLayout>
    <Label Text={Binding Contact.FirstName}></Label>
    <Label Text={Binding Contact.LastName}></Label>
</HorizontalStackLayout>
```

但上述方法实在难称优雅。此时,开发者就可以使用名为"值转换器"的技术处理 ViewModel 提供的数据,并将其以期望的形式显示出来[17]。参考下面的代码:

```
// C#
public class ContactToNameConverter : IValueConverter {
    public object Convert(object value,
        Type targetType,
        object parameter,
        CultureInfo culture) {
        return value is Contact contact
            ? $"{contact.FirstName} {contact.LastName}"
            : "";
    }

    public object ConvertBack(object value,
        Type targetType,
        object parameter,
        CultureInfo culture) {
        throw new NotImplementedException();
    }
}
```

上述代码定义了一个名为 ContactToNameConverter 的值转换器。以.NET MAUI 平台为例,值转换器需要继承 IValueConverter 接口,并因此需要实现 Convert 以及 ConvertBack 两个函数。这里首先关注 Convert 函数,其作用是将 ViewModel 提供的数据转换为 View 真正需要显示的数据。

Convert 函数的 value 参数就是 View 通过数据绑定获得的由 ViewModel 提供的数据。由于 ContactToNameConverter 值转换器的作用是将 Contact 数据转换为"[名字][姓氏]"的形式,因此其只用于处理 value 参数的值是 Contact 类型实例的情况。因此:

```
// C#
value is Contact contact
```

用于判断 value 参数的值是否为 Contact 类型的实例,并且如果 value 参数的值是 Contact 类型的实例,就将其值保存到名为 contact 的变量中。获得 Contact 类型的实例 contact 后,就可以将 Contact 数据转换为"[名字][姓氏]"的形式了:

```
$"{contact.FirstName} {contact.LastName}"
```

如果 value 参数的值并非为 Contact 类型的实例,就直接返回空字符串。

要想在.NET MAUI 的 XAML 中使用值转换器,首先需要将值转换器所在的命名空间注册为 XML 命名空间:

```
<!--XAML, .NET MAUI -->
<ContentPage
    xmlns="http://schemas.microsoft.com/dotnet/2021/maui"
    xmlns:x="http://schemas.microsoft.com/winfx/2009/xaml"
    xmlns:vm="clr-namespace:ValueConverter.ViewModels"
    xmlns:c="clr-namespace:ValueConverter.Converters"
    x:Class="ValueConverter.MainPage"
    x:DataType="vm:MainPageViewModel">
...
```

接下来就可以在 MainPage.xaml 中将值转换器注册为资源对象:

```
<ContentPage.Resources>
    <ResourceDictionary>
        <c:ContactToNameConverter
            x:Key="ContactToNameConverter">
        </c:ContactToNameConverter>
    </ResourceDictionary>
</ContentPage.Resources>
```

最后,开发者可以在数据绑定时调用值转换器:

```
<Label
    Text="{Binding Contact, Converter={StaticResource ContactToNameConverter}}">
</Label>
```

上述代码将 Label 的 Text 属性绑定到 ViewModel 的 Contact 属性,并且指明了需要使用 ContactToNameConverter 转换 Contact 属性的值。这样,开发者就可以将 Contact 数据转换为"[名字][姓氏]"的形式,再显示在 Label 中了,如图 8-1 所示。

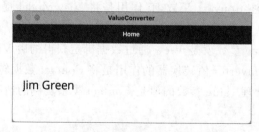

图 8-1　值转换器的显示效果

视频 ch8/2

8.1.2　反向值转换

值转换器的 Convert 函数在数据从绑定源流向绑定目标时执行。绝大多数情况下,绑定源是 ViewModel 的属性，绑定目标则是控件的属性。因此，下面的代码会调用 ContactToNameConverter 的 Convert 函数，将联系人数据转换为"［名字］［姓氏］"的形式显示在 Label 中：

```
<!--XAML, .NET MAUI -->
<Label
    Text="{Binding Contact, Converter={StaticResource ContactToNameConverter}}">
</Label>
```

值转换器还提供 ConvertBack 函数。ConvertBack 函数在数据从绑定目标流向绑定源时执行。考虑下面的代码：

```
<!--XAML, .NET MAUI -->
<Entry
    Text="{Binding Contact, Converter={StaticResource ContactToNameConverter},
Mode=OneWayToSource}">
</Entry>
```

上述代码将 ViewModel 的 Contact 属性绑定到 Entry 控件的 Text 属性，并且额外指定了 Mode 参数，并将其设置为 OneWayToSource。OneWayToSource 表明数据绑定是单向的，并且数据只会从绑定的目标流向绑定源。这意味着，当 ViewModel 的 Contact 属性发生变化时，Entry 控件的 Text 属性并不会发生变化，因为 Mode＝OneWayToSource 导致数据不会从绑定源（即 ViewModel 的 Contact 属性）流向绑定目标（即 Entry 的 Text 属性）。相反，当编辑 Entry 控件的内容，即 Entry 的 Text 属性发生变化时，数据绑定会尝试修改 ViewModel 的 Contact 属性。

然而，由于 Entry 的 Text 属性是 string 类型的，而 ViewModel 的 Contact 属性是 Contact 类型的，因此数据绑定无法直接根据 Text 属性设置 Contact 属性的值。此时便需要依赖 ContactToNameConverter 的 ConvertBack 函数将 string 类型的值转换为 Contact 类型的值。考虑下面的代码：

```
//C#
public class ContactToNameConverter : IValueConverter {
    public object Convert(object value,
        Type targetType,
        object parameter,
        CultureInfo culture) {
        return value is Contact contact
            ? $"{contact.FirstName} {contact.LastName}"
            : "";
    }

    public object ConvertBack(object value,
        Type targetType,
        object parameter,
        CultureInfo culture) {
        if (value is not string v) {
```

```
        return null;
    }

    var split = v.Split(" ");

    if (split.Length < 2) {
        return null;
    }

    return new Contact {
        FirstName = split[0], LastName = split[1]
    };
    }
}
```

上述的 ConvertBack 函数将形如"[名字][姓氏]"的字符串转换为 Contact 类型的实例。为此,ConvertBack 函数首先判断需要转换的值(即 value 参数)是否为 string 类型,并且如果不是 string 类型,就直接返回空。接下来 ConvertBack 函数将 value 的值按照空格进行切分,并判断能否将 value 的值按照空格切分为两部分。如果不能将 value 的值按照空格切分为两部分,就返回空。如果能将 value 的值按照空格切分为两部分,就利用切分得到的两部分创建 Contact 类型的实例。

ConvertBack 函数返回的 Contact 实例会被数据绑定赋值给 ViewModel 的 Contact 属性,并由此导致 Contact 属性的值发生变化。基于这一机制,在下面的代码中,当用户在 Entry 控件中按照"[名字][姓氏]"的格式输入数据后,Label 中就会显示出对应的数据:

```
<!--XAML, .NET MAUI -->
<Entry
    Text="{Binding Contact, Converter={StaticResource ContactToNameConverter},
Mode=OneWayToSource}">
</Entry>

<Label
    Text="{Binding Contact, Converter={StaticResource ContactToNameConverter}}">
</Label>
```

使用值转换器时,需要特别注意绑定的方向。对于属性来讲,绑定的方向通常从 ViewModel 到 View。而对于 Command 来讲,绑定的方向通常从 View 到 ViewModel。只有明确绑定的方向,才能确定应该编写 Convert 函数还是 ConvertBack 函数,从而正确地进行值转换。

视频 ch8/3

8.2 跨层级调用与 MVVM＋IService 架构的本质

MVVM＋IService 架构被广泛采用的一个重要原因是其能帮助开发者形成简洁而优雅的软件设计。需要强调的是,这里所谓的"简洁"并非指"简单"。事实上,由于绝大多数软件都是由数量庞大的类构成的,因此绝大多数软件都不是"简单"的。这里所谓的"简洁",指的是即便软件包含大量的类,开发者依然可以很容易地搞清楚这些类之间的关系。

考虑如图 8-2 所示的软件类结构,其中包含了 View、ViewModel、IService 接口以及

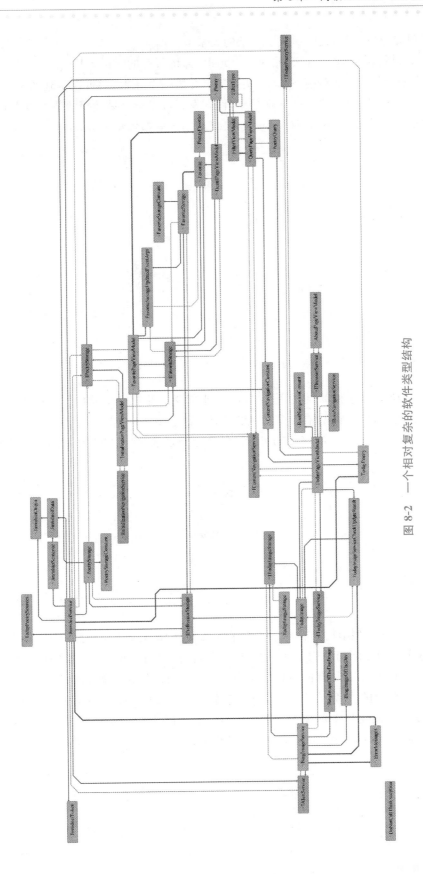

图 8-2 一个相对复杂的软件类型结构

Service 实现类,并且它们之间形成了复杂的关系。

　　然而,如果将所有的 View 合并为一个元素,再将所有的 ViewModel 合并为一个元素,并且将所有的 IService 接口与 Service 实现类合并为一个元素,就可以得到如图 8-3 所示的类型结构。相比于图 8-2,图 8-3 非常简洁,使开发者可以很容易地搞清楚类型之间的关系:ViewModel 依赖于 Service,同时 ViewModel 与 Service 都依赖于 Model。

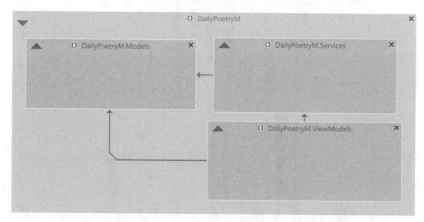

图 8-3　按 Model-ViewModel-Service 组织后的类型结构

　　图 8-3 呈现出的这种简洁的类型结构并非偶然。事实上,所有严格遵循 MVVM＋IService 架构的软件,其类型结构都可以组织成类似于图 8-3 的形式。如果向图 8-3 进一步添加 View,并将 IService 接口与 Service 抽象类分开表示,则可以得到如图 8-4 所示的类型结构。

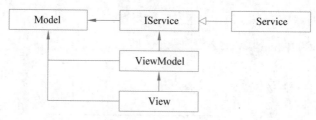

图 8-4　MVVM＋IService 架构的类型结构

　　图 8-4 所示的类型结构具有一个非常重要的特征,即类型之间的关系形成了一个有向无环图。这种有向无环的结构保证了类型之间不存在双向依赖,并且多个类型之间不会形成循环依赖。可以说,这种有向无环的结构正是形成简洁的软件架构的关键。

　　在图 8-4 所示的类型结构中,View 依赖于 ViewModel,ViewModel 则进一步依赖 IService。受到有向无环图的限制,ViewModel 不可以依赖 View,IService 也不可以依赖 ViewModel 或是 View。然而,在实际开发过程中,开发者却面临着一些特殊的情况。考虑下面的代码:

```
// C#
public interface IAlertService {
    void Alert(string content);
```

```
}

public class AlertService : IAlertService {


    public void Alert(string content) {
        AppShell.Current.DisplayAlert("Alert",
            content, "OK");
    }
}

public partial class MainPageViewModel : ObservableObject {
    private readonly IAlertService _alertService;

    public MainPageViewModel(IAlertService alertService) {
        _alertService = alertService;
    }

    [RelayCommand]
    private void Alert() {
        _alertService.Alert("This is an alert.");
    }
}

<!--XAML, .NET MAUI -->
<Button Text="Click me"
        HorizontalOptions="Center"
        Command="{Binding AlertCommand}" />
```

在上述代码中，View 层的 Button 控件依赖于 ViewModel 的 AlertCommand，ViewModel 的 AlertCommand 依赖于 IService 的 Alert 函数。在 IAlertService 的实现类 AlertService 中，Alert 函数会调用 AppShell 的 DisplayAlert 函数。这里，AppShell 是一个 View 层类型，其在 AppShell.xaml 文件中定义。此时便呈现出这样一种情况：IService 接口的 Service 实现类依赖于 View 层的类型，如图 8-5 所示。

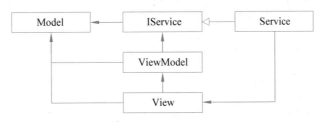

图 8-5 依赖于 View 层类型的 Service

不过，即便发生了上述情况，图 8-5 依然是一个有向无环图。这就决定了图 8-5 所示的类型结构依然是简洁的。这也正是"MVVM＋IService"架构被命名为"＋ IService"而非"＋ Service"的原因。通过让 ViewModel 依赖于 IService 接口而非 Service 实现类，MVVM＋IService 架构确保了类型结构呈现出有向无环图的结构。相反，如果 ViewModel 依赖于

Service 实现类,则很可能导致类型之间的循环依赖,从而使软件结构变得难以理解。

视频 ch8/4

8.3 | ViewModel in ViewModel

第 7 章第 7.3.3 小节曾经介绍过,在 ListView 的 ItemTemplate 中,数据绑定的上下文是 ListView 的每一项,即 Model。如果开发者只是使用 ItemTemplate 显示数据,则不会遇到任何问题。但如果开发者需要在 ItemTemplate 中执行命令,由于 ItemTemplate 的绑定上下文是 Model,而 Model 并不是 ViewModel,并不包含命令,因此也就无法实现在 ItemTemplate 中执行命令。

要解决上述问题,就需要保证 ListView 中的每一项都是 ViewModel。考虑下面的代码:

```C#
//C#
public class Poetry {
    public int Id { get; set; }
    public string Name { get; set; }
    public string Content { get; set; }
}

public class InnerViewModel : ObservableObject {
    private readonly MainPageViewModel _mainPageViewModel;

    public InnerViewModel(
        MainPageViewModel mainPageViewModel) {
        _mainPageViewModel = mainPageViewModel ??
            throw new ArgumentNullException(
                nameof(mainPageViewModel));
    }

    private RelayCommand _deleteCommand;

    public RelayCommand DeleteCommand =>
        _deleteCommand ??= new RelayCommand(() =>
            _mainPageViewModel.RemoveInnerViewModel(this));

    private Poetry _poetry;

    public Poetry Poetry {
        get => _poetry;
        set => SetProperty(ref _poetry, value);
    }
}

public class MainPageViewModel : ObservableObject {
    public ObservableCollection<InnerViewModel>
        InnerViewModels { get; }
```

```
public MainPageViewModel() {
    InnerViewModels =
    new ObservableCollection<InnerViewModel>{
            // ...
    };
}

public void RemoveInnerViewModel(
    InnerViewModel innerViewModel) =>
    InnerViewModels.Remove(innerViewModel);
}
```

上述 MainPageViewModel 包含一个名为 InnerViewModels 的集合，其中的每一项都是 InnerViewModel 类型的实例。InnerViewModel 中包含 Poetry 类型的实例，其作为 Model 提供数据供 ItemTemplate 显示。同时，InnerViewModel 还包含 DeleteCommand，供 ItemTemplate 调用。

DeleteCommand 的功能是将项目从 ListView 中移除。这需要修改 MainPageViewModel 的 InnerViewModels 集合，将需要删除的项目从集合中删除。然而，DeleteCommand 在 InnerViewModel 中定义，而非在 MainPageViewModel 中定义，因此 DeleteCommand 无法访问 InnerViewModels 集合，也因此无法从集合中删除项目。

为实现在 DeleteCommand 中删除 InnerViewModels 集合中的项目，需要 MainPageViewModel 提供 RemoveInnerViewModel 函数，并将需要删除的项目作为参数传递给 RemoveInner-ViewModel 函数。对于 InnerViewModel 来讲，当 DeleteCommand 执行时，需要删除的项目恰好是当前的 InnerViewModel 实例，因此需要将当前实例（即 this）作为参数传递给 RemoveInnerViewModel 函数：

```
//C#
public RelayCommand DeleteCommand =>
    _deleteCommand ??= new RelayCommand(() =>
        _mainPageViewModel.RemoveInnerViewModel(this));
```

对于 RemoveInnerViewModel 函数，其只将项目从 InnerViewModels 集合中删除即可：

```
public void RemoveInnerViewModel(
    InnerViewModel innerViewModel) =>
    InnerViewModels.Remove(innerViewModel);
```

在 View 层，InnerViewModels 集合将作为 ListView 的 ItemsSource，因此 InnerViewModels 集合中的 InnerViewModel 将作为 ItemTemplate 的绑定上下文。此时就可以将 DeleteCommand 绑定到 Button 上了：

```
<!--XAML, .NET MAUI -->
<ListView ItemsSource="{Binding InnerViewModels}">
    <ListView.ItemTemplate>
        <DataTemplate>
```

```
        <ViewCell>
            <StackLayout>
                <Label
                    Text="{Binding Poetry.Name}" />
                <Label
                    Text="{Binding Poetry.Content}" />
                <Button Text="删除"
                        Command="{Binding DeleteCommand}"
                        HorizontalOptions="Start">
                </Button>
            </StackLayout>
        </ViewCell>
    </DataTemplate>
  </ListView.ItemTemplate>
</ListView>
```

上述代码在 MainPageViewModel 中进一步包含由 InnerViewModel 构成的集合,因此被称为 ViewModel in ViewModel。在上述实现中,由于 MainPageViewModel 中包含 InnerViewModel,因此 MainPageViewModel 依赖于 InnerViewModel。另一方面,由于 InnerViewModel 需要调用 MainPageViewModel 的 RemoveInnerViewModel 函数删除项目,因此 InnerViewModel 依赖于 MainPageViewModel。这导致 InnerViewModel 与 MainPageViewModel 之间形成了循环依赖,如图 8-6 所示。

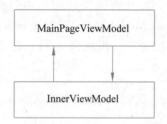

图 8-6　InnerViewModel 与 MainPageViewModel 之间的循环依赖

第 8.2 节曾提到开发者应该避免类型之间形成循环依赖,从而避免形成复杂而难以理解的软件设计。然而,采用 ViewModel in ViewModel 的设计时,开发者经常需要形成 ViewModel 之间的循环依赖。不过,由于这种循环依赖被严格局限在单个 View 所属的 ViewModel 的内部,通常不会外溢到其他 View 所属的 ViewModel 上,因此不会对软件的整体架构产生影响。

视频 ch8/5

8.4　跨 ViewModel 数据同步

开发软件时,开发者经常会遇到这样一种情况:在一个 ViewModel 上执行的命令,会影响另一个 ViewModel 中的数据。例如,用户在添加数据页面向数据库中添加了一条记录,则这条记录需要在数据列表页面中显示出来。实现这一效果最简单的方法是在用户访问数据列表页面时重新从数据库中读取数据。然而,重新读取数据往往需要消耗额外的时间,导致用户必须等待一段时间。如果用户不希望每次访问数据列表页面时都额外等待一段时间,开发者就必须依赖更复杂的方法,使用户添加的记录能够直接出现在数据列表页面中。

　　实现上述目标的一个方法是采用类似 ViewModel in ViewModel 的方法,让添加数据页面的 ViewModel 依赖于数据列表页面的 ViewModel。在添加数据页面 ViewModel 向数据库添加数据之后,再将数据添加到数据列表页面 ViewModel:

```csharp
// C#with CommunityToolkit.Maui
[ObservableObject]
// 作为数据列表页面 ViewModel
public partial class FunctionPageViewModel {
    public ObservableCollection<Poetry>Poetries { get; }

    public FunctionPageViewModel(IPoetryService poetryService) {
        var poetries =poetryService.GetPoetries();
        Poetries =new ObservableCollection<Poetry>();
        foreach (var poetry in poetries) {
            Poetries.Add(poetry);
        }
    }

    public void AddPoetry(Poetry poetry) {
        Poetries.Add(poetry);
    }
}

[ObservableObject]
// 作为添加数据页面 ViewModel
public partial class MainPageViewModel {
    private readonly IPoetryService _poetryService;

    private readonly FunctionPageViewModel _functionPageViewModel;

    public MainPageViewModel(IPoetryService poetryService,
        FunctionPageViewModel functionPageViewModel) {
        _poetryService =poetryService;
        _functionPageViewModel =functionPageViewModel;
    }

    [RelayCommand]
    private void AddPoetry() {
        var id =(int)DateTime.Now.Ticks;
        var poetry =new Poetry {
            Id =id, Name =$"Name {id}", Content =$"Content {id}"
        };
        _poetryService.AddPoetry(poetry);
        _functionPageViewModel.AddPoetry(poetry);
    }
}
```

在上述代码中,添加数据页面 ViewModel 将数据添加到 IService 之后,还需要将数据添加到数据列表页面 ViewModel,即:

```
_poetryService.AddPoetry(poetry);
_functionPageViewModel.AddPoetry(poetry);
```

这种做法虽然能实现"在一个 ViewModel 上执行的命令,会影响另一个 ViewModel 中的数据"这一效果,却造成不同 View 所属的 ViewModel 之间的依赖[①]。这种依赖会导致软件架构变得复杂而难以理解。另一方面,开发者在将数据添加到数据库之后,往往会忘记通知其他 ViewModel,导致软件非常容易出现 Bug。因此,在实际项目中,开发者并不会采用上面的做法。

事实上,上述问题的解决存在着两种标准化的解决方法,即采用事件或消息机制。接下来的小节将分别介绍这两种方法。

8.4.1 使用事件

使用事件实现跨 ViewModel 数据同步的基本思想是:当有新的数据添加到数据库时,由 IService 对外发出事件通知;对该事件感兴趣的 ViewModel 监听需要监听该事件,并在事件发生时做出对应的动作;IService 并不清楚谁在监听事件,只负责发出事件通知,因此 IService 并不依赖于监听事件的 ViewModel,也就不会导致 IService 依赖 ViewModel。

视频 ch8/6

8.4.1.1 定义事件

要使用事件,首先需要定义事件;要定义事件,则首先需要定义事件的参数。事件的参数用于传递与事件有关的数据,其与事件本身的意义直接相关。继续"在添加数据页面向数据库中添加一条记录,则该记录需要在数据列表页面中显示出来"的例子。由于需要将添加的记录显示在数据列表页面,因此事件的参数中应该包含添加的记录。由此可以确定事件参数的形式:

```
//C#
public class PoetryAddedEventArgs : EventArgs {
    public Poetry Poetry { get; }

    public PoetryAddedEventArgs(Poetry poetry)
        => Poetry =poetry;
}
```

这里,PoetryAddedEventArgs 就是事件的参数,其中包含的 Poetry 则代表添加到数据库中的记录。事件参数在不同的语言中具有不同的定义方法。在 C♯语言中,事件参数总是继承自 EventArgs 类。然而,C♯语言并不强制要求事件参数继承自 EventArgs 类。只不过,如果事件参数继承自 EventArgs 类,则定义与处理事件将变得非常容易。

定义好事件参数之后,就可以利用事件参数定义事件了。在 C♯语言中可以直接采用

---

① 作为对比,ViewModel in ViewModel 虽然也造成 ViewModel 之间的依赖,但却将这种依赖局限在同一个 View 所属的 ViewModel 内部。使用 ViewModel in ViewModel 时,不同页面所属的 ViewModel 之间不会形成依赖。

如下的形式定义事件：

```csharp
// C#
public interface IPoetryService {
    public event EventHandler<PoetryAddedEventArgs>
        PoetryAdded;

    public IEnumerable<Poetry>GetPoetries();

    public void AddPoetry(Poetry poetry);
}
```

上述代码定义了事件 PoetryAdded，其事件参数为 PoetryAddedEventArgs 类型。上述代码中的 event 关键字用于定义事件。EventHandler<T>则规定了事件的签名：

```csharp
// C#
public delegate void EventHandler<T>(object sender, T e);
```

上述代码是 EventHandler<T>的定义，其表明事件的处理函数必须接受两个参数，其中第一个参数的类型是 object，第二个参数的类型则是泛型 T，并且函数的返回值必须是 void 类型。

8.4.1.2　调用事件

与类名反映了类的功能一样，事件的名字也需要反映事件的意义。上述代码定义了 PoetryAdded 事件，其代表该事件会在记录添加到数据库之后触发。因此，在 IPoetryService 的 实现类中，开发者需要在将记录添加到数据库之后触发 PoetryAdded 事件：

视频 ch8/7

```csharp
//C#
public class PoetryService : IPoetryService {
    public event EventHandler<PoetryAddedEventArgs>
        PoetryAdded;

    private List<Poetry> _poetries =new() {
        new Poetry
            { Id =1, Name ="Name 1", Content ="Content 1" },
        new Poetry
            { Id =2, Name ="Name 2", Content ="Content 2" },
        new Poetry
            { Id =3, Name ="Name 3", Content ="Content 3" }
    };

    public IEnumerable<Poetry>GetPoetries() =>_poetries;

    public void AddPoetry(Poetry poetry) {
        _poetries.Add(poetry);
        PoetryAdded? .Invoke
            (this, new PoetryAddedEventArgs(poetry));
    }
}
```

上述代码使用"?."操作符调用事件。这是由于如果事件没有关联处理函数,则 PoetryAdded 的值为空。此时直接调用事件会触发空引用异常。如果事件关联了处理函数,则需要按照事件的签名调用事件。由于 PoetryAdded 事件被规定为 EventHandler<PoetryAddedEventArgs>,即:

```csharp
// C#
public delegate
    void EventHandler<PoetryAddedEventArgs>(
        object sender, PoetryAddedEventArgs e);
```

其要求传递两个参数,类型分别是 object 以及 PoetryAddedEventArgs,因此,在调用 PoetryAdded 事件时,需要使用如下的形式:

```csharp
// C#
PoetryAdded? .Invoke(this, new PoetryAddedEventArgs(poetry));
```

其中,this 对应于 object 类型的参数 sender,代表触发事件的对象。在 C♯ 语言中,事件的第一个参数 sender 总是代表调用事件的对象。这样,在有需要的时候,开发者就可以通过 sender 参数操作调用事件的对象。new PoetryAddedEventArgs(poetry)则创建了 PoetryAddedEventArgs 类型的实例,并传递了刚刚添加到数据库的新记录作为参数。

那么,调用事件究竟意味着什么呢? 要回答这一问题,就需要了解如何处理事件。

8.4.1.3　处理事件

视频 ch8/8

作为数据列表页的 ViewModel,FunctionPageViewModel 会处理 IPoetryService 的 PoetryAdded 事件:

```csharp
// C#
[ObservableObject]
public partial class FunctionPageViewModel {
    public ObservableCollection<Poetry>Poetries { get; }

    public FunctionPageViewModel(
        IPoetryService poetryService) {
        var poetries =poetryService.GetPoetries();
        Poetries =new ObservableCollection<Poetry>();
        foreach (var poetry in poetries) {
            Poetries.Add(poetry);
        }

        poetryService.PoetryAdded +=
            (sender, args) =>Poetries.Add(args.Poetry);
    }
}
```

处理事件时,开发者需要使用"＋＝"操作符将事件关联到事件的处理函数。这里, PoetryAdded 事件被关联到一个匿名的事件处理函数:

```csharp
// C#
(sender, args) =>Poetries.Add(args.Poetry);
```

由于 PoetryAdded 事件被规定为 EventHandler＜PoetryAddedEventArgs＞，即：

```csharp
// C#
public delegate
    void EventHandler<PoetryAddedEventArgs>(
        object sender, PoetryAddedEventArgs e);
```

因此 PoetryAdded 事件的处理函数必须接受类型为 object 与 PoetryAddedEventArgs 的两个参数。如此，上述匿名函数的两个参数 sender 与 args 的类型就分别为 object 与 PoetryAddedEventArgs。如果不使用匿名函数，则上述代码可以写为如下的形式：

```csharp
// C#
// ...
poetryService.PoetryAdded +=OnPoetryAdded;
// ...

private void OnPoetryAdded(object sender,
    PoetryAddedEventArgs e) =>Poetries.Add(e.Poetry);
```

由于 PoetryAddedEventArgs 中包含了刚刚添加到数据库的新记录，因此数据列表页的 ViewModel 可以直接将该记录添加到 Poetries 集合中。

将事件处理函数关联到事件之后，一旦 PoetryAdded 事件被调用，就相当于调用了事件的处理函数。因此，PoetryService 在 AddPoetry 函数中调用 PoetryAdded 事件：

```csharp
//C#
PoetryAdded?.Invoke(this, new PoetryAddedEventArgs(poetry));
```

就相当于直接调用了事件的处理函数：

```csharp
//C#
Poetries.Add(args.Poetry);
```

从而可以将刚刚添加到数据库的 poetry 对象再添加到数据列表页 ViewMode 的 Poetries 集合中。

事件的有趣之处在于，其能在不造成类型之间额外依赖的基础之上，实现类型之间的调用。在上面的例子中，作为数据列表页 ViewModel 的 FunctionPageViewModel 依赖于 IPoetryStorage 类型，其表现为 FunctionPageViewModel 的构造函数依赖 IPoetryStorage 接口：

```csharp
//C#
public FunctionPageViewModel(IPoetryService poetryService) {
    // ...
```

而 IPoetryStorage 及其实现类 PoetryStorage 并不依赖于 FunctionPageViewModel 类型，其表现为 IPoetryStorage 与 PoetryStorage 中不包含任何与 FunctionPageViewModel 有关的代码。这意味着，FunctionPageViewModel 与 IPoetryStorage 之间的依赖关系是单

向的,即 FunctionPageViewModel 单向地依赖于 IPoetryStorage 类型。

然而,FunctionPageViewModel 通过将事件处理函数关联到 PoetryAdded 事件,却能够实现让 PoetryStorage 调用自身提供的事件处理函数:

```
//C#
poetryService.PoetryAdded +=
    (sender, args) =>Poetries.Add(args.Poetry);
```

这意味着,IPoetryStorage 及其实现类 PoetryStorage 能在完全不了解 FunctionPage-ViewModel 的情况下,调用 FunctionPageViewModel 中的代码。这正是事件最大的价值。

8.4.2 使用消息机制

消息机制与事件有很多相似之处,其基本思想也是在新的数据添加到数据库时,由 IService 对外发出消息通知。对消息感兴趣的 ViewModel 也需要监听该消息并做出对应的动作。IService 同样不清楚谁在监听消息,而是只负责发出消息通知。这样,IService 也不会依赖于监听事件的 ViewModel。

视频 ch8/9

8.4.2.1 定义消息

与使用事件首先需要定义事件参数类似,使用消息机制首先需要定义消息。不过,事件机制是.NET 框架提供的,因此开发者可以直接继承 EventArgs 这一.NET 框架内置的类型来定义事件参数。相比之下,消息机制则依赖于第三方提供的消息框架。这里以 CommunityToolkit.Mvvm 提供的消息框架为例,其采用如下的形式定义消息:

```
//C#with CommunityToolkit.Mvvm
public class PoetryAddedMessage
    : ValueChangedMessage<Poetry>{
        public PoetryAddedMessage(Poetry value) : base(value) { }
}
```

这里,ValueChangedMessage 是 CommunityToolkit.Mvvm 提供的类型,其作为消息的基类,作用类似于 EventArgs 之于事件。ValueChangedMessage 表示"值改变消息",代表某个值发生了改变。ValueChangedMessage<T>的泛型参数 T 则给出了发生改变的值的类型。

视频 ch8/10

8.4.2.2 发送消息

不同于定义事件时需要先定义事件参数再定义事件,开发者只定义好消息,就可以直接使用消息机制发送和处理消息了。以 CommunityToolkit.Mvvm[18] 提供的消息框架为例,开发者可以通过 WeakReferenceMessenger 发送消息:

```
// C#with CommunityToolkit.Mvvm
public class PoetryService : IPoetryService {
    private List<Poetry> _poetries =new() {
        new Poetry
            { Id =1, Name ="Name 1", Content ="Content 1" },
        new Poetry
```

```
            { Id = 2, Name = "Name 2", Content = "Content 2" },
        new Poetry
            { Id = 3, Name = "Name 3", Content = "Content 3" }
    };

    public IEnumerable<Poetry> GetPoetries() => _poetries;

    public void AddPoetry(Poetry poetry) {
        _poetries.Add(poetry);
        WeakReferenceMessenger.Default.Send(
            new PoetryAddedMessage(poetry));
    }
}
```

这里，PoetryService 由于调用了 WeakReferenceMessenger 而形成对该类型的依赖。不过，由于 WeakReferenceMessenger 是开发框架提供的类型，并且 WeakReferenceMessenger 与 PoetryService 的业务无关，只用于发送消息，因此 PoetryService 与 WeakReferenceMessenger 之间的依赖并没有增加开发者理解 PoetryService 的难度。作为类比，PoetryService 也依赖 Poetry 类型传递数据，还依赖 List 类型在 PoetryService 内部保存数据。但这些依赖也没有增加开发者对 PoetryService 的理解。

8.4.2.3　处理消息

处理消息的方法与处理事件类似。以 CommunityToolkit.Mvvm 提供的消息框架为例，开发者采用如下的方法处理消息：

视频 ch8/11

```
//C# with CommunityToolkit.Mvvm
[ObservableObject]
public partial class FunctionPageViewModel {
    public ObservableCollection<Poetry> Poetries { get; }

    public FunctionPageViewModel(
        IPoetryService poetryService) {
        var poetries = poetryService.GetPoetries();
        Poetries = new ObservableCollection<Poetry>();
        foreach (var poetry in poetries) {
            Poetries.Add(poetry);
        }

        WeakReferenceMessenger.Default
            .Register<PoetryAddedMessage>(this,
                (recipient, message) =>
                    Poetries.Add(message.Value));
    }
}
```

开发者使用 Register 函数告知消息机制当前对象 this 会监听 PoetryAddedMessage 类型的消息。消息机制接收到 PoetryAddedMessage 类型的消息时，会调用开发者传递给 Register 函数的匿名函数，即：

```
// C#
(recipient, message) =>Poetries.Add(message.Value));
```

这里,recipient 参数是事件的接收对象。在上面的代码中,recipient 就是 FunctionPageViewModel 实例,也就是开发者调用 Register 函数时传递的第一个参数 this。message 则是消息对象,即 PoetryAddedMessage 实例。由于 PoetryAddedMessage 继承自 ValueChangedMessage＜Poetry＞:

```
AddedMessage 继承自 ValueChangedMessage< Poetry>:
//C#with CommunityToolkit.Mvvm
public class PoetryAddedMessage
    : ValueChangedMessage< Poetry>{
    public PoetryAddedMessage(Poetry value) : base(value) { }
}
```

因此 PoetryAddedMessage 继承了 ValueChangedMessage 中定义的属性 Value,其类型为 Poetry。这样,开发者就可以获得刚刚添加到数据库的 poetry 对象了。

FunctionPageViewModel 与 PoetryService 一样调用了 WeakReferenceMessenger 而形成对该类型的依赖。不过,再一次地,由于 WeakReferenceMessenger 是开发框架提供的类型,并且 WeakReferenceMessenger 与 FunctionPageViewModel 的业务无关,因此并没有增加开发者理解 FunctionPageViewModel 的难度。

从上面的例子看,使用事件和消息机制似乎并没有太大的不同。然而,事件和消息机制还是存在着很多不同的。首先,事件是在类型中定义的。要想处理某一事件,就必须引用该类型。在第 8.4.1 小节的例子中,PoetryAdded 事件定义在 IPoetryService 中。如果想处理 PoetryAdded 事件,就必须首先获得 IPoetryService 类型的实例,从而形成对 IPoetryService 类型的依赖。而消息则是独立定义的。要想处理某一消息,只需要直接向消息机制注册,而不会引入对其他类型的依赖[①]。

其次,事件的触发者是明确的。在第 8.4.1 小节的例子中,FunctionPageViewModel 首先获得了 IPoetryService 类型的实例,再处理其 PoetryAdded 事件:

```
// C#
[ObservableObject]
public partial class FunctionPageViewModel {
    public FunctionPageViewModel(
        IPoetryService poetryService) {
        //...
        poetryService.PoetryAdded +=
            // ...
    }
}
```

这意味着,一旦 PoetryAdded 事件触发,则一定是 poetryService 触发的。相比之下,消

---

① 再次,消息类型和消息机制并不属于 MVVM＋IService 架构的一部分,因此不算作依赖。

息的发送者是不明确的。在第 8.4.2 小节的例子中，FunctionPageViewModel 无从知晓谁
发送了 PoetryAddedMessage：

```
//C#with CommunityToolkit.Mvvm
[ObservableObject]
public partial class FunctionPageViewModel {
    public FunctionPageViewModel(
        IPoetryService poetryService) {
        // ...
        WeakReferenceMessenger.Default
            .Register<PoetryAddedMessage>(this,
                (recipient, message) =>
                    Poetries.Add(message.Value));
    }
}
```

最后，事件的发送者与接收者之间是一对多的关系，即一个对象的事件总是由该对象触
发，但可能被多个对象监听。消息的发送者与接收者之间则是多对多关系，即一个消息可以
由多个对象发送，也可以被多个对象接收。

总体而言，由于事件在类型中定义，具有明确的触发者，并且具有相对简单的一对多关
系，因此更容易被开发者理解，也更容易反映软件的工作逻辑。消息是独立定义的，其发送
者通常不明确，并且具有复杂的多对多关系，因此不太容易被理解，也导致难以理解软件的
工作逻辑。在实际开发中，开发者应该尽可能选用事件。只有事件无法满足需求时，开发者
才应该考虑使用消息机制。

8.5　练习

1. 数据绑定技术与值转换技术总是紧密相连的。请查找一下其他支持数据绑定技术
的开发框架，看看它们是如何运用值转换技术的。

2. 并非所有采用数据绑定技术的开发框架都使用类似于 ViewModel in ViewModel 的
方法显示数据。以微信小程序开发平台为例，请研究一下该平台如何实现类似于
ViewModel in ViewModel 的效果。

3. 事件和消息机制只能实现进程内的通信。请查找一下，如果需要在进程之间通信，
应采用什么技术？请对比一下这种技术和事件，以及消息机制之间的区别。

4. 继续上面的问题，如果不同计算机之间需要通信，又应使用什么技术？

第 9 章

提升用户体验的开发方法

视频 ch9/1

应用中总会存在一些比较耗时的操作，例如从网络下载最新的背景图片，或是计算一个比较复杂的公式。在这些操作完成之前，用户往往只能等待，从而给用户造成不好的使用体验。本章介绍一些能够提升用户体验的开发方法，涉及如何使用多线程开发方法并行地执行代码，以及使用缓存提升数据的访问速度。除此之外，本章最后还介绍如何使用平台功能，包括如何访问文件、使用嵌入式资源以及获取设备与传感器信息。

9.1 多线程开发方法

程序通常是顺序执行的，即先执行完一行代码，再执行下一行代码。这种顺序的执行方式在绝大多数情况下都是正确的。然而，有些时候，开发者却希望程序不要顺序执行。考虑下面的 ViewModel：

```csharp
//C#with CommunityToolkit.Mvvm
[ObservableObject]
public partial class MainPageViewModel {
    private readonly ITodayPoetryService _todayPoetryService;

    private readonly ITodayImageService _todayImageService;

    public MainPageViewModel(
        ITodayPoetryService todayPoetryService,
        ITodayImageService todayImageService) {
        _todayPoetryService =todayPoetryService;
        _todayImageService =todayImageService;
    }

    [ObservableProperty] private string _snippet;

    [ObservableProperty] private ImageSource _imageSource;

    [RelayCommand]
    private async Task UpdateAsync() {
        var todayImage =
            await _todayImageService.GetTodayImageAsync();
        ImageSource =
```

```
        Microsoft.Maui.Controls.ImageSource.FromStream(
            () => new MemoryStream(todayImage.ImageBytes));

    var todayPoetry =
        await _todayPoetryService.GetTodayPoetryAsync();
    Snippet = todayPoetry.Snippet;
    }
}
```

上述 UpdateAsync 函数首先调用 ITodayImageService 接口的 GetTodayImageAsync 函数以获得背景图片，再调用 ITodayPoetryService 接口的 GetTodayPoetryAsync 函数以获得推荐的诗词，其执行效果如图 9-1 所示。

图 9-1　诗词与背景图片

然而，上述 UpdateAsync 函数的问题在于，获得背景图片与获得诗词推荐是顺序执行的，即只有获得背景图片之后，才能获得诗词推荐。用于获得背景图片的 GetTodayImageAsync 函数的实现为：

```
// C#
public async Task<TodayImage> GetTodayImageAsync() {
    var httpClient = new HttpClient();

    HttpResponseMessage response;
    try {
        response = await httpClient.GetAsync(
"https://www.bing.com/HPImageArchive.aspx?format=js&idx=0&n=1&mkt=zh-CN");
        response.EnsureSuccessStatusCode();
    } catch (Exception e) {
        _alertService.Alert(e.Message);
        return new TodayImage();
    }

    var json = await response.Content.ReadAsStringAsync();
    var bingObject = JsonSerializer.Deserialize<Bing>(json);
    var url = "https://www.bing.com" +
```

```
        bingObject.images.First().url;

    try {
        response =await httpClient.GetAsync(url);
        response.EnsureSuccessStatusCode();
    } catch (Exception e) {
        _alertService.Alert(e.Message);
        return new TodayImage();
    }

    return new TodayImage {
        ImageBytes =await
            response.Content.ReadAsByteArrayAsync()
    };
}
```

上述代码访问必应每日图片 API 获得图片的地址,再访问图片地址获得图片。由于需要发起总计两次网络访问请求,因此上述代码的执行需要消耗一定的时间,导致用户单击"Update"按钮后,总要等一段时间才能看到背景图片。另一方面,用于获得诗词推荐的GetTodayPoetryAsync 函数的执行也需要一定的时间:

```
// C#
public async Task<TodayPoetry>GetTodayPoetryAsync() {
    var httpClient =new HttpClient();

    HttpResponseMessage response;
    try {
        response =
            await httpClient.GetAsync(
                "https://v2.jinrishici.com/token");
        response.EnsureSuccessStatusCode();
    } catch (Exception e) {
        _alertService.Alert(e.Message);
        return new TodayPoetry {Snippet ="无寻处,唯有少年心"};
    }

    var json =await response.Content.ReadAsStringAsync();
    var tokenObject =JsonSerializer.Deserialize<Token>(
        json);
    var token =tokenObject.data;

    httpClient.DefaultRequestHeaders.Add(
        "X-User-Token", token);
    try {
        response =
            await httpClient.GetAsync(
                "https://v2.jinrishici.com/sentence");
        response.EnsureSuccessStatusCode();
    } catch (Exception e) {
```

```
            _alertService.Alert(e.Message);
            return new TodayPoetry { Snippet ="无寻处,唯有少年心" };
    }

    json =await response.Content.ReadAsStringAsync();
    var sentenceObject =JsonSerializer
        .Deserialize<Sentence>(json);
    return new TodayPoetry
        {Snippet =sentenceObject.data.content};
}
```

GetTodayPoetryAsync 函数首先需要访问今日诗词的 Token API 以获得访问令牌,再访问 Sentence API 以获得诗词推荐。GetTodayPoetryAsync 函数也需要发起两次网络访问请求,其执行也需要消耗一定的时间,导致用户在等待背景图片加载完成之后,还需要再等待一段时间才能看到诗词推荐的内容。这种"先等待背景图片加载,再等待诗词推荐加载"的过程显然带来了不好的使用体验。

改进上述使用体验的方法,是将"先获得背景图片,再获得诗词推荐"的顺序执行过程,改为"同时获得背景图片和诗词推荐"的并行执行过程,让程序同时获得背景图片和诗词推荐。此时就需要使用多线程开发方法,使用两个线程分别获得背景图片与诗词推荐。

9.1.1　线程的创建

视频 ch9/2

支持多线程编程的语言大多采用类似的方法创建线程。考虑如下没有使用多线程的代码:

```
// C#
var todayImage =
    await _todayImageService.GetTodayImageAsync();
ImageSource =
    Microsoft.Maui.Controls.ImageSource.FromStream(
        () =>new MemoryStream(todayImage.ImageBytes));

var todayPoetry =
    await _todayPoetryService.GetTodayPoetryAsync();
Snippet =todayPoetry.Snippet;
```

下面的代码说明了如何在 C♯语言中创建线程:

```
// C#
var imageThread =new Thread(async () =>{
    var todayImage =await _todayImageService
    .GetTodayImageAsync();
    ImageSource =
        Microsoft.Maui.Controls.ImageSource.FromStream(() =>
            new MemoryStream(todayImage.ImageBytes));
});

var poetryThread =new Thread(async () =>{
```

```
    var todayPoetry = await _todayPoetryService
        .GetTodayPoetryAsync();
    Snippet = todayPoetry.Snippet;
});
```

对比上述两段代码可以看到,要创建线程,在创建线程对象时,将需要运行的代码以匿名函数的形式传递给 Thread 类的构造函数即可。

创建好线程之后,还需要启动线程。下面的代码说明了如何启动 imageThread 与 poetryThread 两个线程:

```
// C#
imageThread.Start();
poetryThread.Start();
```

即,要启动线程,只需要调用线程的 Start 函数。以 imageThread 为例,在调用 Start 函数之后,imageThread 会在单独的线程里执行,并开始获得背景图片。与此同时,程序会继续执行下一行代码,即调用 poetryThread 的 Start 函数,导致 poetryThread 在单独的线程里执行并获得诗词推荐。这样就实现了"同时获得背景图片和诗词推荐"。

上述代码通过创建并启动线程的方法实现"获得背景图片"与"获得诗词推荐"的并行执行。除上述方法外,C♯语言还提供了另一种方法实现并行执行。考虑下面的代码:

```
// C#
Task.Run(async () => {
    var todayImage = await _todayImageService
        .GetTodayImageAsync();
    ImageSource = Microsoft.Maui.Controls.ImageSource
        .FromStream(() =>
            new MemoryStream(todayImage.ImageBytes));
});

Task.Run(async () => {
    var todayPoetry = await
        _todayPoetryService.GetTodayPoetryAsync();
    Snippet = todayPoetry.Snippet;
});
```

上述代码调用 Task 类的静态函数 Run,并通过匿名函数传递需要执行的代码。传递给 Task.Run 函数的代码也会并行执行。

尽管 new Thread 再 Start 与 Task.Run 都能实现并行执行代码,二者存在着一个根本的区别。new Thread 会创建新的线程,并在新的线程里执行代码。创建新的线程会带来一定的开销,导致 new Thread 的性能不如 Task.Run。但开发者事实上可以创建任意数量的线程,从而赋予开发者更大的灵活性。

相反,Task.Run 并不一定会创建新的线程[1]。这里的问题在于,Task.Run 是如何做到

---

① 为了降低阅读难度,这里对 Task.Run 的解释并不准确,而是进行了高度的简化。要想了解 Task.Run 的完整机制,请参考参考文献[19]对异步编程模型的解释。

既不创建新的线程,又能在单独线程里执行代码的呢? 答案是,C#的运行时在启动时会自动创建一定数量的线程用于执行 Task。当开发者调用 Task.Run 函数时,实际上会调用这些已经存在的线程来执行代码。这就意味着,开发者不必承担创建新线程所带来的开销,从而获得更好的性能。不过,用于执行 Task 的线程数量是有限的。当有太多的 Task 需要执行时,.NET 就必须额外创建新的线程,从而带来开销[①]。同时,多数语言都不提供类似 C#语言的 Task 机制,而只提供 Thread。

　　总的来讲,使用 Thread 实现并行执行是一种被多数语言所支持的通用方案。其优点在于,开发者可以创建任意数量的 Thread,其缺点则是 Thread 的创建与销毁都需要额外占用一定的资源。使用 Task 实现并行执行是 C#等少数语言支持的方法。其优点在于使用方便,同时性能更好,缺点则在于同时可以执行的 Task 数量有限。

9.1.2　线程冲突

视频 ch9/3

　　使用多线程时,经常遇到的一种情况是多个线程需要访问同一个变量。考虑如下的场景: 一个网络爬虫程序需要爬取 10000 个网页。需要爬取的网页保存在一个 List 中:

```csharp
// C#
private List<string> _urls =
    Enumerable.Range(0, 10000)
        .Select(p => p.ToString()).ToList();
```

　　上述代码生成了一个包含 10000 个字符串的 List,用于模拟需要爬取的网页。接下来,Download 函数会模拟爬取网页的过程: 创建 10 个线程,每个线程都从 _url 中取出一个网址,随机休眠 0~4 毫秒以模拟下载的过程,再将已下载 URL 的计数加 1:

```csharp
// C#
private void Download() {
    var threads = Enumerable.Range(0, 10)
        .Select(p => new Thread(() => {
        var random = new Random();
        while (true) {
            var url = _urls.FirstOrDefault();
            if (string.IsNullOrWhiteSpace(url)) {
                return;
            }

            _urls.Remove(url);

            // Download url
            Thread.Sleep(random.Next(5));

            NumberUrlDownloaded++;
        }
    })).ToArray();
```

---

①　同时,一些 I/O 操作如读写磁盘并不需要线程就能实现异步操作,详情请参考微软官方文档。

```
    foreach (var thread in threads) {
        thread.Start();
    }
}
```

上述代码的执行效果如下：

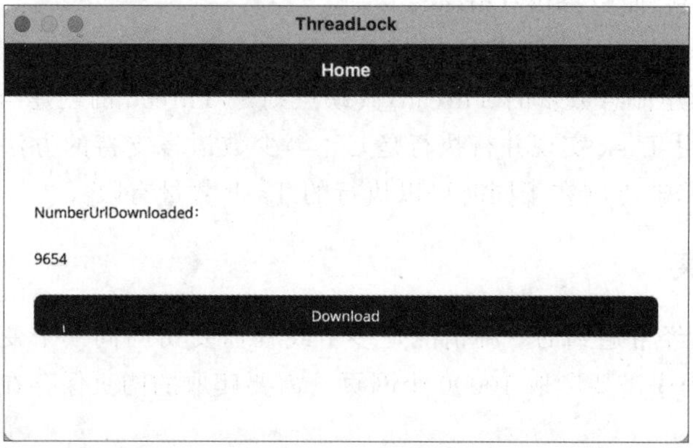

图 9-2　模拟爬虫程序的执行结果

上述执行结果的有趣之处在于，原本下载 10000 个网页，得到的 URL 计数也应该是 10000，但却只得到 9654 个计数。如果重复运行 10 次上述程序并记录下结果，会发现结果总是小于 10000，如表 9-1 所示。

表 9-1　模拟爬虫程序的 10 次执行结果

运行次数	计数结果	运行次数	计数结果
1	9707	6	9734
2	9673	7	9675
3	9742	8	9657
4	9664	9	9724
5	9698	10	9653

产生这种情况的一个很重要的原因在于下面的代码：

```
// C#
NumberUrlDownloaded++;
```

上述代码实际上会执行 3 步操作：

(1) 取出 NumberUrlDownloaded 的值，例如 0；

(2) 将取出的值加 1，即 0+1=1；

(3) 将计算得到的值赋值给 NumberUrlDownloaded，此时 NumberUrlDownloaded 的值变为 1。

如果应用程序中只有一个线程在执行上述操作，则不会产生什么问题。但如果应用程

序中的多个线程同时执行上述操作,则会产生难以预料的结果。假设应用程序中有两个线程在执行上述操作,则可能产生如下的情况:

（1）假设 NumberUrlDownloaded 的值为 0；

（2）第 1 个线程取出了 NumberUrlDownloaded 的值,即 0；

（3）第 2 个线程取出了 NumberUrlDownloaded 的值,即 0；

（4）第 1 个线程将取出的值加 1,即 0+1＝1；

（5）第 2 个线程将取出的值加 1,即 0+1＝1；

（6）第 1 个线程将计算得到的值 1 赋值给 NumberUrlDownloaded,此时 NumberUrlDownloaded 的值为 1；

（7）第 2 个线程将计算得到的值 1 赋值给 NumberUrlDownloaded,此时 NumberUrlDownloaded 的值为 1。

在上面的过程中,NumberUrlDownloaded＋＋被两个线程分别执行了一遍,其结果原本应该让 NumberUrlDownloaded 的值从 0 变为 2,但实际上却变为 1,即最终计算的结果要小于原本应有的结果。这就是由多个线程访问同一变量所带来的线程冲突问题。

9.1.3　线程锁

视频 ch9/4

解决线程冲突的一种方法是使用线程锁。线程锁用于锁定变量,从而确保同一时刻只有一个线程能访问变量。考虑下面的代码:

```csharp
// C#
private void Download() {
    var threads =Enumerable.Range(0, 10).Select(
        p =>new Thread(() => {
        var random =new Random();
        while (true) {
            var url = _urls.FirstOrDefault();
            if (string.IsNullOrWhiteSpace(url)) {
                return;
            }

            _urls.Remove(url);

            Thread.Sleep(random.Next(5));

            lock (_lock) {
                NumberUrlDownloaded++;
            }
        }
    })).ToArray();
    foreach (var thread in threads) {
        thread.Start();
    }
}

private volatile object _lock =new object();
```

上述代码定义了一个 object 类型的变量 _lock 充当线程锁，在获得并修改 NumberUrlDownloaded 的值之前，要求线程首先获得线程锁。这样，同一时刻只能有一个线程可获得并修改 NumberUrlDownloaded 的值，从而避免了线程冲突。

然而，上述修改并没有解决问题。将上述代码运行 10 次，所得结果如表 9-2 所示。

表 9-2　修改后的模拟爬虫程序的 10 次执行结果

运行次数	计数结果	运行次数	计数结果
1	10007	6	10007
2	10005	7	10005
3	10005	8	10007
4	10003	9	10005
5	10007	10	10002

这是由于上述代码还有一处线程冲突。考虑下面的代码：

```csharp
// C#
var url = _urls.FirstOrDefault();
if (string.IsNullOrWhiteSpace(url)) {
    return;
}

_urls.Remove(url);
```

对于上述代码，多个线程可能同时从 _urls 中取出当前的第一个网址，导致这个网址被重复下载，从而使 NumberUrlDownloaded 的数量超过 10000。要解决这一问题，就需要对上述代码也添加线程锁：

```csharp
// C#
private void Download() {
    var threads = Enumerable.Range(0, 10).Select(
        p => new Thread(() => {
        var random = new Random();
        while (true) {
            lock (_lock) {
                var url = _urls.FirstOrDefault();
                if (string.IsNullOrWhiteSpace(url)) {
                    return;
                }

                _urls.Remove(url);
            }

            // Download url
            Thread.Sleep(random.Next(5));

            lock (_lock) {
```

```
            NumberUrlDownloaded++;
        }
    }
})).ToArray();
foreach (var thread in threads) {
    thread.Start();
}
}
```

此时,NumberUrlDownloaded 就能正确地统计已下载 URL 的数量了,如图 9-3 所示。

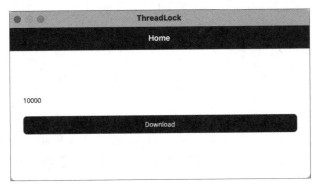

图 9-3　解决线程冲突问题后的模拟爬虫程序的执行结果

一个值得注意的问题是,定义线程锁对象_lock 时,需要使用 volatile 关键字:

```
// C#
private volatile object _lock =new object();
```

volatile 关键字可以确保所有线程都能正确地获得线程锁对象。关于 volatile 关键字的原理,可以查阅微软公司提供的技术文档。

9.1.4　双重检查锁

视频 ch9/5

9.1.3 小节介绍了如何使用线程锁解决由多个线程同时访问同一变量所导致的线程冲突问题。这种方法适用于变量需要被多次修改的情况。但有些时候,变量只需要被修改一次,却依然有多个线程希望获得修改该变量的机会。例如,在设置窗口的背景图片时,开发者可以使用多个线程从多个不同的网址获得背景图片。但背景图片只需要设置一次,即一旦某个线程设置了背景图片,其他线程就不需要设置背景图片了。上述例子可以表述为如下的代码:

```
1   // C#with CommunityToolkit.Mvvm
2   [RelayCommand]
3   private void SetBackground() {
4       var threads =Enumerable.Range(0, 3).Select(
5           p =>new Thread(() =>{
6           var random =new Random();
7           Thread.Sleep(random.Next(1000));
```

```
8
9              if (_hasBackground) {
10                 return;
11             }
12
13             var url = _urls[p];
14             // Download url
15             Thread.Sleep(random.Next(5));
16             BackgroundUrl = url;
17             _hasBackground = true;
18         }));
19
20     foreach (var thread in threads) {
21         thread.Start();
22     }
23 }
```

上述第 9 行代码首先检查是否设置了背景图片。如果没有设置背景图片,就下载并设置背景图片。与前面的线程冲突类似,上述代码也容易产生线程冲突,导致背景图片被多次设置。解决上述问题的方法之一是使用线程锁确保只有一个线程能设置背景图片:

```
// C# with CommunityToolkit.Mvvm
[RelayCommand]
private void SetBackground() {
    var threads = Enumerable.Range(0, 3).Select(
        p => new Thread(() => {
        var random = new Random();
        Thread.Sleep(random.Next(1000));

        lock (_backgroundLock) {
            if (_hasBackground) {
                return;
            }

            var url = _urls[p];
            // Download url
            Thread.Sleep(random.Next(5));
            BackgroundUrl = url;
            _hasBackground = true;
        }
    }));

    foreach (var thread in threads) {
        thread.Start();
    }
}
```

在绝大多数情况下,上述代码已经可以解决问题。不过,上述代码还有一个不足之处:在每次检查是否已经设置了背景图片(即判断_hasBackground 变量的值)之前,都需要获得锁。如果获得锁所造成的开销可以忽略不计，则这样做就不会导致问题。但如果获得锁的开销比较大，例如需要获得分布式锁，那么开发者就可以采用"双重检查锁"改进程序的性能。下面的代码说明了如何使用双重检查锁改进上述代码：

```
if (_hasBackground) {
    return;
}

lock (_backgroundLock) {
    if (_hasBackground) {
        return;
    }

    var url = _urls[p];
    // Download url
    Thread.Sleep(random.Next(5));
    BackgroundUrl = url;
    _hasBackground = true;
}
```

上述代码在获得锁之前，首先检查一次_hasBackground 的值。如果此时已经设置了背景图片，就不需要再获得锁，从而节省了获得锁所造成的开销。如果尚未设置背景图片，则正常获得锁，并执行检查与设置背景图片的操作。

双重检查锁只适用于变量只需要修改一次，并且获得锁的开销比较大的场景。如果获得锁的开销可以忽略不计，则不必使用双重检查锁。

9.2　缓存

视频 ch9/6

在开发应用时，经常会遇到这样一类数据，它们的获取成本比较高，同时使用比较频繁。如果每次使用这类数据都需要重新获取，往往会造成许多问题。考虑如下的 GetTodayPoetryAsync 函数。按照 Web 服务的要求，GetTodayPoetryAsync 函数首先需要访问 Token API 以获得访问令牌，再访问 Sentence API 以获得诗词推荐：

```
// C#
public async Task<TodayPoetry> GetTodayPoetryAsync() {
    var httpClient = new HttpClient();

    HttpResponseMessage response;
    try {
        response =
            await httpClient.GetAsync(
                "https://v2.jinrishici.com/token");
        response.EnsureSuccessStatusCode();
    } catch (Exception e) {
        // ...
    }
```

```
var json =await response.Content.ReadAsStringAsync();
var tokenObject =JsonSerializer.Deserialize<Token>(
    json);
var token =tokenObject.data;

httpClient.DefaultRequestHeaders.Add(
    "X-User-Token", token);
try {
    response =
        await httpClient.GetAsync(
            "https://v2.jinrishici.com/sentence");
    response.EnsureSuccessStatusCode();
} catch (Exception e) {
    // ...
}

json =await response.Content.ReadAsStringAsync();
var sentenceObject =JsonSerializer
    .Deserialize<Sentence>(json);
return new TodayPoetry
    {Snippet =sentenceObject.data.content};
}
```

    然而,多次访问 Token API 获取令牌不仅速度较慢,还会导致 Web 服务屏蔽客户端对服务器的访问。要解决这一问题,就需要将获得的访问令牌缓存起来,使应用不必反复获取令牌。

    本小节介绍几种常用的缓存方法,涉及内存缓存、外存缓存、多级缓存以及如何刷新缓存。首先从最简单的内存缓存开始。

9.2.1 内存缓存

视频 ch9/7

    所谓内存缓存,就是将数据缓存在内存中。实现内存缓存最简单的方法是使用变量来缓存数据。在上面的例子中,要缓存的令牌是字符串类型的数据,因此可以在 TodayPoetryService 中使用一个字符串类型的成员变量来缓存令牌:

```
// C#
public class TodayPoetryService : ITodayPoetryService {
    private string _token;
    // ...
```

    接下来修改 GetTodayPoetryAsync 函数,在获取令牌之前首先检查_token 变量是否已经缓存了令牌。如果已经缓存了令牌,就直接使用缓存的令牌访问 Web 服务。如果没有缓存令牌,则从 Token API 获取令牌,并将令牌缓存到_token 变量中:

```
// C#
public async Task<TodayPoetry>GetTodayPoetryAsync() {
    var httpClient =new HttpClient();
```

```
HttpResponseMessage response;
string json;

if (string.IsNullOrWhiteSpace(_token)) {
    try {
        response =
            await httpClient.GetAsync(
                "https://v2.jinrishici.com/token");
        response.EnsureSuccessStatusCode();
    } catch (Exception e) {
        // ...
    }

    json = await response.Content.ReadAsStringAsync();
    var tokenObject =
        JsonSerializer.Deserialize<Token>(json);
    _token = tokenObject.data;
}

httpClient.DefaultRequestHeaders
    .Add("X-User-Token", _token);
// ...
}
```

　　绝大多数时候,内存缓存使用起来都非常方便。但内存缓存的问题在于,每当应用关闭,缓存在内存中的数据就会消失,导致下次启动应用时还需要重新缓存数据。要解决这一问题,就需要将数据缓存到外存中。

9.2.2　外存缓存

视频 ch9/8

　　外存缓存将数据缓存在外存中。相比于内存缓存,外存缓存的形式更加多样。任何可以将数据保存在外存上的方法都可以作为外存缓存。作为一个例子,这里使用.NET MAUI 提供的偏好存储实现外存缓存。下面的代码首先将.NET MAUI 的偏好存储封装为 IPreferenceStorage 接口:

```
// C#
public interface IPreferenceStorage {
    void Set(string key, string value);

    string Get(string key, string defaultValue);
}

public class PreferenceStorage : IPreferenceStorage {
    public void Set(string key, string value) =>
        Preferences.Set(key, value);

    public string Get(string key, string defaultValue) =>
```

```
        Preferences.Get(key, defaultValue) ??defaultValue;
}
```

偏好存储作为一种键值存储,其使用键来存储和访问数据。为此,首先定义缓存令牌所使用的键:

```
// C#
private const string TokenKey =
    $"{nameof(TodayPoetryService)}.Token";
```

接下来就可以使用键值存储作为外存缓存了。与使用内存缓存类似,在使用外存缓存时,开发者也先检查是否已经缓存了令牌,并在没有缓存令牌时首先缓存令牌:

```
// C#
public async Task<TodayPoetry>GetTodayPoetryAsync() {
    var httpClient =new HttpClient();

    HttpResponseMessage response;
    string json;

    if (string.IsNullOrWhiteSpace(
            _preferenceStorage.Get(TokenKey, string.Empty))) {
        try {
            response =
                await httpClient.GetAsync(
                    "https://v2.jinrishici.com/token");
            response.EnsureSuccessStatusCode();
        } catch (Exception e) {
            // ...
        }

        json =await response.Content.ReadAsStringAsync();
        var tokenObject =
            JsonSerializer.Deserialize<Token>(json);
        _preferenceStorage.Set(TokenKey, tokenObject.data);
    }
    httpClient.DefaultRequestHeaders.Add("X-User-Token",
        _preferenceStorage.Get(TokenKey, string.Empty));
    // ...
}
```

相比于内存缓存,外存缓存在应用关闭之后依然能保持数据。不过,外存缓存的访问速度要慢于内存缓存。当需要特别频繁地访问缓存数据时,外存缓存较慢的访问速度可能会拖累应用的性能。那么,如何才能既获得内存缓存较快的访问速度,又获得外存缓存的非易失性呢? 答案是使用多级缓存。

9.2.3 多级缓存

多级缓存混合使用内存缓存和外存缓存,其将内存缓存作为第一级缓存,从而提高访问

速度,将外存缓存作为第二级缓存,从而获得非易失性。参考下面的代码:

```csharp
// C#
public async Task<TodayPoetry>GetTodayPoetryAsync() {
    var httpClient =new HttpClient();

    HttpResponseMessage response;
    string json;

    if (string.IsNullOrWhiteSpace(_token) &&
        string.IsNullOrWhiteSpace(
            _token = _preferenceStorage.Get(
                TokenKey, string.Empty))) {
        try {
            response =
                await httpClient.GetAsync(
                    "https://v2.jinrishici.com/token");
            response.EnsureSuccessStatusCode();
        } catch (Exception e) {
            // ...
        }

        json = await response.Content.ReadAsStringAsync();
        var tokenObject =
            JsonSerializer.Deserialize<Token>(json);
        _token =tokenObject.data;
        _preferenceStorage.Set(TokenKey, _token);
    }

    httpClient.DefaultRequestHeaders.Add(
        "X-User-Token", _token);
    // ...
}
```

　　上述代码首先检查作为一级缓存的内存缓存。如果内存缓存中没有数据,就将作为二级缓存的外存缓存中的数据读取到内存缓存中。如果二级缓存中依然没有数据,再访问 Token API 获得访问令牌,并将访问令牌缓存到一级缓存和二级缓存中。这样,开发者就能同时获得内存缓存与外存缓存的优点,并避免二者的不足。

9.2.4　缓存的刷新

　　前面介绍了使用外存缓存数据的方法,这些方法适用于被缓存的数据不会发生变化的情况。但很多时候,被缓存的数据可能会按照某种规则变化。考虑下面的代码,其访问必应每日图片 API 获得图片的地址,再访问图片地址获得图片。

视频 ch9/10

```csharp
// C#
public async Task<TodayImage>GetTodayImageAsync() {
    var httpClient =new HttpClient();
```

```
HttpResponseMessage response;
try {
    response =await httpClient.GetAsync(
"https://www.bing.com/HPImageArchive.aspx? format=js&idx=0&n=1&mkt=zh-CN");
    response.EnsureSuccessStatusCode();
} catch (Exception e) {
    // ...
}

var json =await response.Content.ReadAsStringAsync();
var bingObject =JsonSerializer.Deserialize<Bing>(json);
var url ="https://www.bing.com" +
    bingObject.images.First().url;

try {
    response =await httpClient.GetAsync(url);
    response.EnsureSuccessStatusCode();
} catch (Exception e) {
    // ...
}

return new TodayImage {
    ImageBytes =await
        response.Content.ReadAsByteArrayAsync()
};
}
```

如果采用前面介绍的外存缓存方法为上述代码建立缓存,则会面临这样的问题:必应每日图片 API 每天都会更新一张新的图片,而一旦使用前述的外存缓存方法,就只会获取到缓存的图片,无法获取到当天更新的新图片。此时就需要根据数据的特征设计相应的缓存刷新机制。

缓存的刷新机制并不存在固定的设计方法,而是需要根据每种数据的特点单独设计。对于必应每日图片 API 来讲,其返回的信息包含如下内容:

```
startdate: "20221218"
fullstartdate: "202212181600"
enddate: "20221219"
```

由于必应每日图片 API 并没有提供官方文档解释上述信息,因此这里只能做出如下推测:startdate 表示开始日期,fullstartdate 表示开始时间,enddate 表示结束日期。由于上述信息中并不包含结束的具体时间,因此这里只能假设结束时间为开始时间加一天。由此可以得到如下的缓存刷新策略:

(1) 对于缓存的图片,其过期时间是开始时间加一天;

(2) 如果当前时间早于过期时间,则缓存的图片没有过期,可以使用缓存的图片;

(3) 如果当前时间晚于过期时间,则缓存的图片已经过期,需要获取新的图片并更新缓存。

下列代码实现了上述缓存刷新策略：

```csharp
// C#
public class TodayImage {
    public string FullStartDate { get; set; } = string.Empty;

    public DateTime ExpiresAt { get; set; }

    public byte[]? ImageBytes { get; set; }
}

public async Task<TodayImage> GetTodayImageAsync() {
    var todayImage = await
        _todayImageStorage.GetTodayImageAsync();

    if (todayImage.ExpiresAt > DateTime.Now) {
        return todayImage;
    }

    var httpClient = new HttpClient();

    HttpResponseMessage response;
    // ...

    var json = await response.Content.ReadAsStringAsync();
    var bingObject = JsonSerializer.Deserialize<Bing>(json);

    var bingImageFullStartDate = DateTime.ParseExact(
        bingObject.images.First().fullstartdate,
        "yyyyMMddHHmm",
        CultureInfo.InvariantCulture);
    var todayImageFullStartDate = DateTime.ParseExact(
        todayImage.FullStartDate,
        "yyyyMMddHHmm",
        CultureInfo.InvariantCulture);

    if (bingImageFullStartDate <= todayImageFullStartDate) {
        return todayImage;
    }

    var url = "https://www.bing.com" +
        bingObject.images.First().url;

    // ...

    todayImage = new TodayImage {
        FullStartDate =
            bingObject.images.First().fullstartdate,
        ExpiresAt = bingImageFullStartDate.AddDays(1),
        ImageBytes =
```

```
        await response.Content.ReadAsByteArrayAsync()
    };
    _todayImageStorage.SaveTodayImageAsync(todayImage);
    return todayImage;
}
```

9.3 平台功能

应用开发平台通常会为开发者提供一系列平台功能,包括访问文件、使用嵌入式资源以及获取设备与传感器信息等[20]。本小节介绍如何使用这些平台功能。

9.3.1 访问文件

视频 ch9/11

访问文件是许多开发者常用的功能。在传统的开发平台如 WinForm,开发者通常可以访问任意文件①。在较新的开发平台如 WinUI 3,开发者则只能访问包括 LocalApplicationData 在内的若干个"安全"位置中的文件。如果需要访问硬盘上的文件,则需要用户通过文件对话框进行授权。在安卓平台下,开发者能够访问"安全"位置中的文件,并在用户授权之后访问 SD 卡(或相当于 SD 卡的位置)中的文件。在 iOS 平台下,开发者则只能访问"安全"位置中的文件,以及在用户授权之后访问相册中的图片和视频。

通过上述分析可以看到,即便是访问文件这一基础操作,不同的开发平台也存在不同的方式与限制。作为一个有趣的例子,这里介绍一下如何在.NET MAUI 平台下访问图片和视频。

.NET MAUI 作为一个横跨 WinUI 3、macOS、iOS 以及安卓平台的开发平台,其在提供平台功能时需要遵循一个原则:如果有一个平台不支持某个功能,就不能提供该功能。在.NET MAUI 支持的平台中,iOS 的限制最严格,即开发者只能访问"安全"位置中的文件,以及在用户授权之后访问相册中的图片和视频。因此,.NET MAUI 除了能够正常访问 LocalApplicationData 等"安全"位置中的文件外,只能使用 MediaPicker 访问图片和视频。下列代码说明了如何访问图片:

```
//C# with CommunityToolkit.Mvvm
[RelayCommand]
private async Task PickAsync() {
    var photo = await MediaPicker.Default.PickPhotoAsync();

    if (photo is null) {
        return;
    }

    ImageSource = ImageSource.FromFile(photo.FullPath);
}
```

---

① 一般不包括系统文件。

下列代码则说明了如何调用相机来拍摄一张照片：

```csharp
//C#with CommunityToolkit.Mvvm
[RelayCommand]
private async Task CaptureAsync() {
    var photo =await MediaPicker.Default.CapturePhotoAsync();

    if (photo is null) {
        return;
    }

    var localFilePath =
        Path.Combine(FileSystem.CacheDirectory,
            photo.FileName);
    await using var sourceStream =await photo.OpenReadAsync();
    await using var localFileStream =
        File.OpenWrite(localFilePath);
    await sourceStream.CopyToAsync(localFileStream);

    ImageSource =ImageSource.FromFile(localFilePath);
}
```

　　上述例子表明，随着权限控制的不断完善，开发者在访问文件时会面临愈发严格的限制。这些限制虽然看起来很麻烦，但实际上却更好地保护了数据的安全性，同时避免了不同应用之间的冲突。使用一个开发平台时，开发者有必要首先了解平台对文件访问的限制与约束，再设计出合适的文件访问策略。

9.3.2　使用嵌入式资源

视频 ch9/12

　　开发者经常需要将一些文件部署到用户的设备上。例如，诗词应用可能需要将诗词数据库文件部署到用户的设备上。要实现这一目标，需要解决两方面问题：①如何将文件整合到项目中；②如何将整合到项目中的文件部署到用户的设备上。

　　嵌入式资源（embedded resource）是解决上述问题的标准方案之一。要将文件整合到项目中，开发者可以将文件设置为嵌入式资源。这样，开发者就可以随时使用代码访问文件，从而将文件部署到用户的设备上。

　　下面以.NET MAUI 平台为例，介绍如何使用嵌入式资源实现向用户设备上部署文件。对于文件 bg.jpg，首先编辑文件的属性，将"Build action"设置为"EmbeddedResource"，如图 9-4 所示。

　　接下来编辑 csproj 文件，为嵌入式资源设置资源名。这里需要将：

```xml
<!-- XML -->
<EmbeddedResource Include="bg.jpg"/>
```

替换为

```xml
<!-- XML -->
<EmbeddedResource Include="bg.jpg">
```

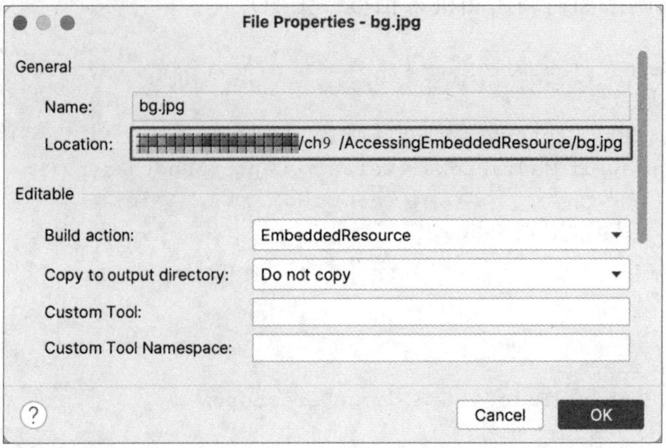

图 9-4　编辑 bg.jpg 文件的属性

```
<LogicalName>bg.jpg</LogicalName>
</EmbeddedResource>
```

从而将 bg.jpg 文件对应的嵌入式资源命名为 bg.jpg。利用这一资源名,开发者可以将嵌入式资源以流的形式打开:

```
// C#
await using var resourceStream =
    GetType().Assembly.GetManifestResourceStream("bg.jpg");
```

接下来,开发者就可以利用流操作嵌入式资源了。下面的代码将嵌入式资源流转化为字节数组,从而显示在 View 中:

```
// C#with CommunityToolkit.Mvvm
public class BackgroundService : IBackgroundService {
    public async Task<byte[]>GetBackgroundImage() {
        await using var resourceStream =
            GetType().Assembly.GetManifestResourceStream(
                "bg.jpg");
        await using var memoryStream =new MemoryStream();
        await resourceStream.CopyToAsync(memoryStream);
        return memoryStream.ToArray();
    }
}

[ObservableObject]
public partial class MainPageViewModel {
// ...

    [RelayCommand]
    private async Task LoadBackgroundImage() {
        var bytes =await _backgroundService
            .GetBackgroundImage();
```

```
        BackgroundImageSource =
            ImageSource.FromStream(
                () =>new MemoryStream(bytes));
    }
}
```

9.3.3　获取设备与传感器信息

视频 ch9/13

绝大多数开发平台都允许开发者访问设备自身的信息,如制造商和设备型号,或是访问设备的传感器信息,如位置传感器、加速度传感器、陀螺仪等。访问设备信息通常非常简单。例如,下面的.NET MAUI 代码可获取设备的型号:

```
// C#with CommunityToolkit.Mvvm
[ObservableProperty]
private string _model =DeviceInfo.Current.Model;
```

下面的代码则用于获取设备的制造商、名称、版本以及平台。

```
[ObservableProperty]
private string _manufacturer =
    DeviceInfo.Current.Manufacturer;

[ObservableProperty] private string _name =
    DeviceInfo.Current.Name;

[ObservableProperty]
private string _version =DeviceInfo.Current.VersionString;

[ObservableProperty]
private string _platform =
    DeviceInfo.Current.Platform.ToString();
```

访问传感器时,许多传感器都存在一些可以设置的参数。以.NET MAUI 的位置传感器为例,下列代码要求以最高精度进行定位,同时将超时时间设定为 60 秒:

```
var request =new GeolocationRequest(
    GeolocationAccuracy.Best, TimeSpan.FromSeconds(60));
```

最高精度可以获得 10 米的定位精度,但需要较长的定位时间。如果希望获得更快的定位速度,则可以使用高精度(10～100 米)、中等精度(30～500 米)、低精度(300～3000 米)、甚至最低精度(1000～5000 米)。

接下来就可以访问传感器并输出结果了:

```
var location =await
    Geolocation.Default.GetLocationAsync(request);

if (location is null) {
    return;
```

```
}

Location = $"Latitude: {location.Latitude}, Longitude: {location.Longitude},
Altitude: {location.Altitude}";
```

访问其他传感器的方法与访问位置传感器的方法类似，这里就不赘述了。

9.4 练习

1. "信号量"（semaphore）也是一种解决资源竞争问题的方法。请搜索并学习如何在 .NET 中使用信号量，并使用一个例子说明一下具体的使用过程。

2. 除内存缓存和外存缓存，软件还可以将数据缓存在专用的缓存数据库中。请尝试搜索并学习如何使用专用的缓存数据库实现缓存功能。

3. 继续上一题，许多缓存数据库都支持自动的缓存刷新，即用户可以设置缓存的过期时间，数据库则会在数据过期时自动删除缓存的数据。请学习如何使用该功能。

4. 现在的许多移动设备都提供神经网络加速功能。请尝试搜索并学习如何调用移动设备这一功能，并使用一段代码实际演示一下效果。

第 **10** 章

远程数据访问方法

很多时候,应用不仅需要访问本地的数据,还需要访问远程的数据。例如,购物软件需要访问服务器上保存的商品信息,视频软件则需要读取服务器上保存的视频信息与评论内容。本章介绍远程数据的访问方法。首先介绍使用最为广泛的 JSON Web 服务的访问方法,涉及 HTTP 的请求方式,如何进行 JSON 的序列化与反序列化,以及如何规范地描述 JSON Web 服务。接下来介绍如何地在客户端与服务器之间进行实时通信,涉及 WebSocket 以及 SignalR 两种技术。最后介绍一类相对更新的远程数据访问方法 gRPC。

视频 ch10/1

10.1 | 访问 JSON Web 服务

访问远程数据最常用的方法是使用 JSON Web 服务。本小节介绍与 JSON Web 服务访问有关的关键概念,包括 HTTP 请求方式、JSON 序列化与反序列化以及 JSON Web 服务的描述规范。

10.1.1 HTTP 请求方式

视频 ch10/2

HTTP 定义了客户端可以向服务器发起哪些请求。最常见的 HTTP 请求是 GET 请求。绝大多数时候,当用户在浏览器中输入一个地址并按 Enter 键时,浏览器向服务器发起的请求就是 GET 请求。下列代码是访问 www.microsoft.com 时浏览器发起的请求:

```
GET / HTTP/1.1
Host: www.microsoft.com
```

这里的"GET"表示这是一个 GET 请求。除 GET 请求,客户端还可以发起 PUT、DELETE 以及 POST 请求①。这些请求的意义如下。

(1) GET:客户端向服务器请求指定的资源;

(2) PUT:客户端将数据发送给服务器,并请求服务器将数据放置在指定的位置上;

(3) DELETE:客户端请求服务器删除指定的资源;

(4) POST:客户端将数据发送给服务器,由服务器决定如何处理数据。

使用 HTTP 访问远程数据时,开发者一般使用 GET 请求读取数据,使用 PUT 请求更新数据,使用 DELETE 请求删除数据,并使用 POST 请求创建数据。然而,这些用法只是

---

① HTTP 还支持其他的请求方式,这里只介绍 4 种最常用的请求方式。

一些约定俗成的习惯,而非某种强制的标准和规范。事实上,开发者完全可以使用 POST 请求完成读取数据、更新数据、删除数据以及创建数据等所有操作。只不过这种违反约定的使用方法可能导致其他开发者难以理解代码。

不同的开发语言都支持开发者发起各种类型的 HTTP 请求。在 C♯语言中,开发者使用 HttpClient 类的 GetAsync 函数发起 GET 请求:

```
//C#
var response =
    await _httpClient.GetAsync(
        "http://localhost:5190/Demo/getWithoutParameter");
```

发起 DELETE 请求的方法与发起 GET 请求的方法类似,只需要调用 DeleteAsync 函数:

```
//C#
var response =await _httpClient.DeleteAsync(
    "http://localhost:5190/Demo/delete? id=5");
```

发起 PUT 请求时,开发者需要调用 PutAsync 函数,并传递要发送给服务器的数据。下面的例子将要发送给服务器的数据编码为 JSON 字符串,再将 JSON 字符串发送给服务器:

```
// C#
var modelToPut =new DemoModel { Id =4, Name ="Name 4" };
var content =JsonContent.Create(modelToPut);
// C#
var response =await _httpClient.PutAsync(
    "http://localhost:5190/Demo/put", content);
```

类似地,开发者使用 PostAsync 函数发起 POST 请求,并将内容发送给服务器:

```
// C#
var modelToPost =new DemoModel { Id =3, Name ="Name 3" };
var content =JsonContent.Create(modelToPost);

var response =await _httpClient.PostAsync(
    "http://localhost:5190/Demo/post", content);
```

无论是 GET、PUT、DELETE 还是 POST 请求,开发者都使用相同的方式读取服务器返回的结果。下面的代码假设服务器会返回字符串类型的结果,并且该字符串能够使用 JSON 反序列化方法得到 DemoModel 类型的实例:

```
// C#
var json =await response.Content.ReadAsStringAsync();
Result =json;

var model =JsonSerializer.Deserialize<DemoModel>(json);
// ...
```

需要指出的是,上述例子只是说明了客户端可以通过 GET、PUT、DELETE 以及 POST 操作向服务器请求数据,并未要求客户端必须使用 JSON 发送数据,同时也没有要求服务器必须返回 JSON。只不过绝大多数时候,JSON Web 服务都使用 GET、PUT、DELETE 以及 POST 请求来访问。

▤ 10.1.2　JSON 序列化与反序列化

视频 ch10/3

JSON Web 服务之所以被称为 JSON Web 服务,主要因为这种远程数据访问方法以 JSON 作为数据传输的主要形式。JSON 是 JavaScript Object Notation 的缩写,其原本用于创建 JavaScript 对象,现在则作为一种轻量化的数据格式而广泛用于在服务器与客户端之间传递数据。JSON 的语法非常简单,大体可以概括为如下四点:

（1）数据以键值对的形式存在;

（2）数据使用逗号分隔;

（3）花括号表示对象;

（4）方括号表示数组。

如下 JSON 用于表示一条简单的学生信息:

```
// JSON
{
  "id": "000192",
  "name": "Wang, Penglin"
}
```

JSON 被广泛使用的一个重要原因是,对象数据可以很容易地转化为 JSON,同时 JSON 也可以很容易地转化为对象数据。将对象数据转化为 JSON 的过程被称为序列化。将 JSON 转化为对象数据的过程则被称为反序列化。以 C♯ 语言为例,考虑如下的类型定义:

```
// C#
public class Clazz {
    public int Id { get; set; }

    public string Name { get; set; }

    public IEnumerable<Student>Students { get; set; }
}

public class Student {
    public int Id { get; set; }

    public string Name { get; set; }
}

var clazz =new Clazz {
    Id =1,
    Name ="Class 1",
```

```
    Students =new Student[] {
        new() { Id =1, Name ="Student 1" },
        new() { Id =1, Name ="Student 2" }
    }
};
```

这里,Clazz 类的实例 clazz 包含名为 Students 的属性,其值为一个包含两个 Student 类型实例的数组。调用 JsonSerializer 的 Serialize 函数,可以将 clazz 实例序列化为如下的JSON:

```
// C#
Result =JsonSerializer.Serialize(clazz);

// JSON
{"Id":1,"Name":"Class 1","Students":[{"Id":1,"Name":"Student 1"},{"Id":1,"Name":
"Student 2"}]]}
```

这段 JSON 虽然正确,却非常难以阅读。要让序列化的结果易于阅读,可以在调用Serialize 函数时传递序列化参数,要求 JsonSerializer 对结果进行缩进:

```
// C#
Result =JsonSerializer.Serialize(clazz,
    new JsonSerializerOptions { WriteIndented =true });

// JSON
{
  "Id": 1,
  "Name": "Class 1",
  "Students": [
    {
      "Id": 1,
      "Name": "Student 1"
    },
    {
      "Id": 1,
      "Name": "Student 2"
    }
  ]
}
```

上述 JSON 也可以使用 JsonSerializer 的 Deserialize 函数简单地反序列化为 Clazz 类的实例:

```
// C#
private const string JsonString =
    "{\"Id\":1,\"Name\":\"Class 1\", \"Students\":[{\"Id\":1, \"Name\":\"Student
1\"},{\"Id\":1,\"Name\":\"Student 2\"}]}";

var clazz =JsonSerializer.Deserialize<Clazz>(JsonString);
```

JsonSerializer 是大小写敏感的。这意味着如下 JSON 和类型之间无法进行反序列化操作：

```
// JSON
{ "name: "Student 1" }

// C#
public class Student {
    public string Name { get; set; }
}
```

不过,开发者也可以在调用 Deserialize 函数时设置参数,从而让 JsonSerializer 忽略大小写问题。因此,即便在 JsonString 上调用了 ToLower 函数,从而导致大小写不匹配,下列反序列化操作依然能够成功：

```
// C#
var clazz =
    JsonSerializer.Deserialize<Clazz>(JsonString.ToLower(),
        new JsonSerializerOptions {
            PropertyNameCaseInsensitive = true });
```

JSON 反序列化操作的一个有趣之处在于,其会为无法直接实例化的类型自动创建合适的实例。考虑 Clazz 类的 Students 属性,其类型为 IEnumerable ＜ Student ＞。IEnumerable＜Student＞作为一个接口,无法被直接实例化。然而,在执行反序列化操作时,JsonSerializer 会自动创建 List＜Student＞类型的实例作为 Students 属性的值。图 10-1 展示了单击"Deserialize"按钮后的结果。这一结果清晰展示了 Students 属性的实际类型为 List＜Student＞。

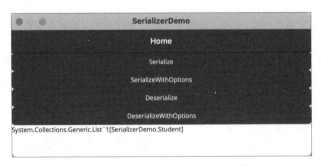

图 10-1　反序列化操作自动创建接口属性的实例

10.1.3　JSON Web 服务描述规范

视频 ch10/4

访问 JSON Web 服务时,客户端以 JSON 的形式向服务器发送请求,同时服务器以 JSON 的形式向客户端返回结果。现在的问题是,如何确定服务器接受什么形式的 JSON 请求,返回什么形式的 JSON 结果? 答案是使用 OpenAPI 规范（OpenAPI Specification, OAS)[21]。OpenAPI 规范的原名为 Swagger 规范,其定义了一套标准的 Web 服务描述方法。图 10-2 展示了使用 Swagger 自动生成的 JSON Web 服务描述界面。

图 10-2　使用 Swagger 自动生成的 JSON Web 服务描述界面

　　图 10-2 所示的 Web 服务描述界面列出了所有可供访问的 Web 服务接口，包括/Demo /getWithoutParameter 等，以及访问每个接口所需要使用的 HTTP 请求方式，例如 GET 等。单击服务接口，还能进一步查看服务接口的详细信息。图 10-3 展示了/Demo/post 接口的详细信息。

　　从图 10-3 可以看到，/Demo/post 服务接口接受如下形式的请求体：

```
// JSON
{
  "id": 0,
  "name": "string"
}
```

　　单击"Schema"，则可以查看请求体的模式定义，如图 10-4 所示。

　　图 10-3 还给出了服务接口会返回何种形式的结果，以及结果的模式定义。进一步地，开发者可以单击"Try it out"按钮，然后直接编辑并向 Web 服务接口发起请求，如图 10-5 所示：

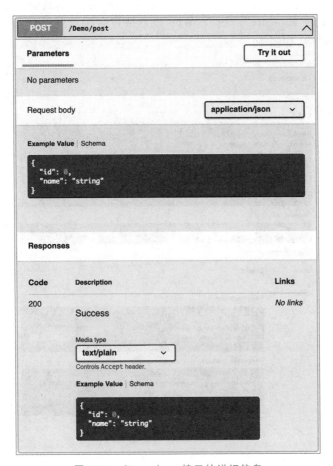

图 10-3　/Demo/post 接口的详细信息

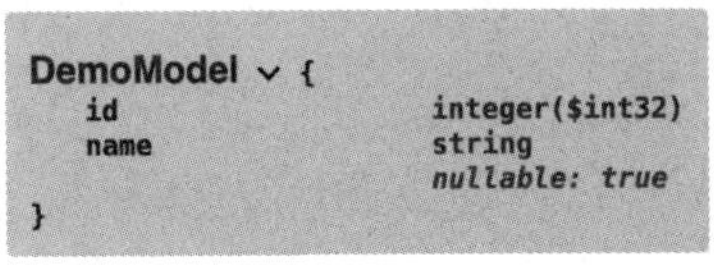

DemoModel ∨ {
    id   integer($int32)
    name   string
                      nullable: true
}

图 10-4　模式定义

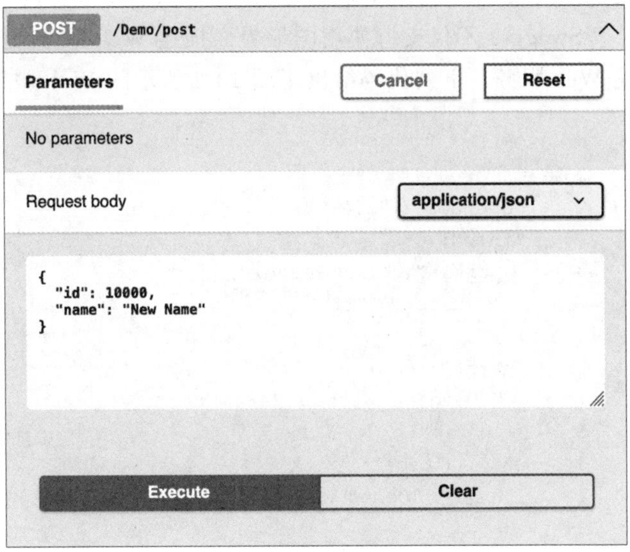

图 10-5　编辑并发起请求

单击图 10-5 中的"Execute"按钮后,Web 服务接口会接收并处理请求。处理的结果会显示在"Responses"中,如图 10-6 所示。

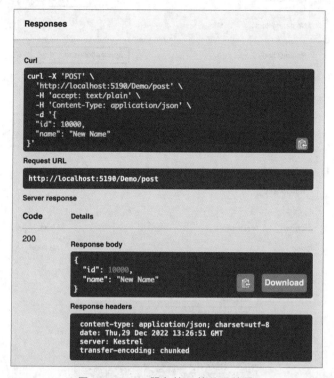

图 10-6　Web 服务接口的处理结果

图 10-6 还给出了如何使用 Curl 访问 Web 服务接口、Web 服务接口返回的具体内容以及响应的头。如果 Web 服务返回了文件,还可以直接将文件下载下来。

Swagger 不仅支持使用图形界面描述 Web 服务,还支持使用机器可读的 JSON 代码描述 Web 服务。下列代码给出了图 10-2 所示的 Web 服务的部分 JSON 描述。

```
// JSON
1  {
2    "openapi": "3.0.1",
3    "info": {
4      "title": "JsonServer",
5      "version": "1.0"
6    },
7    "paths": {
8      "/Demo/getWithoutParameter": {
9        "get": {
10         "tags": [
11           "Demo"
12         ],
13         "responses": {
14           "200": {
15             "description": "Success",
```

```
16              "content": {
17                "text/plain": {
18                  "schema": {
19                    "$ref": "#/components/schemas/DemoModel"
20                  }
21                },
22                "application/json": {
23                  "schema": {
24                    "$ref": "#/components/schemas/DemoModel"
25                  }
26                },
27                "text/json": {
28                  "schema": {
29                    "$ref": "#/components/schemas/DemoModel"
30                  }
31                }
32              }
33            }
34          }
35        }
36      },
37    ...
```

　　上述代码与图 10-2 及图 10-3 是完全对应的,其中第 8 行给出了 Web 服务接口,第 13 行给出了接口返回的内容,第 19、24 及 29 行则给出了返回内容的模式。

　　使用 OpenAPI/Swagger,开发者可以很容易地了解应该如何使用 Web 服务。开发者甚至可以直接调用 Web 服务,并查看返回的结果,从而简化 Web 服务的测试过程。

10.2　实时通信技术

　　使用 JSON Web 服务访问远程数据时,客户端必须主动访问服务器,才能获得数据。这种由客户端主动从服务器拉取数据的访问方法被称为数据访问的“拉取模型”。在拉取模型中,如果服务器有数据想发送给客户端,就必须等待客户端主动访问服务器,才能将数据发送给客户端。

　　拉取模型的本质是只有在客户端访问服务器时,才在客户端和服务器之间建立起一个临时的连接。当数据发送完成,连接也就随之关闭,客户端和服务器之间也就不再连通。因此,如果服务器想向客户端发送数据,就必须等待客户端连接服务器,才能将数据发送给客户端。而如果服务器想实时地将数据发送给客户端,就必须在服务器和客户端之间建立起持续的连接,这就需要使用实时通信技术。

　　本小节介绍两种常见的实时通信技术,分别是 WebSocket 以及建立在 WebSocket 上的 SignalR。采用这两种技术,开发者可以随时将服务器的数据发送给客户端,从而实现从服务器向客户端推送数据,即实现数据访问的“推送模型”。

10.2.1 WebSocket

WebSocket 是一种基于 HTTP 的实时通信技术。许多网页上提供的"与客服聊天"功能就采用 WebSocket 技术实现。然而,正如 HTTP 不只局限于网页,还可以被客户端用于访问 JSON Web 服务一样,WebSocket 也不局限于网页,而是可以被客户端用于访问服务器。WebSocket 通过 HTTP 请求建立连接。以 ASP.NET Core 开发平台为例,下列代码接收客户端发起的 HTTP GET 请求,并判断请求是否为 WebSocket 请求。如果是,就进一步建立 WebSocket 连接:

```csharp
// C#
[HttpGet("/ws")]
public async Task Get() {
    if (HttpContext.WebSockets.IsWebSocketRequest) {
        using var webSocket =
            await HttpContext.WebSockets
                .AcceptWebSocketAsync();
        await Echo(webSocket);
    } else {
        HttpContext.Response.StatusCode =
            StatusCodes.Status400BadRequest;
    }
}
```

上述的 Echo 函数用于处理 WebSocket 连接,其代码如下。

```csharp
// C#
1  private static async Task Echo(WebSocket webSocket) {
2      var buffer = new byte[1024 * 4];
3      var receiveResult = await webSocket.ReceiveAsync(
4          new ArraySegment<byte>(buffer),
5          CancellationToken.None);

7      while (! receiveResult.CloseStatus.HasValue) {
8          var message =
9  $"You sent me {receiveResult.Count} bytes of data. ";
10          var messageBytes =
11              Encoding.Default.GetBytes(message);
12
13          await webSocket.SendAsync(
14              new ArraySegment<byte>(messageBytes),
15              WebSocketMessageType.Text,
16              receiveResult.EndOfMessage,
17              CancellationToken.None);
18
19          receiveResult = await webSocket.ReceiveAsync(
20              new ArraySegment<byte>(buffer),
21              CancellationToken.None);
22      }
```

```
23
24      await webSocket.CloseAsync(
25          receiveResult.CloseStatus.Value,
26          receiveResult.CloseStatusDescription,
27          CancellationToken.None);
28  }
```

上述代码的第 3 行从 WebSocket 连接接收数据。如果接收到了数据，即第 7 行的判断为真，就在第 9 行获取接收到了多少字节的数据。接下来，在第 11 行代码中，Echo 函数将"You sent me xxx bytes of data."字符串编码为二进制字节数组，并在第 13 行将编码后的数据发送给客户端。在第 19 行，Echo 函数会再次从 WebSocket 连接接收数据，并开启下一轮循环。

客户端发起 WebSocket 连接的过程，与服务器端处理 WebSocket 请求的过程是对应的。下列代码用于建立 WebSocket 连接：

```
// C#
[RelayCommand]
private async Task ConnectAsync() {
    ws =new ClientWebSocket();
    await ws.ConnectAsync(
        new Uri("ws://localhost:5139/ws"), default);
}
```

下列代码则用于向服务器发送数据，并接收服务器返回的数据：

```
// C#
1  [RelayCommand]
2  private async Task SendAsync() {
3      var inputBytes =Encoding.Default.GetBytes(Input);
4
5      await ws.SendAsync(
6          new ArraySegment<byte>(inputBytes),
7          WebSocketMessageType.Text,
8          WebSocketMessageFlags.EndOfMessage,
9          default);
10
11      var buffer =new byte[1024 * 4];
12      var receiveResult =
13          await ws.ReceiveAsync(
14              new ArraySegment<byte>(buffer),
15              CancellationToken.None);
16      Output =Encoding.Default.GetString(buffer);
17  }
```

上述代码的第 3 行将用户输入的字符串编码为二进制字节数组，并在第 5 行将编码后的数据发送给服务器。接下来在第 12 行，客户端接收服务器发送的数据，并在第 16 行将服务器发送的数据解码为字符串，显示在前端。WebSocket 客户端执行效果如图 10-7 所示。

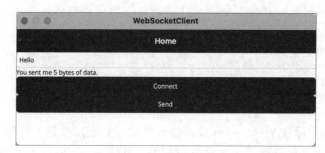

图 10-7　WebSocket 客户端执行效果

本小节以 ASP.NET Core 开发平台为例，简要介绍了如何使用 WebSocket 实现客户端与服务器之间的实时通信。作为一种标准的实时通信协议，绝大多数 Web 开发平台都支持 WebSocket。开发者可以根据项目需要在几乎任意的开发平台上使用 WebSocket 实现实时通信。

视频 ch10/6

10.2.2　SignalR

SignalR 是微软公司为 ASP.NET Core 开发的一种专用的实时通信技术[22]。与 WebSocket 相比，SignalR 的主要优点在于使用更加便捷，缺点则在于其只能用于 ASP.NET Core 开发平台。下列代码说明了开发者如何在服务器端接收客户端发送过来的字符串信息，并向所有的客户端广播信息：

```csharp
// C#
1  public class SignalRHub : Hub {
2      public async Task Echo(string message) {
3          await Clients.All.SendAsync(
4              "EchoMessage",
5              $"You sent me: {message}");
6      }
7  }
```

上述代码的第 2 行定义了 Echo 函数，其接收字符串类型的参数。上述代码的第 3 行向所有的客户端发送消息，其调用客户端的 EchoMessage 函数，并传递第 5 行对应的字符串参数。在 Program.cs 文件中，开发者将上述 SignalRHub 类注册到"/hub"路径：

```csharp
// C#
app.MapHub<SignalRHub>("/hub");
```

在客户端，开发者则可以直接连接到服务器的"/hub"路径，调用服务器的 Echo 函数，并提供 EchoMessage 函数供服务器调用：

```csharp
//C#
1  private HubConnection _connection;
2
3  [RelayCommand]
4  private async Task ConnectAsync() {
```

```
5       _connection =new HubConnectionBuilder()
6           .WithUrl("http://localhost:5267/hub").Build();
7       _connection.On<string>("EchoMessage",
8           (message) => { Output =message; });
9       await _connection.StartAsync();
10  }
11
12  [RelayCommand]
13  private async Task SendAsync() {
14      await _connection.SendAsync("Echo", Input);
15  }
```

上述代码的第 5 行建立起客户端与服务器之间的连接,并在第 7 行定义了名为 "EchoMessage"的函数,其函数体如第 8 行所示。在第 14 行代码中,客户端通过 SignalR 调用服务器的 Echo 函数,并传递用户输入的内容。服务器会反过来通过 SignalR 调用客户端的 EchoMessage 函数,从而执行第 8 行代码中定义的匿名函数。

与 WebSocket 相比,SignalR 使用更加便捷。在底层,SignalR 依然使用 WebSocket 等实时通信技术建立客户端与服务器之间的连接。不过,SignalR 屏蔽了 WebSocket 等实时通信技术的复杂细节,使开发者可以专注于服务器与客户端之间的互相调用,极大地提升了开发体验。

10.3　gRPC

gRPC 是一种比 JSON Web 服务更现代的远程数据访问方法[23]。与 JSON Web 服务相比,gRPC 在服务器与客户端同时提供了更为强大的工具支持,从而能够极大地简化开发过程。并且,gRPC 作为一种通用的远程数据访问框架,为多种开发语言与开发框架提供了支持,使开发者可以方便地实现跨语言调用,如使用 C♯语言开发客户端,并通过 gRPC 访问使用 Java 语言开发的服务器。

10.3.1　定义服务

视频 ch10/7

使用 gRPC 时,首先需要使用 proto 文件定义服务。下面是一个简单的 proto 文件。

```
// proto
1  syntax ="proto3";
2
3  option csharp_namespace ="GrpcServer";
4
5  package echo;
6
7  service EchoService {
8    rpc Echo (EchoMessage) returns (EchoReply);
9  }
10
11  message EchoMessage {
12    string message =1;
```

```
13  }
14
15  message EchoReply {
16      string message =1;
17  }
```

上述代码的第 7 行定义了名为 EchoService 的服务,其提供一个函数 Echo,如第 8 行所示。Echo 函数接受形如 EchoMessage 的参数,并返回形如 EchoReply 的结果。EchoMessage 与 EchoReply 都只包含一个字符串类型的属性 message,其后的数字用于在序列化后的二进制数据中区分不同的属性。

proto 文件使用 Protocol Buffers (Protobuf)编写。Protobuf 是谷歌公司提出的一种独立于语言和平台的数据序列化机制。Protobuf 使用二进制序列化数据。相比于 JSON,Protobuf 更高效,但同时可读性较差。Protobuf 本身是一套非常复杂的机制,这里就不进一步介绍了。

视频 ch10/8

10.3.2　开发服务端

proto 文件可以被自动编译为不同语言中的服务类型。以使用 C♯ 语言的 ASP.NET Core 开发平台为例,开发者需要安装 Grpc.AspNetCore NuGet 包,并在 csproj 文件中指定根据上述 proto 文件生成服务类型:

```
<!--xml, csproj -->
<ItemGroup>
  <Protobuf
    Include="Protos\echo.proto"
    GrpcServices="Server" />
</ItemGroup>
```

由于 proto 文件的第 3 行设置了命名空间 GrpcServer,因此上述 proto 文件会被自动编译为 GrpcServer.EchoService.EchoServiceBase 类。开发者只继承该类型并编写具体的业务逻辑代码,就可以方便地完成服务端开发。

```
//C#
public class EchoService :
    GrpcServer.EchoService.EchoServiceBase {
    public override Task<EchoReply>Echo(EchoMessage request,
        ServerCallContext context) {
        return Task.FromResult(new EchoReply {
            Message =$"You sent me {request.Message}"
        });
    }
}
```

上述 EchoService 类继承自由 proto 文件自动生成的 EchoServiceBase 类。EchoServiceBase 类可以被视为 proto 文件中定义的 EchoService 服务的 C♯ 版本。由于 proto 文件中定义的 EchoService 服务中定义了 Echo 函数,因此开发者需要在 EchoServiceBase 类的子类中实现 Echo 函数，接受 EchoMessage 类型的参数，并返回 EchoReply 类型的结果。EchoMessage
类型及 EchoReply 类型与 proto 文件中定义的 EchoMessage 与 EchoReply 一致，都提供了
字符串类型的属性 Message。

完成 EchoService 类的开发工作后，开发者还需要将 EchoService 类注册为 gRPC
服务：

```
// C#
app.MapGrpcService<EchoService>();
```

通过上述实例可以发现，开发 gRPC 服务端要比开发 JSON Web 服务的服务端简便。
这种便捷性一方面来自 proto 文件提供的便捷、形式化的服务定义方法，另一方面也来自
gRPC 提供的自动类型生成工具。

10.3.3　开发客户端

视频 ch10/9

proto 文件不仅可以在开发服务端时被编译为服务类型，还可以在开发客户端时被编
译为服务端的代理类型。以 .NET MAUI 平台为例，进行客户端开发时，开发者需要安装如
下的 NuGet 包：

（1）Google.Protobuf

（2）Grpc.Net.Client

（3）Grpc.Tools

其中，Grpc.Tools 用于完成代码生成等任务。为了确保 Grpc.Tools 能正常工作，需要
在 .csproj 文件中确保 Grpc.Tools 采用如下配置：

```
<!--xml, csproj -->
<PackageReference Include="Grpc.Tools" Version="2.51.0">
  <PrivateAssets>all</PrivateAssets>
    < IncludeAssets > runtime; build; native; contentfiles; analyzers;
buildtransitive</IncludeAssets>
</PackageReference>
```

除此之外，开发者还需要在 csproj 文件中指定根据 proto 文件生成代理类型：

```
<!--xml, csproj -->
<ItemGroup>
    <Protobuf Include="Protos\echo.proto" />
</ItemGroup>
```

与开发服务端时相比，上述代码缺少"GrpcServices＝"Server""，因此 proto 文件只会
被编译为服务端的代理类型，而不会被编译为服务类型。利用 proto 编译得到的代理类型，
开发者可以很容易地访问服务端：

```
// C#
[RelayCommand]
private async Task ConnectAsync() {
    var channel =
        GrpcChannel.ForAddress("http://localhost:5026");
```

```
    _client =new EchoService.EchoServiceClient(channel);
}

[RelayCommand]
private async Task SendAsync() {
    var response =
        await _client.EchoAsync(
            new EchoMessage { Message =Input });
    Output =response.Message;
}
```

上述 ConnectAsync 首先创建与服务端之间的通道,并基于该通道创建服务的客户端。接下来,在 SendAsync 函数中,开发者可以直接调用 proto 文件自动生成的 EchoAsync 函数,并传递自动生成的 EchoMessage 类型实例作为参数。同时,EchoAsync 函数的返回值类型也是 proto 文件自动生成的。

通过上述实例可以发现,gRPC 客户端的使用同样比 JSON Web 服务简便。开发者只给出服务端的地址,就可以直接利用自动生成的类型调用 gRPC 服务。同时,服务的参数与返回值都是强类型的。这种便捷性也让越来越多的开发者开始转而使用 gRPC 管理远程数据。

10.4 练习

1. 除 GET、PUT、DELETE、POST 外,还存在哪些 HTTP 请求方式?请查找并说明每种请求方式分别对应什么样的使用场景。

2. 除 JSON 外,还有哪些常用的序列化/反序列机制?请查找并测试如何使用这些序列化/反序列化机制。

3. WebSocket 默认使用 HTTP 建立连接。请搜索并学习 WebSocket 如何建立连接,以及在连接建立之后如何保证连接的持续性。

4. gRPC 能否实现实时通信?请查找是否有适用于 gRPC 的实时通信方案。

第 11 章

JSON Web 服务端开发方法

本章介绍作为远程数据访问的服务端的 JSON Web 服务端开发方法。本章首先参照客户端开发的 MVVM 模式介绍服务端开发的 MVC 模式,涉及模型 Model、视图 View 以及控制器 Controller 的开发方法。本章接下来介绍 Web 服务 Controller 的开发方法,以及如何整合 IService 从而形成 MVC+IService 架构。作为服务端开发最重要的技术之一,本章还介绍以 EntityFramework Core 为代表的服务器端数据访问方法,包括如何定义数据模型,如何创建数据库,以及如何实现对数据的增加、删除、修改、查询操作。本章最后介绍如何将服务器端的数据访问封装为 IService。

视频 ch11/1

11.1 服务端开发的 MVC+IService 架构

MVC 是 Model-View-Controller 的缩写,是服务端开发的一种标准的开发模式[24]。本小节以 ASP.NET Core Web API 开发框架为例,分别介绍 MVC 模式中的 Model、View、Controller,再辅以 IService 从而形成 MVC+IService 架构。

11.1.1 Model

与 MVVM 模式中的 Model 一样,MVC 模式中的 Model 的职责也是承载数据。考虑下面的代码:

```
// C#
public class DemoModel {
    public int Id { get; set; }

    public string Name { get; set; }
}
```

上述代码定义了 DemoModel 类型,其包含两个属性:整数 Id,以及字符串 Name。与任何一个 Model 相同,DemoModel 用于承载数据。因此,开发者同样需要避免向 Model 中添加函数。

11.1.2 View

在 MVC 模式中,View 的职责是显示数据。考虑下面的代码,其用于显示 DemoModel 类所承载的数据:

视频 ch11/2

全栈开发方法与技术(微课视频版)

```html
<!-- HTML, ASP.NET Core Razor View, .cshtml -->
1  @model DemoModel
2  @{
3      ViewData["Title"] = "Home Page";
4  }
5
6  <div class="text-center">
7      <h3>ID</h3>
8      <p>@Model.Id</p>
9      <h3>Name</h3>
10     <p>@Model.Name</p>
11 </div>
```

上述代码是 ASP.NET Core Razor View 文件,其文件扩展名为 cshtml。每个 Razor
View 都对应一个 Model。上述代码的第 1 行声明了当前 View 的 Model 的类型为
DemoModel。因此,此后再次引用 Model 时,其类型就一定是 DemoModel。在 Razor View
中,开发者使用@Model 引用 Razor View 的 Model。上述第 8 行将 Model 的 Id 属性值显
示在 View 中,第 10 行则将 Model 的 Name 属性值显示在 View 中。

上述代码是一个完整的 cshtml 文件,但却并不是一个完整的网页。在运行时,上述代
码生成的 HTML 代码会被进一步嵌入模板中,而模板则通过_Layout.cshtml 文件定义:

```html
<!-- HTML, ASP.NET Core Razor View, _Layout.cshtml -->
<! DOCTYPE html>
<html lang="en">
<head>
    <meta charset="utf-8"/>
    <meta name="viewport"
        content="width=device-width, initial-scale=1.0"/>
    <title>@ViewData["Title"] -MvcDemo</title>
    ...
</head>
<body>
<header>
    <nav ...
</header>
<div class="container">
    <main role="main"
        class="pb-3">
        @RenderBody()
    </main>
</div>

<footer class="border-top footer text-muted">
    <div class="container">
        &copy; 2022 -MvcDemo -
        <a asp-area=""
        asp-controller="Home"
        asp-action="Privacy">
```

220

```
        Privacy
      </a>
   </div>
</footer>
...
</body>
</html>
```

上述的@RenderBody()代码就标识了由前述 cshtml 文件生成的 HTML 代码会被嵌入何处,其执行效果如图 11-1 所示。

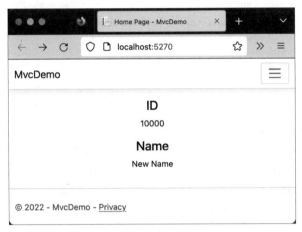

图 11-1　Razor View 执行效果

那么,Razor Page 中 Model 的值又来自哪里呢？答案是来自 Controller。

11.1.3　Controller

视频 ch11/3

在 MVC 模式中,Controller 的职责是处理用户提交的请求,并为 View 准备数据。参考如下的代码：

```csharp
// C#
public class HomeController : Controller {
    ...
    public IActionResult Index() {
        return View(
            new DemoModel { Id = 10000, Name = "New Name" });
    }
    ...
}
```

图 11-1 所示的结果是用户以 HTTP GET 的形式访问当前 ASP.NET Core Web 应用时看到的页面。此时用户相当于以 HTTP GET 的形式访问 Index 函数。在 Controller 中,可以被用户通过 HTTP 请求访问的函数称为 Action。

在上面的代码中,Index Action 调用 View 函数获得返回结果。View 函数负责将 Controller

中的函数与 View 关联起来,其关联规则是"~/Views/{Controller 名}/{Action 名}"。在 ASP.NET Core Web 应用中,Controller 的命名规范为"{Controller 名}+Controller"。因此,HomeController 的 Controller 名为 Home。Action 则直接使用 Action 名命名,因此,Index Action 的 Action 名就是 Index。这样,与 HomeController 中 Index Action 关联的 View 就是"~/Views/Home/Index",如图 11-2 所示。

```
(view) ~/Views/Home/Index.cshtml

[NonAction]
[AspMvcView]
public virtual ViewResult View([AspMvcModelType] object? model)
in class Controller

Creates a ViewResult object by specifying a model to be rendered by the view.

Params: model – The model that is rendered by the view.

Returns: The created ViewResult object for the response.

`Controller.View` on docs.microsoft.com ↗
```

图 11-2　View 函数的签名信息

观察 View 函数的签名可以看到,其接受 object 类型的参数 model。参数 model 会作为 Razor View 的 Model。由于 HomeController 的 Index 函数会创建 DemoModel 类型的实例作为 View 函数的参数,因此~/Views/Home/Index.cshtml 的 Model 的值是 DemoModel 类型的实例。这就回答了 Razor Page 中 Model 的值从哪里来的问题。

接下来的问题是,为什么用户访问 ASP.NET Core Web 应用,就会执行 HomeController 的 Index 函数? 这是由于 Program.cs 文件中配置了默认路径。当用户打开当前 ASP.NET Core Web 应用时,就会自动执行 HomeController 的 Index Action:

```csharp
// C#, Program.cs
app.MapControllerRoute(name: "default",
    pattern: "{controller=Home}/{action=Index}");
```

视频 ch11/4

11.1.4　Web 服务的 Controller

11.1.3 节介绍的 Controller 用于返回数据并通过 View 显示给用户。在 ASP.NET Core 中,还存在一类特殊的 Controller,其不会返回 View,而是直接以 JSON 的形式返回数据。考虑下面的代码:

```csharp
//C#
1.  [ApiController]
2.  [Route("[controller]")]
3.  public class WebServiceController {
4.      ...
5.      [Route("get")]
6.      [HttpGet]
7.      public ActionResult<DemoModel>Get() =>
8.          new DemoModel {
9.              Id =20000, Name ="Another Name"
```

```
10.          };
11.      ...
12. }
```

上述代码的第 1 行表明 WebServiceController 是一个 JSON Web 服务 Controller，其会返回 JSON 形式的数据。第 2 行表示当前 Controller 的访问路径是/{Controller 名}，即/WebService。第 5 行表示 Get Action 的访问路径是/WebService/get。第 6 行则表示 Get Action 只能以 HTTP GET 的形式访问。Get 函数直接返回一个 DemoModel 的实例。由于 WebServiceController 是一个 JSON Web 服务 Controller，因此 ASP.NET Core 会自动将 DemoModel 实例的数据序列化为 JSON，其结果如图 11-3 所示。

图 11-3　WebService Controller 的 Get Action 执行结果

11.1.5　IService

视频 ch11/5

MVC＋IService 架构中的 IService 承担与 MVVM＋IService 架构中的 IService 相同的职责。考虑如下的 IService 与 Service 实现：

```csharp
// C#
public interface IDemoModelService {
    DemoModel Get(int id);
}

public class DemoModelService : IDemoModelService {
    public DemoModel Get(int id) =>
        new DemoModel { Id = id, Name = "Name " + id };
}
```

IDemoModelService 定义了 Get 函数，其接受参数 id，并返回 DemoModel 类型的实例。在 DemoModelService 实现类中，Get 函数直接基于参数 id 创建 DemoModel 类型的实例并返回。

ASP.NET Core Web 应用提供了依赖注入支持，因此开发者可以直接在 Controller 中通过依赖注入获得需要的类型实例：

```csharp
// C#
1. public class WebServiceController {
2.     private readonly IDemoModelService _demoModelService;
3.
```

```
4.      public WebServiceController(
5.          IDemoModelService demoModelService) {
6.          _demoModelService = demoModelService;
7.      }
8.
9.      ...
10.
11.     [Route("get/{id}")]
12.     [HttpGet]
13.     public ActionResult<DemoModel>Get(int id) =>
14.         _demoModelService.Get(id);
15. }
```

上述代码的第 2 至 7 行通过依赖注入获得 IDemoModelService 的实例。第 11 行表明 Get(int id)函数的访问路径为/WebService/get/{id},其中{id}对应 Get 函数的参数 id。在第 14 行,Get 函数调用 IDemoModelService 的 Get 函数,并将获得的 DemoModel 实例作为返回值返回给用户。

要想使用依赖注入,开发者还需要在 Program.cs 文件中注册 IDemoModelService 及其实现类 DemoModelService:

```csharp
// C#, Program.cs
builder.Services.AddControllersWithViews();

builder.Services.AddScoped<
    IDemoModelService, DemoModelService>();

var app = builder.Build();
```

访问 Get(int id)函数时,需要传递参数 id。图 11-4 展示了当参数为 1 时 Controller 返回的结果。

图 11-4　Get(int id)函数的执行效果

11.2　服务器端数据访问方法

与客户端开发类似,服务器端开发也需要访问多种类型的数据,其使用的技术也与客户端大体相同。本节以 ASP.NET Core Web 应用中最常见的一种关系数据访问技术 EntityFramework

Core（EF Core）[25]为例，介绍服务器端数据的访问方法。EF Core 是微软公司开发的一种开源数据访问技术。该技术可以作为 ORM 工具访问多种类型的数据库。本节首先介绍如何在 ASP.NET Core Web 应用中使用 EF Core，再介绍如何利用 EF Core 构建数据访问 IService，从而实现 MVC＋IService 架构。

11.2.1　定义数据 Model

视频 ch11/6

典型的 EF Core 使用过程从定义数据 Model 开始。如下是一个典型的数据 Model：

```csharp
// C#
public class DemoModel {
    public int Id { get; set; }

    public string Name { get; set; }
}
```

上述 DemoModel 类包含两个属性，分别是 int 型的 Id 字段，以及 string 型的 Name 字段。就像绝大多数 ORM 工具一样，EF Core 的数据 Model 通常也与数据库的表结构对应。因此，与 DemoModel 对应的表结构可能如表 11-1 所示。

表 11-1　与 DemoModel 对应的表结构

字　　　段	类　　　型
id	int
name	varchar

值得注意的是，很多时候，数据 Model 也可作为 MVC 模式中的 Model 使用。

11.2.2　安装 NuGet 包

视频 ch11/7

要在 ASP.NET Core Web 应用中使用 EF Core，需要安装如下的 NuGet 包。

（1）Microsoft.EntityFrameworkCore

（2）Microsoft.EntityFrameworkCore.Design

（3）Microsoft.EntityFrameworkCore.Relational

（4）Microsoft.EntityFrameworkCore.SqlServer

（5）Microsoft.EntityFrameworkCore.Tools

其中 Microsoft.EntityFrameworkCore.Design 与 Microsoft.EntityFrameworkCore.Tools 两个 NuGet 包用于生成与数据 Model 对应的数据表，其在 csproj 文件中需要特殊的配置。上述 NuGet 包在 csproj 文件中的对应项目为

```xml
<PackageReference
  Include="Microsoft.EntityFrameworkCore"
  Version="6.0.12" />
<PackageReference
  Include="Microsoft.EntityFrameworkCore.Design"
  Version="6.0.12">
```

```
        <PrivateAssets>all</PrivateAssets>
        <IncludeAssets>runtime; build; native; contentfiles; analyzers;
    buildtransitive</IncludeAssets>
    </PackageReference>
    <PackageReference
      Include="Microsoft.EntityFrameworkCore.Relational"
      Version="6.0.12" />
    <PackageReference
      Include="Microsoft.EntityFrameworkCore.SqlServer"
      Version="6.0.12" />
    <PackageReference
      Include="Microsoft.EntityFrameworkCore.Tools"
      Version="6.0.12">
        <PrivateAssets>all</PrivateAssets>
        <IncludeAssets>runtime; build; native; contentfiles; analyzers;
    buildtransitive</IncludeAssets>
    </PackageReference>
```

视频 ch11/8

11.2.3 定义实体类型配置

实体类型配置决定了数据 Model 如何与数据库表对应。对于上述的 DemoModel 类型，其可能的实体类型配置如下。

```
// C#
1.  public class DemoModelConfiguration :
2.      IEntityTypeConfiguration<DemoModel>{
3.      public void Configure(
4.          EntityTypeBuilder<DemoModel>builder) {
5.          builder.ToTable("demomodels");
6.
7.          builder.HasKey(p =>p.Id);
8.
9.          builder.Property(p =>p.Name).IsRequired();
10.     }
11. }
```

上述代码的第 2 行继承了 IEntityTypeConfiguration 接口，并通过泛型参数说明 DemoModelConfiguration 是 DemoModel 类型的实体类型配置。IEntityTypeConfiguration 要求实现类必须实现 Configure 函数，其用于配置数据库的表结构。上述代码的第 5 行表明 DemoModel 对应 demomodels 表。

默认情况下，EF Core 假设数据 Model 的属性与数据表中的字段同名且一一对应。因此，demomodels 表被认为包含 Id 以及 Name 两个字段。第 7 行表明 Id 字段作为数据表的主键，第 9 行则表示 Name 字段是必须的。

视频 ch11/9

11.2.4 定义 DbContext

DbContext 代表了 EF Core 与数据库的连接，其可完成对数据的查询和管理工作，是

EF Core 的核心。定义完数据 Model 以及实体类型配置后,开发者需要进一步定义 DbContext。考虑下面的代码:

```
public class DemoContext : DbContext {
    public DbSet<DemoModel>DemoModels { get; set; }

    public DemoContext(
        DbContextOptions<DemoContext>options) :
        base(options) { }

    protected override void OnModelCreating(
        ModelBuilder modelBuilder) {
        modelBuilder.ApplyConfiguration(
            new DemoModelConfiguration());
    }
}
```

上述 DemoContext 类继承自 DbContext,其包含 DemoModels 属性用于操作与 DemoModel 对应的数据库表。DemoContext 类的构造函数包含创建 DemoContext 实例所需的参数,如数据库连接字符串等。OnModelCreating 函数则用于应用实体类型配置,从而真正建立起数据模型与数据库表之间的关联。

11.2.5　注册 DbContext 到依赖注入容器

视频 ch11/10

定义好 DbContext 后,开发者需要将 DbContext 注册到依赖注入容器。要实现这一目标,开发者首先需要准备数据库连接字符串。由于数据库连接字符串经常发生变动,因此这里将数据库连接字符串保存在配置文件 appsettings.json 中。如下代码说明了如何在 appsettings.json 文件中保存数据库连接字符串,其对应的键为"DemoContext",值为"Server = tcp:sqldata,1433;Database=DemoDb;User Id=sa;Password=Pass@word;":

```
{
  "DemoContext": "Server=tcp:sqldata,1433;Database=DemoDb;User Id=sa;
Password=Pass@word;",
  "Logging": {
    "LogLevel": {
      "Default": "Information",
      "Microsoft.AspNetCore": "Warning"
    }
  },
  "AllowedHosts": "*"
}
```

必须指出的是,上述代码中的换行是由于有限的排版空间造成的,在实际应用中并不存在,也不允许出现换行,如图 11-5 所示。

利用上述连接字符串,开发者可以将 DemoContext 注册到依赖注入容器,其代码如下:

```
// C#
1.  var builder =WebApplication.CreateBuilder(args);
```

图 11-5　appsettings.json 文件

```
2.
3.  // Add services to the container.
4.  builder.Services.AddDbContext<DemoContext>(
5.      options =>{
6.      options.UseSqlServer(
7.          builder.Configuration["DemoContext"],
8.          sqlServerOptionsAction =>{
9.              sqlServerOptionsAction
10.                 .MigrationsAssembly(
11.                     typeof(DemoContext)
12.                         .GetTypeInfo()
13.                         .Assembly
14.                         .GetName()
15.                         .Name);
16.             sqlServerOptionsAction
17.                 .EnableRetryOnFailure(
18.                     15,
19.                     TimeSpan.FromSeconds(30),
20.                     null);
21.         });
22.  });
23.
24.  builder.Services.AddControllers();
```

上述第 4 行代码将 DemoContext 注册到依赖注入容器,第 7 行代码则说明了使用配置文件中"DemoContext"键所对应的值作为连接字符串。

11.2.6　创建数据库迁移

EF Core 可以根据数据 Model 以及实体类型配置自动创建数据库以及数据库表。要实现这一目标,需要创建数据库迁移(migration)。数据库迁移由 EF Core 根据 DbContext 自动创建。对于上面的例子,EF Core 可以根据 DemoContext 自动创建数据库迁移,从而创建 demomodels 表。

不过,EF　Core　要求　DbContext　继承类必须提供默认构造函数。然而,上述

DemoContext 并未提供默认构造函数。此时,EF Core 要求开发者必须提供一个继承自
IDesignTimeDbContextFactory 接口的实现类用于创建 DemoContext 类型的实例,从而自
动创建数据库迁移。下面的代码展示了 IDesignTimeDbContextFactory 接口的实现类:

```C#
1.  public class
2.      DemoContextDesignFactory :
3.          IDesignTimeDbContextFactory<DemoContext>{
4.      public DemoContext CreateDbContext(string[] args) =>
5.          new(new DbContextOptionsBuilder<DemoContext>()
6.              .UseSqlServer(
7.                  "Server=.; Initial Catalog=DemoDb; Integrated Security=
true")
8.              .Options);
9.  }
```

上述代码的第 3 行表明 DemoContextDesignFactory 用于生成 DemoContext 类型的实
例。IDesignTimeDbContextFactory 要求继承类实现 CreateDbContext 函数用于生成对应
类型的实例。上述代码的第 5 行实现了 CreateDbContext 函数并创建了 DemoContext 类
型的实例。对于 DemoContext 类型构造函数的参数 options,上述第 5 行代码使用
DbContextOptionsBuilder 类型创建 DbContextOptions＜DemoContext＞类型的实例。
DbContextOptionsBuilder 是一个建造者模式的实现,其在第 6 行被配置为使用 SQL
Server,并在第 8 行返回建造得到的 DbContextOptions＜DemoContext＞类型实例。该实
例将作为 DemoContext 类型构造函数的参数 options。

实现 IDesignTimeDbContextFactory 接口之后,EF Core 就可以自动创建数据库迁移
了。为此,首先需要安装 EF Core 工具。在命令行下运行如下命令即可安装 EF Core 工具:

```
dotnet tool install --global dotnet-ef
```

安装好 EF Core 工具之后,可以使用命令行创建数据库迁移。在项目文件夹中打开命
令行,输入以下命令创建数据库迁移:

```
dotnet ef migrations addInitial
```

其中"Initial"为迁移的名称。开发者可以根据自己的需要将其替换为合适的名称。

使用命令行创建数据库迁移可能有一些不方便。如果使用 JetBrains Rider 作为开发工
具,还可以安装 Entity Framework Core UI 插件。插件安装完成后,可以在需要创建数据
库迁移的项目上右击,从弹出的快捷菜单中选择"Tools"->"Entity Framework Core"->
"Add Migration",输入迁移名"Initial",单击"OK"按钮就可以自动创建数据库迁移,如
图 11-6 所示。

EF Core 创建的数据库迁移由一系列文件组成。其中一个文件的文件名为"｛时间｝_
｛迁移名称｝.cs",其内容如下。

```C#
1.  public partial class Initial : Migration {
```

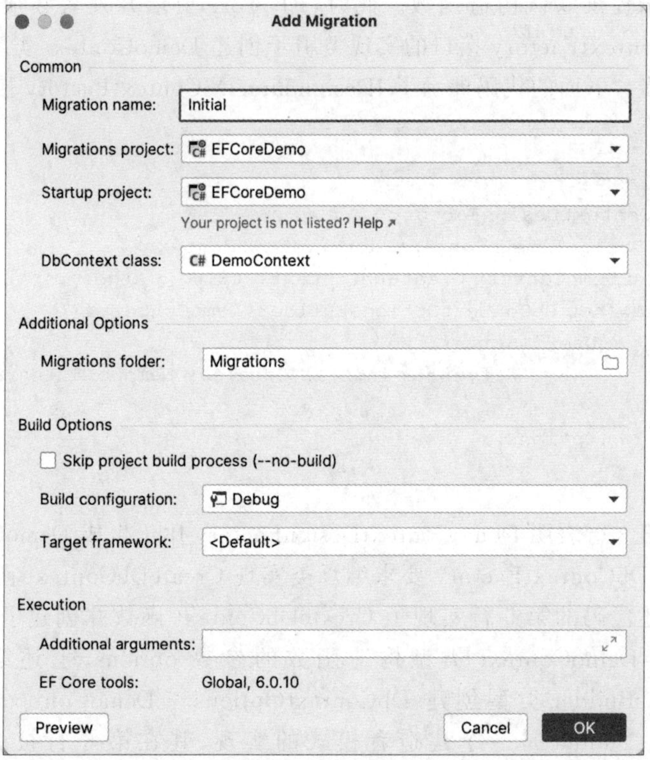

图 11-6　使用 JetBrains Rider 的 Entity Framework Core UI 插件创建数据库迁移

```
2.      protected override void Up(
3.        MigrationBuilder migrationBuilder) {
4.        migrationBuilder.CreateTable(
5.          name: "demomodels",
6.          columns: table =>new {
7.            Id =table
8.              .Column<int>(
9.                type: "int", nullable: false)
10.              .Annotation(
11.                "SqlServer:Identity", "1, 1"),
12.            Name =table
13.              .Column<string>(
14.                type: "nvarchar(max)",
15.                nullable: false)
16.          },
17.          constraints: table => {
18.            table.PrimaryKey(
19.              "PK_demomodels",
20.              x =>x.Id);
21.          });
22.      }
23.
24.      protected override void Down(
```

```
25.            MigrationBuilder migrationBuilder) {
26.            migrationBuilder.DropTable(name: "demomodels");
27.        }
28.    }
```

上述代码可以很容易地使用自然语言理解。第 4 行代码创建了数据库表，其表名为
"demomodels"，如第 5 行所示。第 8 行代码规定了表的一个列的类型为 int，且添加了
identity(1,1)标识，如第 11 行所示，从而采用自增的方法自动生成该列的值。在第 14 行代
码规定了另一个列的类型为 nvarchar(max)，且该列不可为空，如第 15 行所示。在第 17
行，创建了主键约束。

EF Core 创建的另外两个文件的内容类似。以 DemoContextModelSnapshot.cs 文件的
内容为例：

```
// C#
1.  [DbContext(typeof(DemoContext))]
2.  partial class DemoContextModelSnapshot : ModelSnapshot {
3.      protected override void BuildModel(
4.          ModelBuilder modelBuilder) {
5.  #pragma warning disable 612, 618
6.          modelBuilder
7.              .HasAnnotation("ProductVersion", "6.0.12")
8.              .HasAnnotation(
9.                  "Relational:MaxIdentifierLength", 128);
10.
11.         SqlServerModelBuilderExtensions
12.             .UseIdentityColumns(modelBuilder, 1L, 1);
13.
14.         modelBuilder.Entity(
15.             "EFCoreDemo.Models.DemoModel",
16.             b => {
17.                 b.Property<int>("Id")
18.                     .ValueGeneratedOnAdd()
19.                     .HasColumnType("int");
20.
21.                 SqlServerPropertyBuilderExtensions
22.                     .UseIdentityColumn(
23.                         b.Property<int>("Id"), 1L, 1);
24.
25.                 b.Property<string>("Name")
26.                     .IsRequired()
27.                     .HasColumnType("nvarchar(max)");
28.
29.                 b.HasKey("Id");
30.
31.                 b.ToTable("demomodels", (string)null);
32.             });
33. #pragma warning restore 612, 618
```

```
34.      }
35.  }
```

尽管这段代码比较复杂，但依然可以从自然语言的角度进行理解。上述代码第 14 行建立起类型 DemoModel 与数据库表 demomodels 之间的连接。其中第 17 至 19 行表明 Id 属性的值由数据库自动生成，同时对应列的类型为 int。第 25 至 27 行表明 Name 属性是必须的，并且对应列的类型为 nvarchar(max)。第 29 行表明 Id 对应主键。第 31 行表明 DemoModel 类型对应 demomodels 表。

创建好数据库迁移后，开发者还需要执行迁移。为此，开发者需要在 Program.cs 文件中添加如下内容：

```
app.MapControllers();

var context = app.Services.CreateScope().ServiceProvider
    .GetService<DemoContext>();
context.Database.Migrate();

app.Run();
```

Program.cs 文件会在 ASP.NET Core Web 应用启动时执行，其用于启动整个 Web 应用。上述代码在 Web 应用启动前（即 app.Run() 执行之前）首先获得 DemoContext 实例，再调用 Migrate 函数迁移数据库。Migrate 函数执行后，EF Core 就会自动在 SQL Server 数据库中创建数据库及数据表，如图 11-7 所示。

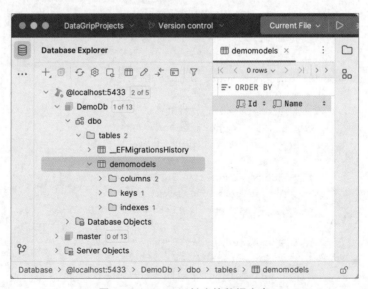

图 11-7　EF Core 创建的数据库表

视频 ch11/12

11.2.7　使用 DbContext 访问数据库

在 EF Core 创建好数据库后，开发者就可以使用 DbContext 的继承类访问数据库了。

在上面的例子中,由于 DbContext 的继承类 DemoContext 已经被添加到依赖注入容器,因此开发者可以直接在 Controller 中通过构造函数获得 DemoContext 的实例:

```csharp
// C#
[ApiController]
[Route("[controller]")]
public class DemoController {
    private DemoContext _demoContext;

    public DemoController(DemoContext demoContext) {
        _demoContext =demoContext;
    }
    ...
```

11.2.7.1　添加数据

视频 ch11/13

DemoContext 具有 DbSet＜DemoModel＞类型的属性 DemoModels,因此具有管理 DemoModel 类型数据的能力。下面的代码展示了如何通过 DemoContext 将 DemoModel 实例添加到数据库:

```csharp
//C#
[Route("post")]
[HttpPost]
public async Task<ActionResult<DemoModel>>
    Post([FromBody] DemoModel model) {
    var modelEntry =await _demoContext.AddAsync(model);
    await _demoContext.SaveChangesAsync();
    return modelEntry.Entity;
}
```

通过上述代码可以发现,要将数据 Model 实例(在上面的例子中就是 DemoModel 实例 model)添加到数据库,只调用 DbContext 继承类的 AddAsync 函数,再调用 SaveChangesAsync 函数即可。在将 DemoModel 实例保存到数据库之后,上述代码还会返回保存后的实例。

作为测试,如果使用 OpenAPI/Swagger 向/Demo/post 以 POST 形式发送如下数据:

```json
{
  "name": "New DemoModel Instance"
}
```

则服务器会返回如下数据:

```json
{
  "id": 1,
  "name": "New DemoModel Instance"
}
```

同时,数据库中会出现如图 11-8 所示的记录。

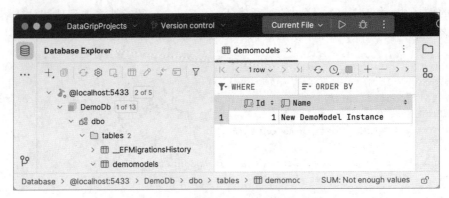

图 11-8　由 EF Core 插入的数据记录

值得注意的是，OpenAPI/Swagger 提交给服务器的 JSON 中并不包含 id 字段，只包含 name 字段。而返回的结果包含了 id 字段，并且获得了数据库自动生成的值。这意味着，EF Core 不仅帮助开发者将数据保存到数据库，还在一定程度上维持着内存中数据与数据库中数据的一致性。这给开发工作带来了极大的便利。

视频 ch11/14

11.2.7.2　修改数据

下面的代码展示了如何使用 EF Core 修改数据：

```csharp
// C#
[Route("put")]
[HttpPut]
public async Task<ActionResult<DemoModel>>Put(
    [FromBody] DemoModel model) {
    var modelToUpdate =
        await _demoContext.DemoModels.FirstOrDefaultAsync(
            p =>p.Id ==model.Id);
    modelToUpdate.Name =model.Name;
    await _demoContext.SaveChangesAsync();
    return modelToUpdate;
}
```

通过上述代码可以发现，要使用 EF Core 修改数据，首先需要通过 DbContext 的 DbSet 属性查找到数据库中的数据。接下来，开发者只修改数据并调用 SaveChangesAsync 函数，修改就保存到数据库了。

继续前面的例子，由于已经创建了 id 为 1 的记录，因此使用 OpenAPI/Swagger 向/Demo/put 以 PUT 形式发送如下数据：

```
{
  "id": 1,
  "name": "Updated Name"
}
```

则服务器返回的信息如下：

```
{
  "id": 1,
  "name": "Updated Name"
}
```

同时，数据库中的数据也被更新为"Updated Name"。

11.2.7.3　删除数据

下面的代码展示了如何使用 EF Core 删除数据：

```csharp
// C#
[Route("delete")]
[HttpDelete]
public async Task<ActionResult<DemoModel>>Delete(int id) {
    var modelToDelete =
        await _demoContext.DemoModels.FirstOrDefaultAsync(
            p =>p.Id ==id);
    _demoContext.Remove(modelToDelete);
    await _demoContext.SaveChangesAsync();
    return modelToDelete;
}
```

使用 EF Core 删除数据的方法与修改数据的方法非常类似。开发者首先需要通过 DbContext 的 DbSet 属性查找到需要删除的数据，再调用 DbContext 的 Remove 函数删除数据。接下来，开发者还需要调用 SaveChangesAsync 函数将删除应用到数据库。此时，数据才真正从数据库中删除了。

继续前面的例子，这里需要删除 id 为 1 的记录，因此使用 OpenAPI/Swagger 以 DELETE 的形式访问/Demo/delete？id＝1。服务器返回的结果如下：

```
{
  "id": 1,
  "name": "Updated Name"
}
```

此时检查数据库，会发现 id 为 1 的数据已经被删除了。

11.2.7.4　查询数据

下面的代码展示了如何使用 EF Core 返回表中的所有数据：

```csharp
// C#
[Route("list")]
[HttpGet]
public async
    Task<ActionResult<IEnumerable<DemoModel>>>List() {
    return await _demoContext.DemoModels.ToListAsync();
}
```

作为测试，这里首先使用 OpenAPI/Swagger 向/Demo/post 以 POST 形式逐个地添加

一批数据:

```
{
  "name": "Name1"
}
{
  "name": "Name2"
}
{
  "name": "Name3"
}
```

接下来使用 OpenAPI/Swagger 以 GET 形式访问/Demo/list,得到如下形式的结果:

```
[
  {
    "id": 2,
    "name": "Name 1"
  },
  {
    "id": 3,
    "name": "Name 2"
  },
  {
    "id": 4,
    "name": "Name 3"
  }
]
```

可以看到,返回结果为一个 JSON 数组,其中包含了刚刚添加的数据。如果需要对数据设置筛选条件,开发者可以使用 LINQ 的 Where 函数。具体做法已经在前面的小节中介绍过,这里就不赘述了。

11.2.8 IService 与 DbContext

视频 ch11/17

尽管 DbContext 可以实现便捷的数据库访问,开发者却难以对依赖 DbContext 的类型开展单元测试。要解决这一问题,开发者需要将与数据访问有关的操作封装为 IService 接口,再使用 DbContext 实现接口。继续上面的例子,开发者可以将与 DemoModel 有关的数据访问操作封装为如下形式的接口:

```
// C#
public interface IDemoService {
    Task<DemoModel>AddAsync(DemoModel demoModel);

    Task<DemoModel>UpdateAsync(DemoModel demoModel);

    Task<DemoModel>DeleteAsync(int id);

    Task<IEnumerable<DemoModel>>ListAsync();
}
```

　　其中，AddAsync 实现添加数据功能，UpdateAsync 实现修改数据功能，DeleteAsync 实现删除数据功能，ListAsync 实现查询数据功能。利用这一 IService 服务接口，开发者可以将 Controller 改造为如下的形式：

```csharp
// C#
[ApiController]
[Route("[controller]")]
public class DemoController {
    private IDemoService _demoService;

    public DemoController(IDemoService demoService) {
        _demoService =demoService;
    }

    [Route("post")]
    [HttpPost]
    public async Task<ActionResult<DemoModel>>
        Post([FromBody] DemoModel model) {
        return await _demoService.AddAsync(model);
    }

    [Route("put")]
    [HttpPut]
    public async Task<ActionResult<DemoModel>>Put(
        [FromBody] DemoModel model) {
        return await _demoService.UpdateAsync(model);
    }

    [Route("delete")]
    [HttpDelete]
    public async Task<ActionResult<DemoModel>>Delete(
        int id) {
        return await _demoService.DeleteAsync(id);
    }

    [Route("list")]
    [HttpGet]
    public async
        Task<ActionResult<IEnumerable<DemoModel>>>List() {
        return (await _demoService.ListAsync()).ToList();
    }
}
```

　　对比修改之前的代码可以发现，依赖 IService 的 Controller 要比直接使用 DbContext 更加简洁。这种简洁性能够极大地提升代码的可读性，同时避免错误的发生。同时，开发者可以使用 Mock 等技术实现对 Controller 的单元测试。另一方面，开发者也可以很容易地使用 DbContext 实现 IDemoService 接口：

```csharp
public class DemoService : IDemoService {
```

```
private DemoContext _demoContext;

public DemoService(DemoContext demoContext) {
    _demoContext =demoContext;
}

public async
    Task<DemoModel>AddAsync(DemoModel demoModel) {
    var modelEntry =
        await _demoContext.AddAsync(demoModel);
    await _demoContext.SaveChangesAsync();
    return modelEntry.Entity;
}

public async
    Task<DemoModel>UpdateAsync(DemoModel demoModel) {
    var modelToUpdate =
        await _demoContext.DemoModels
            .FirstOrDefaultAsync(p =>p.Id ==demoModel.Id);
    modelToUpdate.Name =demoModel.Name;
    await _demoContext.SaveChangesAsync();
    return modelToUpdate;
}

public async Task<DemoModel>DeleteAsync(int id) {
    var modelToDelete =
        await _demoContext.DemoModels
            .FirstOrDefaultAsync(p =>p.Id ==id);
    _demoContext.Remove(modelToDelete);
    await _demoContext.SaveChangesAsync();
    return modelToDelete;
}

public async Task<IEnumerable<DemoModel>>ListAsync() {
    return await _demoContext.DemoModels.ToListAsync();
}
}
```

相比依赖于 DbContext 的 Controller,上述代码只包括与数据访问有关的代码,不包括与 Controller 有关的代码,如[Route("delete")]以及[HttpDelete]等,因此也更加简洁,从而在提升可读性的同时降低了出错的可能。

11.3 练习

1. 请结合所学内容,论述一下 MVC 模式与 MVVM 模式之间存在哪些相同以及不同之处。

2. 请搜索一下,如果想通过 EntityFramework Core 将如下形式的 Model 保存到 SQL

Server 数据库中,应如何定义实体类型配置?

```
public class Order {
    public IList<int>ItemIds { get; set; }
}
```

3. 使用数据库迁移,开发者可以方便地实现数据库的版本管理。请尝试首先定义一个数据 Model,创建数据库迁移 Initial,并将变更应用到数据库。在此基础之上,再定义一个新的数据 Model,同时在不删除现有的数据库迁移的前提下,创建一个新的数据库迁移 NewModel,并将变更应用到数据库。请观察一下数据库会发生什么变化,并阅读一下新生成的数据库迁移文件。

4. 如果开发者不希望通过 DbContext 访问数据库,而是希望直接执行一段 SQL 语句,应该如何操作? 请搜索一下,EntityFramework Core 如何才能执行开发者提供的 SQL 语句。

第**12**章

微服务架构方法

视频 ch12/1

　　本书前面章节介绍的技术主要用于构建单体应用。单体应用具有易于开发和部署的优点，但存在难以维护和弹性扩展的问题。针对这些问题，开发者探索出了微服务架构方法。本章首先介绍单体应用的优缺点，再基于这些优缺点探讨微服务架构解决了哪些问题。本章接下来讨论实现微服务架构的重要技术：容器化方法，并具体讨论如何开展面向容器化的开发。本章最后简要探讨微服务的架构设计与参考案例。

12.1　单体应用与微服务架构

视频 ch12/2

12.1.1　单体应用

　　单体应用，从字面上理解，就是"只有一个主体的应用"。通常，使用传统开发方法得到的应用基本都属于单体应用。多数开发者在学习阶段开发的如"学生信息管理系统"，"网上商城系统"等都属于单体应用。单体应用更严格的定义可以是"只包含一个可独立运行单元的软件，其包括了软件所有的组成部分，涵盖数据库、服务、用户界面等"。这个定义反映了单体应用的关键特征，但新手开发者可能很难理解。因此，这里不妨从单体应用的开发过程理解什么是单体应用。

　　以典型的 MVC Web 应用如"学生信息管理系统"为例，开发者首先会创建一个新的 Web 应用项目。这个项目往往是开发者在开发当前 Web 应用时创建的唯一项目。开发者接下来编写的几乎所有代码都发生在这个项目中。开发者会在项目中创建一系列的 Model、用于处理 Model 数据的 IService 服务接口及其实现类、用于处理用户请求的 Controller 以及用于显示界面的 View。由于需要存储数据，因此开发者还会为当前 Web 应用搭配一个数据库。这个数据库与 Web 应用是一对一搭配的，即开发者每次将当前 Web 应用部署到一台服务器时，都需要对应地部署一个数据库。因此，这个数据库可以被视为当前 Web 应用的一部分。

　　随着开发的不断深入，开发者可能觉得当前项目的代码太复杂了，而选择将其中一部代码独立到一个单独的类库项目中。不过，这个类库项目中的代码并不能单独运行，必须被当前 Web 应用调用才能被执行。因此，这个独立出来的类库并非一个能够独立运行的单元，只是当前 Web 应用的一个组成部分。这个类库与 Web 应用的其他代码共同组成了 Web 应用。因此，当前 Web 应用依然只包含一个可独立运行的单元。换句话说，这个 Web 应用依然只有一个主体。

绝大多数单体应用都包含如下部分。

（1）用户界面：用于呈现数据，以及接受用户的输入。有些时候用户界面也承担验证用户输入的数据是否合法的职责。

（2）业务逻辑层：用于处理数据。业务逻辑层通常与现实生活中的业务逻辑对应，例如，将订单的总价计算为商品价格的总和。业务逻辑层是单体应用的核心部分。在 MVC＋IService 架构中，开发者可能将业务逻辑放置于 Controller 中，也可能放置于 IService 及其实现类中，具体取决于开发者的偏好和决策。

（3）数据访问层：用于访问数据库。数据访问层对访问数据库的方法进行了抽象，使业务逻辑层可以无视具体的数据库技术，从而专注于对数据的处理和存储。

（4）数据库：用于存储数据。尽管单体应用并不经常使用嵌入式数据库而是使用独立运行的数据库，但这些数据库与单体应用通常是一一对应的。

视频 ch12/3

12.1.2　单体应用的优点

作为久经考验且被广泛采用的传统软件开发过程的产物，单体应用具有众多优点。单体应用最重要的优点是开发相对简单，尤其对于相对简单的需求，或是在复杂项目的开始阶段。这种简单性带来了较好的学习曲线，使开发者不必付出极大的学习成本，就能较快地开展开发工作。这种简单性还让用户能够更早地看到和试用产品的原型，从而让开发者能够更好地理解用户的需求。对于企业来讲，简单往往也意味着更低的成本，无论从人员的角度来讲，还是从资源的角度来讲。

单体应用的另一个重要优点是部署相对简单。单体应用往往只包含一个可执行的单元，外加一个或数个独立运行的数据库。由于数据库与单体应用是一一对应的，因此开发者可以按照"部署应用-部署数据库"这一固定的模式部署单体应用。开发者甚至可以很容易地将部署过程脚本化，从而实现自动化的部署。作为一个例子，许多开源单体应用，如论坛、商城、协作系统都支持类似的一键部署。

对开发者来讲，单体应用还有一个重要的优点是测试相对容易。即便一个单体应用由多个类库组成，但本质上来讲，单体应用依然只由接口和类构成。这种相对简单的结构就决定了开发者可以充分利用单元测试和 Mock 技术对多数类开展测试，从而确保软件的质量。进一步地，开发者可以很容易地开展 DevOps 实践，从而实现自动化的测试和部署，进一步简化测试和部署工作。

单体应用的调试也比较方便。单体应用通常是各个开发平台下形式最简单的项目，这意味着，不同的开发平台通常都能为单体应用的调试提供全面的支持。在调试单体应用时，开发者可以比较容易地追踪对象的传递和处理过程，从而更容易地定位可能发生问题的代码。类似地，开发者也可以使用性能追踪工具定位哪些代码引发了性能问题，从而提升单体应用的性能。

12.1.3　单体应用的缺点

视频 ch12/4

事实上，单体应用所有的优点都可以归结为一点，就是开发单体应用所使用的方法是相对简单的。当需求比较简单时，使用简单的方法自然能获得不错的效果，同时还能享受到由简单所带来的诸多好处。然而，当需求比较复杂时，使用简单的方法解决往往会遇到问题。

新手开发者往往难以理解为什么使用简单的方法无法很好地解决复杂的问题。这里以团队管理为例,解释一下这一现象。假设存在一个软件开发团队,其使用 MVVM+IService 架构开发一款软件。起初团队包括四名成员,分别负责 Model、View、ViewModel 以及 IService 及其实现类的开发工作。团队成员各司其职,他们可以很容易地确定自己应该和谁沟通,才能完成自己的开发工作。

然而,随着客户不断地提出新的需求,团队发现人员开始不够用了。于是,团队将规模扩充了一倍。现在,MVVM+IService 架构中每一个元素都有两名成员负责开发工作了。目前为止情况还好,当负责一个元素的成员需要和负责其他元素的成员沟通时,由于只有两个人负责一个元素,因此他们只需要问一下究竟谁负责自己需要的部分就可以了。

随着需求不断膨胀,团队又出现了人员不够的问题。于是,团队继续简单粗暴地扩充规模。几度扩充规模之后,MVVM+IService 架构中每一个元素都有十几名成员负责开发工作了,整个团队的规模超过 50 人。现在开始出现问题了。由于人数过多,即便是负责开发 IService 的人员,也不清楚某一个具体的 Service 是由谁开发的,同时也不清楚某一项业务功能究竟有没有通过某个 Service 实现。这意味着,团队内部的沟通成本开始剧增,人们开始花费大量时间确定究竟与谁沟通,才能解决自己的问题。这种沟通成本成长得如此之快,以至于很快团队产生的收益就无法再覆盖维持团队所带来的成本,导致团队亏损严重,最终解散。

现在将刚刚所述例子中的开发人员换成类,将简单粗暴地扩充人员规模理解为简单地添加新的类型来实现业务需求,就比较容易理解为什么易于开发的单体应用无法很好地解决复杂问题了。随着单体应用中类的数量不断膨胀,开发者很快就搞不清楚实现一个业务需求究竟需要调用哪些类,最终导致开发人员必须将绝大多数时间都花费在理清类之间的关系上,而非用于实现业务需求。这导致应用开发带来的收益逐渐下滑,而开发成本却不断攀升,最终导致项目终结。

从面向对象设计的角度讲,上述例子表明,随着需求变得越来越复杂,单体应用内部会形成越来越强烈的耦合。这种耦合不仅让项目的开发成本越来越高,还让项目变得难以被修改。所谓牵一发而动全身,一旦需求发生变更而导致需要修改某些业务逻辑时,往往会有大量的类型被波及。于是,开发人员又需要花费大量的时间确定究竟哪些类会被波及,同时需要修改所有被波及的类。而这些修改又可能导致其他的类被波及,从而导致一批类需要被修改。这种如涟漪般扩散的修改可能需要经过几轮才能结束,给开发人员造成巨大的负担。

修改单体应用的高成本还导致开发者很难将新技术引入单体应用中。新技术的引入本质上也是一种修改。这意味着,引入新技术和需求变更一样,会导致大量难以预料的修改。这种极高的修改成本使得开发人员通常不愿意在已有的单体应用中引入新技术,从而导致现有应用的技术愈发落后。落后的技术往往会进一步推高项目成本,导致项目更快地终结。

单体应用的另一类缺点与部署有关。首先,尽管单体应用很容易部署,但单体应用通常难以扩展。说单体应用很容易部署,指的是开发者可以很容易地部署很多个彼此不相关的单体应用。例如,对于网络游戏来讲,开发者只要开发好一个游戏服务器应用,就可以很容易地部署很多个游戏服务器,例如华北一、华北二、华南一、华南二服务器。说单体应用很难扩展,指的是一旦单体应用的某个部分遇到性能问题,则开发者很难通过部署多个单体应用来解决性能问题：别忘了，单体应用的多个部署之间是彼此独立的，它们并不共享数据。继续网络游戏服务器的例子，很多网络游戏服务器彼此之间都是独立的。玩家在一个服务器上建立的角色并不能漫游到其他服务器上，也无法与其他游戏服务器中的玩家共同游戏。

其次，单体应用由于只有一个主体，因此通常只能以整体为单位进行更新。这意味着，即便开发者只进行了很小的修改，也可能必须将整个服务下线，重新部署服务，再重新上线服务。最后，当单体应用随着时间变得越来越复杂时，其停机、部署以及启动的时间也通常变得越来越长。这些问题会渐渐抹平单体应用易于部署的优势，甚至将其变为劣势。

12.1.4　微服务架构及其优点

视频 ch12/5

微服务架构被认为是解决单体应用遇到的各类问题的一个有效的方案[26]。与 MVVM+IService 架构类似，微服务架构是形成软件架构的一种方法。微服务架构将软件拆解为一系列独立运行的微服务，每个微服务都是一个可以独立运行的单元。对于新手开发者来讲，可以尝试以如下的方法高度简化地理解单体应用与微服务的区别。

开发单体应用时，如果开发者觉得一个业务比较复杂，可能考虑将与该业务有关的代码独立到一个类库项目中。如果采用微服务架构，则开发者可能考虑将该业务独立为一个微型的 JSON Web 服务。这么做看起来并没有让问题变得更简单，甚至反而让问题变得更复杂了：开发者必须额外创建一个新的 Web 服务项目，完成完整的 MVC+IService 架构，再在原来的项目中远程调用新开发的 Web 服务。那么，这么做的意义究竟在哪里呢？

这里需要对照单体应用存在的问题理解微服务架构的优势。单体应用存在的一个问题是，随着时间的推移，单体应用会变得太过于复杂，从而难以理解、开发和维护。微服务架构则不同。微服务架构的"微"决定了微服务架构中的每个服务都不是很复杂。因此，开发者可以很容易地理解每个微服务，从而确保每个微服务都具有较低的开发和维护成本。

在实际应用中，微服务可以独立完成一个业务。这意味着，微服务事实上为该业务划分了边界，即微服务以内是该业务的具体实现，微服务以外则是对业务的调用。只要业务的调用不发生变化，即业务的接口不发生变化，则微服务内部无论发生什么变化，都不会对微服务以外造成影响。这种边界有效地限制了变更的扩散范围，降低了变更的成本，不仅方便开发者更改业务的具体实现逻辑，还有助于开发者将新技术引入项目中，从而确保项目可持续地迭代演进。当然，这样做的前提是开发者能够做到"业务的接口尽量不发生变化"。一旦业务的接口也发生了变化，则变更就会波及其他的微服务，从而造成较高的修改成本。

在部署方面，尽管微服务架构会产生多个微服务，从而导致部署工作比单体应用更加复杂，但微服务架构却很容易进行扩展。开发微服务时，开发者通常需要保证每个微服务都具有"无状态性"。这里先简单地将无状态性理解为微服务的每步操作都不要求数据库中的数据处于特定的状态，例如"删除商品"操作并不要求数据库中预先存在商品，或者说微服务会首先确保商品存在，之后再删除商品。这种无状态性让同一个微服务的多个实例可以共享同一个数据库，进而让微服务变得非常容易扩展：如果一个微服务的性能不能满足需求，就马上再部署该微服务的一个新的实例。从这个角度讲，微服务的扩展能力只受限于数据库的并发能力，而数据库的并发能力则可以通过读写分离、分片存储等多种技术进行提升。因此，在理想状态下，微服务可以获得近乎于无限的扩展能力。

其次，采用微服务架构的应用是由多个可以独立运行的主体构成的，这意味着，每个微服务都可以单独更新。如果开发者对某个微服务进行了修改,例如修复了一个错误,则开发者只将该微服务下线,重新部署微服务,再将微服务上线即可,而不必将整个应用下线。进一步地,由于一个微服务可以存在多个实例,因此开发者甚至可以逐个实例地更新微服务。在这一过程中,由于一直有微服务实例在运行,因此总体来讲,当前微服务甚至从未下线,从而形成不停机更新的效果。最后,由于微服务通常比较小,其停机、部署以及启动的时间通常比较短,因此降低了由于部署带来的开销。

视频 ch12/6

12.1.5　微服务架构的缺点

然而,微服务架构的上述优势并非没有代价。事实上,微服务架构的缺点也恰好与单体应用的优点对应。单体应用最重要的优点是开发相对简单,而微服务架构的一大缺点是开发比较复杂。微服务架构不仅需要开发者创建一系列独立的 Web 服务项目,还要求开发者对业务进行准确划分,同时确保微服务本身的无状态性。除此之外,开发者还需要学习包括虚拟化、负载均衡、网络层抽象、分布式身份验证与授权、消息机制等一系列知识,才能有效地采用微服务架构开发应用。这些知识无疑形成非常陡峭的学习曲线,让开发者必须付出很大的学习成本,才能开始开发工作。与此同时,复杂的开发过程也导致用户无法尽早看到产品的原型,给开发者理解用户的需求带来了阻碍。

微服务架构的另一个问题是部署比较复杂。微服务架构中的每一个微服务都需要单独部署,并且有些微服务还需要部署多个实例。微服务的无状态性还让微服务与数据库实现解耦,因此开发者还需要单独部署数据库。这种复杂的部署逻辑很多时候已经超出人工部署所能够处理的范畴,因此很多采用微服务架构的应用都会采用自动化部署。而自动化部署又是一个需要单独学习的问题,因此进一步推高了学习成本。

微服务架构应用的测试也比较复杂。传统的单元测试方法通常只能用于测试单个的微服务,在测试涉及多个微服务的业务时往往会遇到很多问题。此时,开发者需要转而使用更为复杂的集成测试方法,同时还需要搭建专用的测试环境来 Mock 微服务,以及提供测试专用的数据。这些工作不仅再次推高了学习成本,其使用也远比单元测试复杂,从而带来更高的测试成本。

最后,微服务架构应用的调试也比较麻烦。由于微服务架构应用通常涉及多个独立运行的微服务,一旦遇到问题,开发者往往需要同时调试多个微服务项目。这一方面对开发工具提出了很高的要求,另一方面给开发者跟踪对象的传递和处理过程造成了很多困难,尤其当问题并非由一个微服务导致,而是由多个微服务交互作用导致的时候。类似的问题也出现在确定微服务架构应用的性能瓶颈时。

在问题比较简单时,微服务架构的上述问题会特别凸显,而单体应用则能很好地处理这些问题。相反,在问题比较复杂时,微服务架构的优势则会凸显,并且这些优势会显著覆盖上述问题。而单体应用自身的缺点则会特别凸显,反而覆盖了其优点。因此,问题的复杂度几乎可以作为采用单体应用架构还是微服务架构最有效的考察指标。不过,究竟简单到如何程度的问题适合采用单体应用架构,同时复杂到如何程度的问题适合采用微服务架构,则需要开发人员根据自身的经验决定。

12.2 微服务架构开发方法

如前所述,微服务架构的一大优点是易于扩展,而缺点则是部署复杂。为了能够充分发挥微服务易于扩展的优点,同时尽量避免其部署复杂的缺点,开发者提出了面向容器化的微服务架构开发方法。本小节首先介绍容器化的概念,再介绍面向容器化的微服务开发方法。

12.2.1　容器化

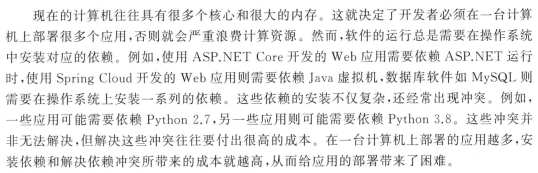

视频 ch12/7

现在的计算机往往具有很多个核心和很大的内存。这就决定了开发者必须在一台计算机上部署很多个应用,否则就会严重浪费计算资源。然而,软件的运行总是需要在操作系统中安装对应的依赖。例如,使用 ASP.NET Core 开发的 Web 应用需要依赖 ASP.NET 运行时,使用 Spring Cloud 开发的 Web 应用则需要依赖 Java 虚拟机,数据库软件如 MySQL 则需要在操作系统上安装一系列的依赖。这些依赖的安装不仅复杂,还经常出现冲突。例如,一些应用可能需要依赖 Python 2.7,另一些应用则可能需要依赖 Python 3.8。这些冲突并非无法解决,但解决这些冲突往往要付出很高的成本。在一台计算机上部署的应用越多,安装依赖和解决依赖冲突所带来的成本就越高,从而给应用的部署带来了困难。

容器化是解决上述问题的一个有效方案。新手开发者可以将容器理解为虚拟机,应用以及应用的依赖则全部安装在容器中。作为一种虚拟机,容器彼此之间是互相隔离的。因此,在一个容器中安装的依赖不会对另一个容器产生任何影响。这种隔离性很好地解决了依赖冲突问题,有效降低了应用的部署成本。

虚拟机的另一个优势在于,虚拟机的虚拟硬盘通常表现为一个文件。这意味着,开发者只安装好一个容器,就可以通过复制虚拟硬盘文件的方式大批量地部署容器。这种易于部署的特性进一步降低了应用的部署成本,同时也为应用容器的自动化部署提供了良好的基础。

12.2.2　Docker

视频 ch12/8

Docker 可能是最常用的实现容器化的工具。使用 Docker,开发者可以以极低的成本创建容器。下面的代码使用 Docker 创建一个运行 Ubuntu 的容器:

```
docker run -it --rm ubuntu /bin/bash
```

其中:

-it 表示将容器的命令行连接到当前命令行,从而让容器能够接收用户输入的命令。如果不添加-it,则容器会直接在后台运行,用户也就无法向容器输入命令。

--rm 表示在运行结束后直接删除容器,从而免去手动删除容器的麻烦。

ubuntu 表示基于 Ubuntu 镜像(image)创建容器。在 Docker 中,镜像可以理解为打包好的虚拟机硬盘。Docker 会自动从互联网下载镜像,将镜像解压缩,从而得到可以直接运行的虚拟机硬盘。Ubuntu 镜像中则包含一套已经预先安装好的 Ubuntu 操作系统。这样,创建的容器自然就运行 Ubuntu 操作系统了。

下面的代码展示了在命令行中创建 Ubuntu 容器,并输出操作系统信息的完整过程:

```
~%docker run -it --rm ubuntu /bin/bash
root@c5f06e02a755:/#cat /etc/os-release
NAME="Ubuntu"
VERSION="20.04.3 LTS (Focal Fossa)"
ID=ubuntu
ID_LIKE=debian
PRETTY_NAME="Ubuntu 20.04.3 LTS"
VERSION_ID="20.04"
HOME_URL="https://www.ubuntu.com/"
SUPPORT_URL="https://help.ubuntu.com/"
BUG_REPORT_URL="https://bugs.launchpad.net/ubuntu/"
PRIVACY_POLICY_URL="https://www.ubuntu.com/legal/terms-and-policies/privacy
-policy"
VERSION_CODENAME=focal
UBUNTU_CODENAME=focal
root@c5f06e02a755:/#
```

类似地,下面的代码展示了使用 Docker 创建运行 OpenEuler 容器的过程:

```
~%docker run -it --rm openeuler/openeuler /bin/bash


Welcome to 5.15.49-linuxkit

System information as of time:   Mon Jan 23 07:35:19 UTC 2023

System load:   0.11
Processes:     5
Memory used:   4.0%
Swap used:     0.0%
Usage On:      82%
IP address:    172.17.0.2
Users online:  0



[root@0fcaa743b487 /]#cat /etc/os-release
NAME="openEuler"
VERSION="20.03 (LTS-SP1)"
ID="openEuler"
VERSION_ID="20.03"
PRETTY_NAME="openEuler 20.03 (LTS-SP1)"
ANSI_COLOR="0;31"

[root@0fcaa743b487 /]#
```

使用 Docker,开发者可以很容易地基于现有的镜像创建出新的镜像。下面基于 Anaconda3 镜像创建一个能够在运行时输出"Hello World"的镜像。首先利用 Docker 下载 Anaconda3 镜像:

```
docker pull continuumio/anaconda3
```

接下来利用 Anaconda3 镜像创建一个名为 anaconda 的容器：

```
docker run -it --name="anaconda" -p 8888:8888 continuumio/anaconda3 /bin/bash
```

查看 os-release 文件，可以确定当前容器运行的是哪个版本的 Linux：

```
(base) root@880df1bd693a:/#cat /etc/os-release
PRETTY_NAME="Debian GNU/Linux 11 (bullseye)"
NAME="Debian GNU/Linux"
VERSION_ID="11"
VERSION="11 (bullseye)"
VERSION_CODENAME=bullseye
ID=debian
HOME_URL="https://www.debian.org/"
SUPPORT_URL="https://www.debian.org/support"
BUG_REPORT_URL="https://bugs.debian.org/"
(base) root@880df1bd693a:/#
```

接下来在/root 文件夹下创建一个 Python 脚本文件，用于输出"Hello World"，并从容器中退出：

```
(base) root@880df1bd693a:/#echo "print(\"Hello World\")" >>/root/hello.py
(base) root@880df1bd693a:/#exit
```

接下来基于刚刚得到的 anaconda 容器创建名为 anacondahelloworld 的镜像：

```
~%docker commit anaconda anacondahelloworld
```

再运行刚刚创建的 anacondahelloworld 镜像：

```
~%docker run -- rm anacondahelloworld python /root/hello.py
```

可以看到，命令行中输出了"Hello World"。要删除刚刚创建的 anaconda 容器以及
anacondahelloworld 镜像，可运行如下的命令：

```
~%docker rm -f anaconda
~%docker rmi anacondahelloworld
```

12.2.3 容器编排

从上面的例子可以看到，单个容器是非常容易部署的。然而，采用微服务架构的应用往
往涉及一系列的微服务，这意味着，开发者需要一次性部署很多个容器。容器编排就是用来
解决容器的批量部署问题的工具。

视频 ch12/9

Docker Compose 是一种简单的容器编排工具。利用 Docker Compose，开发者可以快
速部署一系列容器。如下是一个 Docker Compose 配置文件，其用于部署轻量级的 Git 托管

工具 Gitea。

```
#Docker-compose
1  version: "3"
2
3  networks:
4    gitea:
5      external: false
6
7  services:
8    server:
9      image: gitea/gitea:1.18.1
10     container_name: gitea
11     environment:
12       -USER_UID=1000
13       -USER_GID=1000
14       -GITEA__database__DB_TYPE=mysql
15       -GITEA__database__HOST=db:3306
16       -GITEA__database__NAME=gitea
17       -GITEA__database__USER=gitea
18       -GITEA__database__PASSWD=gitea
19     restart: always
20     networks:
21       -gitea
22     ports:
23       -"3000:3000"
24       -"222:22"
25     depends_on:
26       -db
27
28   db:
29     image: mysql:8
30     restart: always
31     environment:
32       -MYSQL_ROOT_PASSWORD=gitea
33       -MYSQL_USER=gitea
34       -MYSQL_PASSWORD=gitea
35       -MYSQL_DATABASE=gitea
36     networks:
37       -gitea
```

上述代码的第 8 行与第 28 行分别创建了两个容器,其中第 28 行创建了名为 db 的容器,其是一个 MySQL 数据库,如第 29 行所示。第 32 至 35 行对 MySQL 数据库进行了配置,包括 MySQL root 用户的密码,访问 MySQL 使用的用户名和密码,以及需要创建的数据库。第 8 行创建了名为 server 的容器,其是一个 Gitea 应用,如第 9 行所示。第 12 行至第 18 行对 Gitea 进行了配置,包括 Gitea 所依赖的 MySQL 数据库的地址、用户名、密码以及数据库名。第 23 行对 Gitea 的访问端口进行了配置,其将计算机的 3000 端口映射到容器的 3000 端口。

将上述内容保存为 docker-compose.yml 文件,并将其放置在任意一个文件夹中。在文件夹中打开命令行,输入如下命令可以启动上述容器。

```
%docker compose up
```

使用浏览器打开 http://localhost:3000/,可以看到如图 12-1 所示的界面,表明 Gitea 已经成功部署。

图 12-1　使用 Docker Compose 部署 Gitea

12.2.4　面向容器化的开发方法

采用面向容器化的开发方法得到的应用可以直接通过容器进行部署,从而充分利用容器化所带来的部署优势。许多开发平台都提供容器化支持,这里以 Visual Studio 2022 为例,介绍如何开发面向容器化的 ASP.NET Web 应用。

12.2.4.1　创建微服务项目

开发容器化的 ASP.NET Web 应用的第一步是创建新的项目。该过程与创建普通的 Web 应用项目并没有太多的不同。需要注意的是,在创建项目时不要选中"将解决方案和项目放在同一目录中"。图 12-2 创建了一个名为 ContainerizedDemo 的 ASP.NET Core Web API 项目,其将作为一个 JSON Web 微服务被调用。

图 12-3 给出了该 ASP.NET Core Web API 项目的其他信息。该项目没有启用身份验证,没有配置 HTTPS,也没有启用 Docker。项目被配置为使用控制器,从而让项目模板自动创建出一个样例 Controller。

创建好项目后,在"解决方案资源管理器"中的 ContainerizedDemo 项目(注意,不是 ContainerizedDemo 解决方案)上右击,从弹出的快捷菜单中选择"添加",单击"容器业务流程协调程序"。该选项将为整个解决方案添加容器化支持。在"添加容器业务流程协调程序

视频 ch12/10

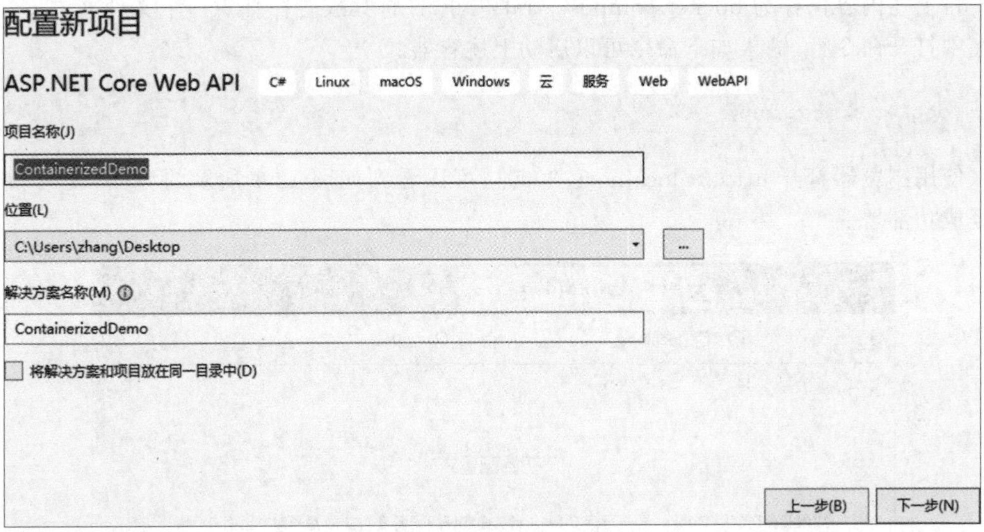

图 12-2　创建 ASP.NET Core Web API 项目

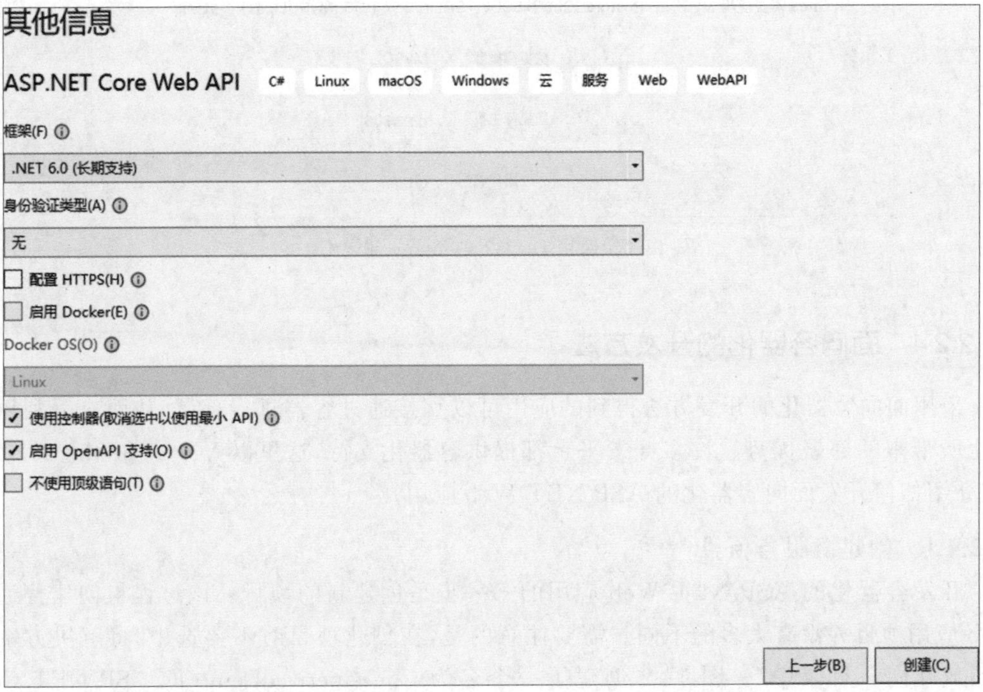

图 12-3　ASP.NET Core Web API 项目的其他信息

支持"窗口中,将容器业务流程协调程序设置为"Docker Compose",如图 12-4 所示。在
"Docker 支持选项"窗口中,将目标 OS 设置为"Linux",如图 12-5 所示。

完成上述操作后,Visual Studio 会生成一系列文件。首先,Visual Studio 会在
ContainerizedDemo 项目中生成 Dockerfile 文件,其内容如下。

图 12-4　"添加容器业务流程协调程序支持"窗口　　图 12-5　"Docker 支持选项"窗口

```
1   #Dockerfile
2
3   FROM mcr.microsoft.com/dotnet/aspnet:6.0 AS base
4   WORKDIR /app
5   EXPOSE 80
6
7   FROM mcr.microsoft.com/dotnet/sdk:6.0 AS build
8   WORKDIR /src
9   COPY ["ContainerizedDemo/ContainerizedDemo.csproj", "ContainerizedDemo/"]
10  RUN dotnet restore "ContainerizedDemo/ContainerizedDemo.csproj"
11  COPY . .
12  WORKDIR "/src/ContainerizedDemo"
13  RUN dotnet build "ContainerizedDemo.csproj" -c Release -o /app/build
14
15  FROM build AS publish
16  RUN dotnet publish "ContainerizedDemo.csproj" -c Release -o /app/publish /
p:UseAppHost=false
17
18  FROM base AS final
19  WORKDIR /app
20  COPY --from=publish /app/publish .
21  ENTRYPOINT ["dotnet", "ContainerizedDemo.dll"]
```

Dockerfile 用于自动生成 Docker 镜像。上述第 7 行至第 13 行会编译 ContainerizedDemo 项目，第 15 行至第 16 行会将编译好的 ContainerizedDemo 项目文件发布为 ContainerizedDemo.dll 文件，第 18 行至第 20 行会生成最终的镜像，该镜像在运行时会直接执行发布得到的 ContainerizedDemo.dll 文件，从而启动 ContainerizedDemo 微服务。

除了 Dockerfile 文件，Visual Studio 还会生成 docker-compose.yml 以及 docker-compose.override.yml 两个文件。这两个文件将被 Docker Compose 执行，从而自动编排容器。docker-compose.yml 文件的内容如下。

```
#docker-compose.yml
1   version: '3.4'
2
3   services:
4     containerizeddemo:
5       image: ${DOCKER_REGISTRY-}containerizeddemo
6       build:
```

```
7          context: .
8          dockerfile: ContainerizedDemo/Dockerfile
```

上述第 4 行创建了名为 containerizeddemo 的容器,第 5 行至第 8 行则说明了该容器的镜像编译自前述 Dockerfile 文件。

docker-compose.override.yml 文件的内容如下:

```
docker-compose.override.yml 文件的内容如下:
#docker-compose.override.yml
1  version: '3.4'
2
3  services:
4    containerizeddemo:
5      environment:
6        -ASPNETCORE_ENVIRONMENT=Development
7      ports:
8        -"80"
```

上述第 8 行表明该容器可以通过 80 端口访问。需要注意的是,该容器只能被 Docker Compose 通过当前 docker-compose.yml 编排得到的容器访问。

创建好 ContainerizedDemo 项目后,开发者就可以开展该微服务的开发工作了。ContainerizedDemo 微服务项目自带一个供测试用的 JSON Web 服务 Controller WeatherForecastController。由于本章的关注点在于演示如何开展面向容器化的开发,因此接下来将会创建一个 Web 应用来调用 WeatherForecastController。

视频 ch12/11

12.2.4.2 创建 Web 应用项目

在 ContainerizedDemo 解决方案(注意,不是 ContainerizedDemo 项目)上右击,在 ContainerizedDemo 解决方案中创建一个名为"Server"的 Blazor Server 应用,其配置如图 12-6 所示。

图 12-6　Blazor Server 应用配置

在创建得到的 Server 项目上右击,从弹出的快捷菜单中选择"添加",单击"Docker 支持…",可以为 Server 项目创建 Dockerfile 文件,其内容如下所示。

```
#See https://aka.ms/containerfastmode to understand how Visual Studio uses this
Dockerfile to build your images for faster debugging.

FROM mcr.microsoft.com/dotnet/aspnet:6.0 AS base
WORKDIR /app
EXPOSE 80

FROM mcr.microsoft.com/dotnet/sdk:6.0 AS build
WORKDIR /src
COPY ["Server/Server.csproj", "Server/"]
RUN dotnet restore "Server/Server.csproj"
COPY . .
WORKDIR "/src/Server"
RUN dotnet build "Server.csproj" -c Release -o /app/build

FROM build AS publish
RUN dotnet publish "Server.csproj" -c Release -o /app/publish /p:UseAppHost
=false

FROM base AS final
WORKDIR /app
COPY --from=publish /app/publish .
ENTRYPOINT ["dotnet", "Server.dll"]
```

仔细观察上述文件的内容可以发现,其功能与目的和 ContainerizedDemo 项目的 Dockerfile 文件相差无几,均用于编译、发布,并运行项目。

接下来,开发者需要编辑 docker-compose.yml 以及 docker-compose.override.yml 文件,从而创建 server 容器。在 docker-compose.yml 以及 docker-compose.override.yml 文件中分别添加如下内容:

```
#docker-compose.yml
services:
  containerizeddemo:
    ...

  server:
    image: ${DOCKER_REGISTRY-}server
    build:
      context: .
      dockerfile: Server/Dockerfile

#docker-compose.override.yml
services:
  containerizeddemo:
    ...
```

```
server:
  environment:
    -ASPNETCORE_ENVIRONMENT=Development
  ports:
    -"5080:80"
```

上述代码利用 Server 项目的 Dockerfile 文件编译镜像并创建名为 server 的容器，同时将计算机的 5080 端口映射到容器的 80 端口。现在以 Docker Compose 的形式启动解决方案，使用浏览器打开 http://localhost:5080，就能看到新创建的 Blazor Server 应用了。

视频 ch12/12

12.2.4.3 在 Web 应用中调用微服务

使用 Docker Compose 编排的容器可以互相访问。这里，在 Server 项目中访问 ContainerizedDemo 项目来演示如何在一个容器中访问另一个容器。编辑 Server 项目的 Pages/Index.razor 文件，将其内容替换为

```
@page "/"

<p>@json</p>

<button @onclick="ReadJsonAsync">Read</button>

@code {

    private string json = string.Empty;

    private async Task ReadJsonAsync() {
        var httpClient = new HttpClient();
        var response =
            await httpClient.GetAsync(
                "http://containerizeddemo/WeatherForecast/");
        json = await response.Content.ReadAsStringAsync();
        StateHasChanged();
    }

}
```

上述代码访问 containerizeddemo 容器的 WeatherForecastController，将返回的 JSON 直接输出到网页中。使用 Docker Compose 编排容器时，容器的名称代表容器的地址，因此上述代码可以直接访问 http://containerizeddemo/WeatherForecast/。Docker 则会将 containerizeddemo 解析为 containerizeddemo 容器的 IP 地址。

视频 ch12/13

12.3 微服务架构设计

微服务架构设计是一个非常复杂的问题，深入讨论可能需要几本书的篇幅。这里只针对微服务架构设计的几个核心思想展开抛砖引玉式的讨论。

在设计和实现微服务时，首先要确保每一个微服务都是独立的。这里的独立可以理解

为微服务不依赖于其他的微服务就能够正常运行。下面以采用微服务架构的网上商城为例,其通常将"浏览商品"与"结账"拆解为两个独立的微服务。浏览商品微服务负责为用户呈现商品信息,结账微服务则负责生成订单并支付。这里,微服务的独立性表现为,即便结账微服务发生了故障,用户依然可以正常浏览商品。同时,即便浏览商品微服务发生了故障,只要订单已经生成,用户依然可以继续支付。

　　然而,微服务的独立性是相对的,而非绝对的。采用微服务架构开发的应用依然是一个整体,应用中的微服务必须彼此协作,才能完成完整的功能。继续网上商城的例子,结账微服务在生成订单时,需要从浏览商品微服务中获取商品的价格信息,才能生成订单。因此,如果浏览商品微服务在结账微服务生成订单之前就崩溃了,则结账微服务就无法生成订单。这里,结账微服务和浏览商品微服务之间就不是绝对独立,而是彼此依赖。但如果订单已经生成了,则无论浏览商品微服务是否在线,结账微服务都可以独立完成支付业务。这里,结账微服务和浏览商品微服务之间就表现出了相对的独立性。

　　确保微服务独立的一个重要方法是确保微服务是自治的。自治性的一个重要表现是微服务能够自己维护自身所需要的数据。继续网上商城的例子,结账微服务在生成订单时,通常会将商品信息从浏览商品微服务中复制一份出来,并保存在结账微服务自己的数据库中。这样,即便用户没有立刻支付订单,也可以随时查看下单时的商品信息,尤其是商品的价格信息。这对于商品价格不断发生变化的网上商场来讲是非常重要的:用户可能会在商品促销结束前的最后一秒钟下单。当用户来到支付页面时,商品的促销活动可能已经结束了,因此商品的价格已经发生了变化。但结账微服务却需要根据用户下单时的促销价格呈现订单信息。如果结账微服务不能独立维护结账时所需的商品信息,就无法满足上述要求。

　　实现微服务的另一个重要要求,是确保微服务的实例具备水平扩展能力,而这要求微服务的实现必须具备无状态性。这里的无状态性可以理解为微服务不对用户的操作做出任何假设。例如,网上商城的用户在下单时,结账微服务并不假设商品一定有库存,而是需要重新检查一下库存是否足够;当用户要求支付某一个订单时,微服务并不假设订单存在,而是需要重新检查一下订单是否存在。这种无状态性决定了同一个微服务的任意一个实例随时都可以为任意一个用户提供服务。这也决定了只要部署足够数量的实例,即只要实现水平扩展,微服务就可以应对任意数量的用户。

　　除上述基本要求,微服务架构设计还需要满足网络无关、去中心化、易于从错误中恢复、负载均衡、高可用性、自动部署等一系列要求。为了满足这些要求,开发者需要使用聚合器、网关、异步消息队列、断路器、持续集成、DevOps 等一系列的技术和模式。这些内容已经远超本书所能覆盖的范围,需要读者在进一步的学习中探索。

12.4　微服务架构参考项目

视频 ch12/14

　　学习微服务架构最好的方法之一,是研究一个有示范性的参考项目。微软公司推出的.NET 微服务架构参考应用 eShopOnContainers[27] 就是一个非常具有代表性的微服务架构参考项目,其架构如图 12-7 所示。

　　总体来讲,eShopOnContainers 主要可分为客户端应用以及运行在 Docker 中的微服务

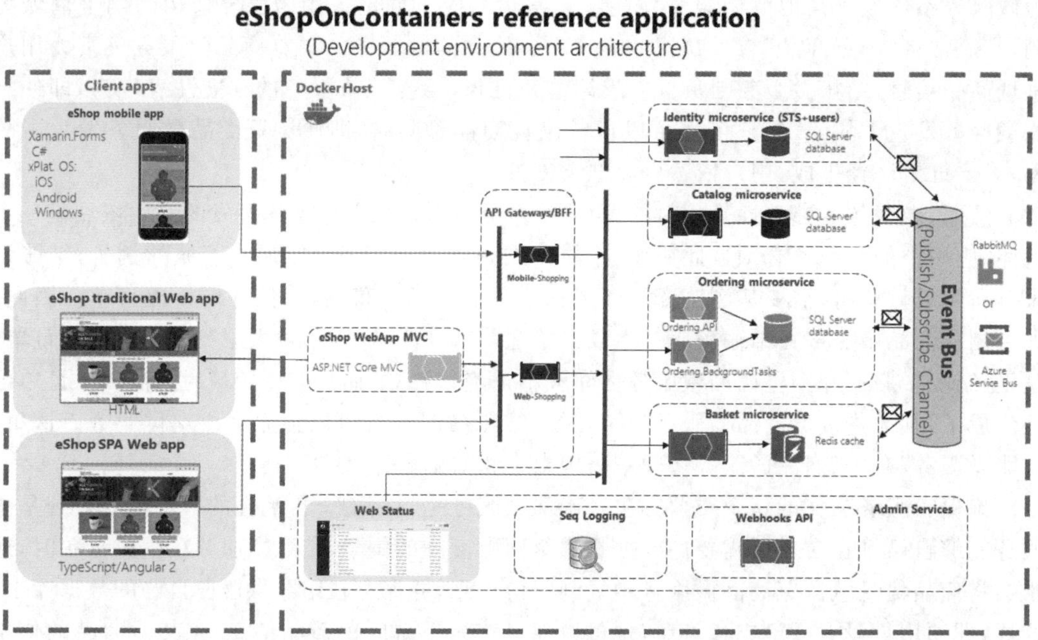

图 12-7　eShopOnContainers 参考应用架构[①]

两部分。客户端部分包括使用 Xamarin.Forms 开发的跨平台客户端，使用传统 HTML 开发的网页客户端，以及使用 TypeScript/Angular 开发的单页面应用（Single Page Application，SPA）网页端。其中，HTML 网页客户端的后端是一个使用 ASP.NET Core 开发的 MVC Web 应用。上述 Xamain.Forms 客户端、MVC Web 应用以及 SPA 网页端均通过 API 网关访问后台的微服务。

eShopOnContainers 的微服务主要包括四部分。

（1）身份验证微服务（Identity microservice），提供用户登录、访问 Token 发放及验证等功能，使用关系型数据库保存用户信息。

（2）商品目录微服务（Catalog microservice），提供商品浏览功能，使用关系型数据库保存商品数据。

（3）订单微服务（Ordering microservice），提供订单处理功能，使用关系型数据库保存订单数据。

（4）购物车微服务（Basket microservice），提供购物车功能，使用键值存储保存购物车数据。

上述微服务均实现了数据自治，即每个微服务都自行维护自身所需的数据。例如，当用户将商品添加到购物车时，购物车微服务会在 Redis 中单独保存商品的价格信息。这样，用户每次查看购物车时，购物车微服务都可以直接从 Redis 中读取商品的价格信息，而无须再从商品目录微服务中读取价格信息。

当微服务之间需要同步数据时，eShopOnContainers 会使用事件总线（event bus）发送

---

① Cesar de la Torre，Bill Wagner，Mike Rousos. .NET Microservices：Architecture for Containerized .NET Applications. Microsoft Corporation.

需要同步的数据。例如,当商品的价格发生变动时,商品目录微服务会将商品价格变动消息发送到事件总线。购物车微服务则会监听事件总线,并且一旦接收到商品价格变动消息,就更新 Redis 中保存的商品价格信息。

eShopOnContainers 采用多种不同的模式实现微服务。例如,对于业务较为简单的商品目录微服务,eShopOnContainers 使用较为简单的 MVC 模式实现。对于复杂一些的购物车微服务,eShopOnContainers 使用 MVC＋IService 架构实现。对于最复杂的订单微服务,eShopOnContainers 则使用领域驱动设计(Domain Driven Design,DDD)实现。eShopOnContainers 还充分运用了聚合器、网关、Web 钩子、单点登录等技术,为开发者学习微服务架构应用开发提供了完整的参考,使其成为最具学习价值的微服务架构参考项目之一。

12.5 练习

1. 举出日常生活中哪些 App 的后端采用了微服务架构。请调查一下该 App 后端技术的发展历程,思考它是如何从最初的单体应用逐步过渡到微服务架构的。

2. 除 Docker 外,还有哪些工具能够实现容器化? 请安装并试用一下它们。

3. Kubernetes 是容器编排的事实标准之一。请尝试按照最简单的模式部署一套 Kubernetes,并使用 Kubernetes 运行一个简单的服务。

4. 请阅读一下 eShopOnContainers 项目的 docker-compose.yaml 文件,了解一下 eShopOnContainers 由多少个服务组成,以及这些服务之间的依赖管理。

参 考 文 献

[1] CWALINA K，ABRAMS B. Framework design guidelines：conventions，idioms，and patterns for reusable. net libraries［M］. London：Pearson Education，2008.

[2] LASTER B. Git 软件开发实战［M］. 蒲成，译. 北京：清华大学出版社，2017.

[3] Microsoft.OData documentation［EB/OL］.［2023-06-29］. https://learn.microsoft.com/en-us/odata/.

[4] 程杰. 大话设计模式 Java 溢彩加强版［M］. 北京：清华大学出版社，2022.

[5] Microsoft..NET 依赖项注入［EB/OL］.（2023-06-25）［2023-06-29］. https://learn.microsoft.com/zh-cn/dotnet/core/extensions/dependency-injection.

[6] Microsoft. .NET 中的反射［EB/OL］.（2023-05-10）［2023-06-29］.https://learn.microsoft.com/zh-cn/dotnet/framework/reflection-and-codedom/reflection.

[7] 明日科技. MySQL 从入门到精通［M］. 2 版. 北京：人民邮电出版社，2021.

[8] 明日科技. SQL Server 从入门到精通［M］. 4 版. 北京：清华大学出版社，2021.

[9] 赵荣娇. Docker 快速入门［M］. 北京：清华大学出版社，2023.

[10] 亚历克斯·吉玛斯. 精通 MongoDB 3.x［M］. 陈凯，译. 北京：清华大学出版社，2019.

[11] 张帜. Neo4j 权威指南［M］. 北京：清华大学出版社，2017.

[12] Microsoft.在 .NET 中测试［EB/OL］.（2022-09-22）［2023-06-29］. https://learn.microsoft.com/zh-cn/dotnet/core/testing/.

[13] Microsoft. 布局［EB/OL］.（2023-05-05）［2023-06-29］.https://learn.microsoft.com/zh-cn/dotnet/maui/user-interface/controls/#layouts.

[14] Microsoft. 视图［EB/OL］.（2023-05-05）［2023-06-29］.https://learn.microsoft.com/zh-cn/dotnet/maui/user-interface/controls/#views.

[15] Microsoft. Model-View-ViewModel（MVVM）［EB/OL］.（2023-06-09）［2023-06-29］.https://learn.microsoft.com/zh-cn/dotnet/architecture/maui/mvvm.

[16] Microsoft. 数据绑定基础知识［EB/OL］.（2023-05-05）［2023-06-29］.https://learn.microsoft.com/zh-cn/dotnet/maui/xaml/fundamentals/data-binding-basics.

[17] Microsoft. 绑定值转换器［EB/OL］.（2023-05-05）［2023-06-29］. https://learn.microsoft.com/zh-cn/dotnet/maui/fundamentals/data-binding/converters.

[18] Microsoft. .NET Community Toolkit 简介［EB/OL］.（2023-03-10）［2023-06-29］.https://learn.microsoft.com/zh-cn/dotnet/communitytoolkit/introduction.

[19] Microsoft.异步编程模型［EB/OL］.（2023-03-28）［2023-06-29］.https://learn.microsoft.com/zh-cn/dotnet/csharp/asynchronous-programming/task-asynchronous-programming-model.

[20] Microsoft. 平台集成［EB/OL］.（2023-05-05）［2023-06-29］.https://learn.microsoft.com/zh-cn/dotnet/maui/platform-integration/.

[21] Microsoft. 带有 Swagger/OpenAPI 的 ASP.NET Core Web API 文档［EB/OL］.（2023-05-31）［2023-06-29］.https://learn.microsoft.com/zh-cn/aspnet/core/tutorials/web-api-help-pages-using-swagger.

[22] Microsoft. SignalR 简介［EB/OL］.（2023-02-15）［2023-06-29］.https://learn.microsoft.com/zh-cn/aspnet/signalr/overview/getting-started/introduction-to-signalr.

[23] Microsoft. .NET 上的 gRPC 概述［EB/OL］.（2022-10-01）［2023-06-29］. https://learn.microsoft.com/zh-cn/aspnet/core/grpc/.

[24] Microsoft. ASP. NET Core MVC 入门［EB/OL］.（2023-05-05）［2023-06-29］. https://learn.

microsoft.com/zh-cn/aspnet/core/tutorials/first-mvc-app/start-mvc.

[25] Microsoft. Entity Framework Core[EB/OL]. (2022-09-28)[2023-06-29]. https://learn. microsoft. com/zh-cn/ef/core/.

[26] HOFFMAN K. ASP.NET Core 微服务实战：在云环境中开发、测试和部署跨平台服务[M]. 陈计节,译.北京：清华大学出版社,2019.

[27] Microsoft. .NET 微服务：适用于容器化 .NET 应用程序的体系结构[EB/OL]. (2022-09-22)[2023-06-29].https://learn.microsoft.com/zh-cn/dotnet/architecture/microservices/.